아인슈타인 하우스

아인슈타인 하우스

아인슈타인으로
400년 과학 꿰뚫어보기

권오대 지음

|차례|

머리말_ 11
올림피아 아카데미(1)_ 15
올림피아 아카데미(2)_ 19

제1부 과학의 여명 갈릴레오

코페르니쿠스가 밤하늘에 품은 의문_ 25
지구는 언제 망하는가?_ 30
케플러의 암흑물질과 거지의 Non-NASA 꿈_ 33
브루노는 최초로 화형당한 과학자인가?_ 46
갈릴레오가 전한 별들의 소식_ 49
아인슈타인이 말한 갈릴레오_ 53
토리첼리, '자연은 진공을 싫어한다?'_ 61
요절한 프랑스 신동 파스칼_ 63
시리우스까지 거리를 계측한 호이겐스_ 67

스위스 융 프라우 풍경

제2부 뉴턴의 과학혁명시대

서풍혁명의 뉴턴과 셸리_ 71
역학혁명 : 뉴턴아 있으라… 핼리 혜성처럼_ 85
후크의 탄성법칙과 탄성의 삶_ 92
푸리에와 디지털신호기술 및 양자론 씨앗_ 95

스위스 호수 풍경_열차에서

제3부 화학과 열역학 시대

감투는 벗고 신을 품는 발명가 보일_ 101

샤를을 빛내준 게이-루삭_ 105

라부아지에, 화학은 연기처럼_ 107

빛과 열은 원소, 탄산가스는 블랙에게로_ 110

캐번디시: 연구소와 수소 및 지구 질량_ 113

사이다와 산소를 준 프리스틀리_ 119

열역학의 혼란과 럼퍼드 백작 – 톰슨_ 122

제4부 원자론과 아인슈타인

돌쇠 같은 돌턴과 원자_ 131

술도가집 아들 줄이 열을 다스린 솜씨_ 135

헬름홀츠의 에너지 보존법칙_ 140

18세기의 놀라운 이론가 베르누이_ 142

영의 슬릿 실험과 광파 개념의 탄생_ 146

로슈미트의 분자: 케쿨레 꿈과 포항의 꿈_ 150

아보가드로에서 아인슈타인으로 가는 길_ 157

멘델레예프의 주기율표와 영국인들_ 160

볼츠만의 엔트로피와 자살_ 162

반 데 발스의 상태방정식과 라이덴 사람들_ 170

맥스웰 전자기 세우기에 바친 헤르츠의 목숨_ 174

피조의 광속측정과 아인슈타인_ 182

헤르츠와 초기 광전효과 실험의 씨앗들_ 186

상대성 해설 1(영어 원문)

상대성 해서 2(영어 원문)

제5부 아인슈타인 박사학위논문 & 통계역학

에테르가 아닌 톰슨의 전자와 오리 논법_ 191

불변하지 않은 원자 및 퀴리 가계 사랑과 연금술_ 194

브라운에서 아인슈타인으로_ 198
반트호프 법칙과 아인슈타인의 인기 높은 논문_ 202
고속도로 폭주차와 PS볼의 꽃가루운동_ 206
아인슈타인의 박사학위논문 및 임계단백광_ 209
백수 온사거의 노벨상과 김순경_ 212
반 데 발스가 단두대에 오르다_ 218
코넬 대학이 금을 쏘고 21세기로 가는가?_ 222
아인슈타인 수직분포도와 나의 첫 논문_ 231
스몰루코프스키-아인슈타인 임계단백광과 산란_ 234
경계가 사라지면 나타나는 신기한 초임계현상_ 237

제6부 **아인슈타인과 양자론**

빛의 달인 프라운호퍼 빛의 초인 키르히호프_ 243
플렁크 상태의 무급강사 플랑크_ 246
양자론의 아버지 플랑크_ 254
20세기 최고 과학자 플랑크의 삶_ 261
플랑크 양자와 아인슈타인 양자론 혁명_ 264
아인슈타인, 광전효과에서 레이저로 가다_ 271
광양자가설: 회의적 반응과 아인슈타인_ 277
플랑크-아인슈타인-라우에 우정과 X레이 회절_ 281
러더퍼드의 알파입자 산란실험_ 284
보어의 원자 모델_ 288
쥐구멍에 볕들 날 있네! 물질-파동 이중성: 드브로이_ 299
독립군 보제가 아인슈타인과 만든 통계_ 301
원자론 땜질, 상대론 땜질 및 암흑에너지_ 304
배타적인 신동 파울리의 배타원리와 뉴트리노_ 306
수마트라의 울렌베크가 분광동물원에서 스핀 찾기_ 312
하이젠베르크의 박사과목 실패와 불확정성 원리_ 317
하이젠베르크의 행렬 양자역학_ 319
늦깎이 스타 슈뢰딩거의 양자혁명_ 323
백수 디랙이 뉴턴 자리의 애송이 교수가 되다_ 326
원자핵분열: 한, 보어, 마이트너, 페르미_ 332

막스 보른의 확률해석과 아인슈타인의 거부_ 338
미국산 양자론가, 오피는 이렇게 말했다_ 341
EPR 패러독스, 보어의 굴욕? 양자컴퓨터와 봄_ 346
아인슈타인-보어 대화와 21C 영의 간섭 실험_ 349

제7부 아인슈타인과 상대론

특수상대성 이론의 수립 - 아인슈타인 증언 1_ 355
일생의 가장 멋진 생각, 일반상대성 - 아인슈타인 증언 2_ 362
에딩턴에 대하여 필요한 한 마디_ 366
아인슈타인의 조선 방문 불발과 민립대학운동_ 368

제8부 아인슈타인의 삶과 종교

알베르트가 걸음마를 시작했을 즈음_ 379
초등학생 알베르트와 성경공부_ 382
벽을 넘어 자신을 찾던 알베르트의 열정_ 385
알베르트 삶의 좌표변환(스위스)_ 389
청소년기 종교성과 마야에게 보낸 편지_ 393
격동기 대학생활과 백수 알베르트_ 396
알베르트의 보따리장사와 햇볕 보기_ 400
알베르트의 집안 우환과 결혼_ 402
스위스 특허국에서 쏘아올린 공_ 403
알베르트의 고향 울음 130년 후_ 405
아인슈타인의 영과 신인초공간_ 408
30년 된 나의 숙제와 세 할아버지_ 411
오늘의 종교 상황과 아인슈타인의 시각_ 415
아인슈타인과 화이트헤드_ 420

참고문헌_ 425
주_ 428

코넬 캠퍼스

케플러의 법칙과 암흑물질	37
헝가리의 거지가 쓴 Non-NASA 우주계획	40
케플러와 피타고라스 수학생각	42
단진자-관성-등가속도, 갈릴레오와 묵자	58
파스칼의 기압실험과 유체 개념	63
뉴턴의 미적분	76
법률가 페르마의 수학 이정표	76
데카르트의 역학과 철학 문제	78
뉴턴: 빛알갱이 · 색 배합기술 · 망원경	82
괴테의 광학과 화학 연구	83
뉴턴의 구심력 논쟁과 상상 우산	87
라플라스, 프랑스의 뉴턴	94
최초의 정량적 실험과 보일의 법칙	103
게이-루삭[샤를]의 법칙	106
근대화학의 아버지 라부아지에	109
캐번디시의 공기 분석과 지구 질량 결정	114
존 미첼 사제와 블랙홀 이야기	117
열역학의 이상한 양들	123
돌턴의 원자가설	132
열역학 법칙 요약	138
베르누이의 분자운동론	143
영의 이중슬릿 실험과 양자론	148
로슈미트 분자와 현대의 분자 구조 비교	152

포항 김 교수의 꿈, 쿠커비투릴   153

로슈미트의 연구: 분자 크기 1nm   154

이상기체 법칙   158

아레니우스와 이온화 화학반응 원리   168

반 데 발스 상태방정식과 초전도체   172

맥스웰 방정식과 헤비사이드   176

피조의 광속불변과 아인슈타인   184

브라운운동 역사의 발전   200

아인슈타인 관계식 – 확산 공식   209

온사거와 아이징 모델의 무한전쟁   214

아인슈타인 논문: 프리고진과 나의 청운   225

프라운호퍼는 빛의 달인   244

플랑크의 분포함수에 숨은 양자   257

아인슈타인의 1905년 광양자가설 논문(1)   266

아인슈타인의 1905년 광양자가설 논문(2)   269

1917년 유도방출 논문 및 레이저   276

보어를 아찔하게 만든 하스와 니콜슨   291

고3생의 양자론 (1): 보어의 원자 모형   294

고3생의 양자론 (2): 양자수 s–p–d–f 반란   308

고3생의 양자론 (3): 기초행렬 양자역학   320

특수상대성 원리와 $E=mc^2$ 해설   358

팽창하는 우주: 프리드만, 허블, 가머프   367

CERN과 LHC: 이휘소의 명예회복을 위해   371

제1회 솔베이 컴퍼런스(1911)

솔베이 컴퍼런스(1927)

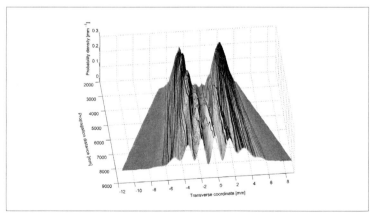

최근 사이언스 논문(21C 영의 간섭 실험결과)

모두가 당신의 제자입니다

과학자들에게 가을은 설렘과 서글픔의 계절이다. 특히 10월이 그렇다.

누가 노벨리스트가 될까? 나의 예측이 맞을까? 혹시 아는 사람일까?

그래서 과학자들은 가을을 설레는 마음으로 맞는다. 결과가 발표되면 언론의 화살이 날아온다.

우린 언제나 가능하냐고?

요즘 들어 더 잦지만, 일본인 이름이 나오면 언론은 부르르 떤다. 황금만능사회답게 돈으로 만들 것처럼 정객들의 말잔치가 몇 번 있고 나면 겨울이 온다. 그래서 과학자들에게 가을은 서글픈 계절이다.

25년 전이다. P대학이 설 때 '호길 킴' 총장은 해낸다고 그랬다. 우리 평교수들은 '아니야!'라고 하지 않았다. 평교수들은 그래서 공범이다. 25년 후 그는 갔고 공범들은 수배 중이다.

30년 전 보았다. 노벨상이 어찌 터지는지 옆에서 지켜보았다. 이타카 Ithaca 온 시내가 흥분하고 건물들은 포도주 향기로 흥건했다. 그러나 그들의 잔치였다.

P대학에 올 때, 생각했다. 언제 우리는 잔치를 벌일 것인가? 하지만 그날은 오지 않았다. 우리 공자들(이공계 전공자들이 스스로 비하하여 하는 표현)은

11

무기수 공범이 되었다.

이 책은 고생(고교 1, 2, 3년생. 필자가 고등학생들을 뜻하는 칭호)을 위하여 썼다. 물론 과학을 알고자 하는 대학생에게도 좋은 디딤돌이 될 것이다. 단순 문답식을 벗어나 개념줄기 파악의 기쁨을 알도록 썼다. 공범의 최후 진술도 아침이슬처럼 이 빛 저 빛에 배여 있다.

이 책은 3가지의 흐름이 어우러진 3위1체다

[1] 아인슈타인 과학탐구 - 암기 위주의 학습에 익숙해질 대로 익숙해진 고생들은 낯선 이름들과 주제에 기가 질리는가?

굳이 전문가도 가기 힘든 메마른 과학의 사막에 갈 필요는 없다. 아인슈타인 학문에 이르는 맞춤형 과학탐구 여행을 떠나자. 과학의 샘물로 안내하는 현장 가이드와 심화 과학탐구(이하 |과탐|) 박스가 기다린다. 이 공계 고생들이라면 필요하겠지만 일반 독자들은 |과탐| 박스의 수학공식을 건너뛰며 통독해도 좋겠다. 300년 과학고전의 실전탐방, 온고溫故이다.

[2] 아인슈타인 학문 - 1905년. '기적의 해'처럼 아인슈타인은 원자 · [광]양자 · 상대성의 횃불을 밝힌 후 20여 년간 논문들을 쓴다. 후자의 상대성이론은 시간여행, 우주 빅뱅 등으로 학문 바깥세상에서 인기가 높아진 반면, 고생들의 과학탐구 영역엔 빠졌다. 한편 고생들은 과탐에서 양자론 탄생과정은 빼고 광전효과와 원자론만 암기해야 한다. 이런 학습은 원자-양자 부문을 탄생시킨 아인슈타인의 의식흐름 과정이 무시되어 도깨비 양자론이 되며 대학 진학 후 양자를 몰이해시킨다. 이 책은 이런 사막 땅에 고3들의 양자수를 댄 지신知新이다.

[3] 아인슈타인 믿음 - 21세기의 새 도전이 시작되었다. 20세기에 없었던 종교분쟁이 자주 발생한다. 도킨스는 아인슈타인을 무신론자 1호

로 앞세웠다. 아인슈타인은 죽어 말이 없는가? 아니다. 그는 오래전 이를 예견하고 해결 방향을 제시하였다. 그러나 아인슈타인의 신앙이 과탐 문제로 등장하는 기적은 없을 것이다. 그래서 중요한 지신知神이지만 이 부분은 대학지성의 입문만큼 기초만 닦고 훗날로 넘긴다.

들어가면서

MEET/DEET/PEET(의대/치대/약대) 등으로 향하는 뒷문이 숭숭 열려 있기에 우수 이공대에서는 4학년 수강생이 반 이하로 줄어버린다. 반쪽이 되어버린 이공계 학과들은 이를 운명으로 받아들인다.

하지만 이것은 운명이 아니다. 어떤 악조건 속에서도 땀내 풍기며 길을 개척한 선배들이 있다.

이제 우리 과학의 새 페이지가 후배들의 땀을 기다린다. 나는 이 작은 촛불을 밝히기 위해 책을 썼다.

오답노트와 '스펙'으로 구겨지는 파행 사회를 과학의 푸른 꿈으로 진화시키자. 새 길을 찾자.

개정판을 내며…
2014년 9월 권오대

이 글은 약 40년간 미 물리학회American Physical Society 발간자료를 모아둔 것에서 출발했다. 참고한 서적들은 책 끝의 참고문헌에 정리했다.

젊은 아인슈타인이 가르치던 올림피아 아카데미에 관한 에피소드 이후, 내용이 '온고溫故(1/3)'와 '지신知新(2/3)' 두 부문으로 갈라진다. 고전과학 기본이 과학탐구(물리 화학)의 바탕을 이루는 만큼 주요 부분들을 충실히 따른다. 근대를 지나면서 현대의 아인슈타인 학문이 자연스레 떠오른다.

포항공대 포톤 특강 클래스 학생들(최형진, 김태희, 현준호, 권희승, 이기환, 이상헌, 김영진, 남궁호, 박경윤, 백지영, 안정일, 김강민, 권경준, 정환욱, 차요중), 스탠포드 대학 정윤영 박사 및 QPID랩 졸업생들, 포항고 원동욱 학생, 학과 내외 동료들과 나승유 박사 부부, 화이트헤드학회 총무이사 경희대 이현휘 박사, 시카고 대학CC의 권계자/조영은 모녀의 리뷰와 충고들, 먼 나라에서 '열공'하는 나의 아들 권대인(성학), 나의 그림자 장인수/권미람 모녀, 모두에게 감사와 사랑을 나눈다.

올림피아 아카데미(1)

아인슈타인 탄생 100주년 기념문집에 게재된 모리스 솔로빈의 회상록 일부에서 당시 올림피아 아카데미를 엿볼 수 있다. 올림피아 아카데미(표지의 아인슈타인 하우스)는 아인슈타인이 시간제 튜터로서 가르치고 토론하던 미니학원으로 물리학과 철학의 토론장이었다. 솔로빈은 1900년 당시 루마니아 지역이던 헝가리에서 베른에 왔다.[1]

1902년 부활절 휴가기간 베른 거리를 걷다가 신문을 샀다. 그 신문에는 '알베르트 아인슈타인, 취리히 공과대학 졸업생, 물리학 레슨, 시간당 3프랑'이란 광고가 실려 있었다.

'혹시 이 사람이 물리의 미스터리로 나를 안내할 수 있으려나.'

주소대로 찾아가 계단을 오르고 초인종을 눌렀다.

"들어오시오!"

문을 연 그는 큰 눈이 인상적이었다. 그의 눈에서는 유별난 광채가 뿜어져 나왔다.

마주 앉은 뒤에 나는 그에게 철학을 전공하는데 물리학의 지식을 심화해서 자연에 관한 확고한 지식을 가지고 싶다고 말했다. 그는 자신도 이전에 철학에 대해 깊은 관심을 가졌지만, 철학의 애매모호함과 자유로

15

올림피아 아카데미 옛날 아르바이트 광고

운 해석에 지쳐 이제는 물리학만 연구하고 있다고 말했다.

우리는 세상의 모든 것을 얘기하며 두 시간을 보냈다. 의기가 투합하고 친근감이 들었다. 내가 돌아가려고 일어서자 그가 밖으로 따라 나와 거리에서 또 반시간을 보내고는 다음 날 다시 만나기로 약속했다.

나는 그의 비상한 통찰력에 압도되고 물리 지식의 해박함에 경탄했다. 그는 유창한 화술을 구사하지 못했고 자신의 생각을 듣는 사람에게 명확한 이미지까지 떠올릴 수 있도록 설명하는 재주는 없어 보였다. 그는 천천히, 단조로운 톤으로 그러나 아주 분명하게 사물을 설명했다.

그는 추상적인 아이디어를 설명하기 위해 가끔 일상에서 겪는 예들을 들었다. 아인슈타인은 수학을 구사하는 능력이 출중하였지만, 물리에서 수학을 잘못 쓰는 것들을 비판하였다.

"물리라는 것은 원래 직관적이며 구체적인 과학이야. 수학은 단지 제반 현상을 주관하는 법칙을 표현하는 수단일 뿐이지."

아인슈타인은 물리학과 수학의 차이를 그렇게 말했다.

몇 주 후 우리 모임에 콘라트 하비히트가 가담했다. 그는 샤프하우젠에서부터 아인슈타인을 알았고, 수학교사가 되는 공부를 마치기 위해 베른에 왔다.

아인슈타인은 모임이 열리는 날에는 식사를 함께 했다. 아인슈타인이 준비하는 식사는 아주 검소하여 소시지, 치즈, 과일, 꿀, 차 한 잔뿐이었다. 그렇지만 우린 활기가 넘쳐흘렀다.

자신의 생활을 감당하기 위해 아인슈타인은 학생들을 더 받아야 했다. 그러나 배우려는 학생들이 거의 없어 여유가 없었다. 그도 현실적인 생활 문제를 고민한 듯했다. 어느 날 그는 생활비를 쉽게 벌려면 거리에 나가 바이올린을 켜면 될 걸 하고 말했다. 나는 그룹을 유지하기 위해서는 기타를 배울 의향도 있다고 대답했다.

아인슈타인, 그는 흥미를 끄는 문제를 발견하면 매사를 젖혀두고 몰입하는 타입이었다.

우리는 베른 거리를 걷다가 식료품점을 발견했다. 그 식료품점에는 입맛을 돋우는 것들이 진열되어 있었고 그중엔 캐비아도 있었다. 루마니아 출신인 나는 고향에서 부모들과 맛있게 먹었던 캐비아를 떠올렸다. 그곳에서는 캐비아 가격이 상당히 저렴했지만 베른에서는 감히 구입할 수 없을 정도로 비쌌다.

그렇지만 아인슈타인에게 캐비아 찬사를 늘어놓지 않을 수 없었다.

"그게 그렇게 맛있는 거야?"

"아, 그 맛이란 상상이 안 되죠!"

그로부터 얼마 뒤였다. 내가 하비히트에게 얘기했다.

"우리 아인슈타인을 깜짝 놀라게 하자. 3월 14일, 그의 생일날 캐비아를 사다 먹이자고!"

일상적으로 먹는 음식이 아닌, 특별한 무엇을 먹으면 그는 무아경에 도취해서 장광설의 찬사를 늘어놓곤 했다. 나는 그가 만족해하는 모습을 상상하면서 즐거워했다.

3월 14일, 우리는 그의 아파트로 저녁을 먹으러 갔다. 전과 같이 소시지 등을 준비하고 캐비아를 세 접시에 나눠 식탁에 올려놓았다. 식사가 시작됐다. 가끔 그랬듯이, 그날 저녁 주제는 갈릴레오의 '관성의 원리'였

17

다. 그는 대화에 푹 빠져 세상 모든 것에 대한 느낌을 잃어버렸다. 심지어 자신이 무엇을 먹고 있는지도 의식하지 못했다. 그는 관성원리에 관하여 설명하면서 캐비아를 한 입씩 집어넣고 있었다.

하비히트와 나는 서로 눈길을 주고받으며 경악했다. 그가 캐비아를 몽땅 먹어버린 뒤에 나는 물었다.

"당신이 지금 뭘 먹고 있었는지 알아요?"

그는 큰 눈으로 나를 보며 물었다.

"왜? 이게 뭐였는데?"

"맙소사! 방금 먹은 것이 그 유명한 캐비아라고요."

"아하! 바로 캐비아였어!"

놀라면서 그가 한 말이었다. 잠시 말이 없던 그가 한 말은 이랬다.

"글쎄, 나 같은 촌놈에게 식도락가가 먹는 고급음식을 주면, 그 맛을 제대로 느낄 줄도 모르잖아."

올림피아 아카데미(2)

베른은 문화의 도시였다. 전 유럽을 순회 공연하는 명연주자들은 베른에 꼭 들러 한두 번 콘서트를 연다. 나는 길을 가다가 유명한 체코 4중주단이 베토벤, 스메타나, 드보르작을 연주한다는 포스터를 보았다. 나는 흥분하여 아인슈타인에게 표 세 장을 사겠다고 했다.

"내 생각은 그 콘서트를 포기하고 데이비드 흄을 읽어야겠어."

실망스러웠지만 나는 그의 의사를 존중했다.

"알았습니다."

그런데 막상 연주회가 열린 그날, 나는 콘서트홀 옆을 걷다가 생각 없이 덜컥 표를 한 장 사버렸다. 그날 저녁은 내 숙소에서 아카데미 모임이 있을 예정이었다.

나는 연주회를 포기하고 싶지 않았다. 내가 없는 방에서 기다릴 그들을 위해 미리 저녁을 준비하고 특히 그들이 좋아하는 완숙계란도 만들었다. 벽에는 다음과 같은 메시지를 붙였다.

"사랑하는 친구들, 완숙계란입니다. 많이 드세요."

집 주인에게는 급한 용무로 모임에 빠진다는 전갈을 해달라고 부탁했다. 하지만 그들은 내가 무슨 짓을 했는지 금새 알았다.

그들은 내가 준비한 저녁을 먹은 뒤에 둘이서 독한 연기를 뿜어댔다.

내가 연기라면 질색하는 걸 알고 있던 아인슈타인은 파이프 담배를, 하비히트는 대형 시거를 피웠다. 그리고 나의 모든 가구를 침대 주변에 모아놓고 벽에다 대자보를 붙였다.

"사랑하는 친구여, 짙은 연기입니다. 많이 드세요."

나는 콘서트 장에서 나온 뒤에는 방금 들었던 음악이 내 몸속에서 에코가 일어나는 것을 즐기며 산책을 하는 습관이 있다. 그날 밤도 방금 들은 곡들의 주제를 마음에 새기고 변주들을 음미하느라고 거리를 어슬렁거리다가 새벽 한 시에 귀가했다.

방에 들어서니 혐오스런 담배연기와 냄새가 가득하여 숨이 막힐 듯했다. 나는 즉시 창들을 활짝 열고 천정까지 거의 닿도록 쌓아놓은 가구더미들을 다 치웠다. 잠자리에 들어 잠을 청하려고 해도 베개와 침대 시트에 구역질나는 담배냄새가 절어 있어 눈이 감기지 않았다. 나는 뒤척이다가 거의 아침이 되어서 겨우 잠들었다.

다음 날 아인슈타인 아파트로 아카데미 미팅에 갔다.

"이 엉터리야, 두어 명의 바이올린 연주에 홀려 공부를 빼먹다니! 야만인! 이 아둔한 바보야! 다시 한 번 그랬다가는, 당장 아카데미에서 불명예 추방이다!"

내가 연주회에 가느라고 빠진 공부를 보충하기 위하여 그날은 밤새워 미팅을 했다.

우리는 그렇게 다양하고 흥미 가득한 생활을 3년 이상 계속했다. 나는 1905년 11월 나는 리용 대학으로 갔다. 나는 이후에 철학자 및 수학자가 되었다.

심오한 선함과 유일무이한 원형적 마음, 결코 굴함이 없는 도덕적 용

기를 지닌 아인슈타인을 사랑했고 존경하였다. 그의 정의에 대한 감
각은 타의 추종을 불허할 지경이었다(I loved and admired Einstein for
his profound goodness, his uniquely original mind and his indomitable moral
courage. The sense of justice was developed in him to an exceptional degree).

아전인수식 지성인이 대부분은 도덕적 감각이 해이해져 멸시당하는
경우와는 판이하게, 그는 항상 불의와 폭력에 저항했다. 오랜 세월이 지
나고 또 지나도 사람들의 기억 속에 그는 살아 있을 것이며 전무후무한
과학의 천재로서뿐만 아니라 도덕적 이상을 가장 높이 구현한 사람으로
서 기억될 것이다.

> 솔로빈은 아카데미 멤버들이 당시 스피노자, 흄, 마흐, 푸앵카레, 소포클레
> 스, 라신느, 세르반테스 등을 읽었다고 기록했다. 당시에는 스피노자 공부
> 가, 아인슈타인의 말처럼 어렵던 시기였기에 더욱 종교를 천착하고 정리
> 하는 계기가 되었다고 본다.[2]

올림피아 옛날 3총사.
중간이 솔로빈

올림피아 옛날 알바 아파트.
지금 아인슈타인 하우스

제1부

과학의 여명
갈릴레오

코페르니쿠스가 밤하늘에 품은 의문

밤하늘의 별을 보던 **코페르니쿠스**Nicholas Copernicus(1473-1543, 폴란드)는
진작부터 톨레미Ptolemy[3]의 천동설에 의구심을 갖고 있었다.

모든 붙박이별들은 북극성을 중심으로 둥그런 원을 그리며 돈다. 수성
같은 몇 개의 행성planet들만 이상한 움직임을 보였다. 마치 한잔 걸친 취
객처럼 한 번씩 갈지자로 뒷걸음친다.

코페르니쿠스는 두세 달마다 밤하늘에 뜨개질 매듭을 그리며 돌아다
니는 그 움직임을 이해할 수가 없었다. 아리스토텔레스의 가르침처럼[4]
또 톨레미가 믿은 것처럼 달보다 먼 보통별자리들은 매일 밤 똑같이 '붙
박이'인 채 모두 함께 둥그런 궤적을 그리고 있어야만 했다. 그것이 지구
는 가만 있고 전 하늘이 그 위를 빙빙 도는 천동설의 핵심이다.

둥근 궤적 이론을 철석같이 믿었지만 코페르니쿠스는 이렇게 기록
했다.

'톨레미 및 과거의 다른 천문가들은 행성의 주기를 숫자로는 척척 잘
맞추었다 하더라도, 적지 않은 수수께끼들이 남는다. 운동 법칙이 딱 들
어맞는 유일한 중심이 따로 있음이 틀림없어! 모든 행성이 똑같이 회전
하는, 원의 궤적을 완벽하게 배치하는 또 다른 체계가 있다는 생각이 자

주 든다.'

코페르니쿠스는 다른 중심(나중에 태양 중심화) 주위로 지구가 다른 행성들과 함께 도는 체계를 생각하고 있었다. 코페르니쿠스의 지동설은 뉴턴 역학이 없던 당시, 인간중심 사상이라는 등 많은 논쟁을 불러 왔다.

지구가 요지부동의 중심이 아니라면 과연 그 무엇이 지구를 중심에서 벗어나게 하였는지 설명할 근거가 없었다.

만약 지구가 우주의 중심이 아니고 행성들 사이 어중간하게 끼어 함께 태양 주위를 공전한다면 어디가 절대적인 '위'이고 어디가 '아래'란 말인가?

지구가 중심에 있지 않다면 어떻게 물체가 '아래'로 떨어진다는 말인가?

지구가 정지한 것이 아니라면 머리 위로 던진 물체가 어떻게 제자리로 돌아올 수 있는가?

그때까지의 과학지식에 의하면 지구는 우주에서 제일 무거운 물체이다.

그런 지구가 부동의 중심에 있지 않다면 우주에는 중심이 없다는 건가?

그럼 우주는 무한한 것 아닌가?

그 당시 천문학자들은 코페르니쿠스의 주장을 돌팔이 짓이라고 내몰고, 전통적 **아리스토텔레스**Aristotle(기원전 384-322)의 우주론과 톨레미의 천동설을 고수하려고 했다. 코페르니쿠스의 지동설을 순순히 수용할 문제가 아니었다. 만약 그렇다면 당시 물리지식으로 풀어놓은 많은 명제들이 통째로 오답의 미궁에 빠져버릴 수밖에 없었다.

지동설에 대한 거부감은 교회가 아니라 이렇게 물리 및 천문학계로부터 비롯하였다.

코페르니쿠스는 유럽 천문학계의 존경 받는 권위자였다. 사실 지동설을 포함한 그의 업적들은 1515년부터 학계에서 회람되기 시작했다. 그의 책 《천구들의 공전》[5]이 28년 후 출판된 것은 천문학자들에게는 전혀 놀라운 뉴스가 아니었다. 그 당시 천문학자들은 천체의 운동에 관하여 톨레미 이후 코페르니쿠스가 최고의 대작을 냈음은 인정했다.

하지만 대부분의 천문학자들은 원래의 톨레미 체계가 좀 번잡스러운 것만 빼면 그런대로 완벽하다고 느꼈다. 그들은 코페르니쿠스 체계를 칭찬하고 산표와 공식을 쓰더라도 그의 지동설에는 상당히 회의적이었다. 지동설이란 그저 계산에 유용한 임시방편적 트릭쯤으로 경시하였다. 톨레미 스스로도 자기의 주전원[6]들이 모두 물리적 실재는 아니라고 했다. 톨레미도 우주 질서의 답을 맞히기 위해 수학적 장치를 고안했던 만큼 피장파장이란 태도였다.

한편 문학과 종교의 세계에서는 지구가 우주의 중심이라는 걸 수용하는 것이 반갑기만 한 일은 아니었다. 당시 사람들의 세계관에 따르면 오히려 우주의 중심은 환경이 열악한 밑바닥이어야만 했다.

한 중세 작가는 지구의 위치를 '최저 지점의 제일 더러운 곳'이라 표현했다. 단테Dante Alighieri(1265-1321)는 1308년부터 죽을 때까지 《신곡 Divine Comedy》을 썼다. 서곡 + 지옥33편 + 연옥33편 + 천국33편으로 합이 100편, 즉 완전수 10의 제곱으로 썼고, 예수의 수명 33세를 따라 각 33편으로 구성했다.

그는 《신곡》에서 '지옥'을 지구의 제일 깊은 곳으로 위치시켰다. 그의 '지옥'은 불꽃이 없고 '꼼짝 않고 얼어붙는' 곳이다. 아리스토텔레스의 우주 사상에 맞추려면, 하늘로 오르는 불이 지옥에 있을 수 없었다.

성직자들이 도왔던 코페르니쿠스의 지동설

코페르니쿠스의 천체는 지구 중심이 아닌 태양 중심이란 뜻이다. 그러나 종교가 이를 먼저 반대하고 나선 것은 아니었다. 적어도 코페르니쿠스만은 자기의 지동설에 종교계가 반대할 걸 두려워한 것이 아니었다.

까닭이 있다. 무엇보다 그 자신이 성직자였다. 자신의 책을 교황(Pope Paul III)에게 헌정까지 했다. 그는 책을 헌정하면서 동봉한 편지에서 지구가 움직인다는 자기의 색다른 이론 주장에 대해 미안해했다. 코페르니쿠스는 달력을 제작하고 별자리를 예측하는 과정에 톨레미 체계가 부적당하여 그런 가정을 할 수밖에 없었던 것을 설명했다.

사실 추기경과 비숍까지 가세한 일단의 사람들이 코페르니쿠스에게 책을 출판하라고 권하였다. 책(De Revolutionibus)이 출판되고 나서 두 달 후 그는 사망했다. 60년 후인 1600년 초기부터 그의 책이 다시 읽혀지기 시작했고, 앞서가는 가톨릭 대학들에서 교재로 삼았다.

그런 가톨릭이 1600년 브루노를 화형에 처하였다. 어처구니없는 일이었다. 하지만 흔히 알려진 바와 달리 브루노가 화형에 처해진 진짜 이유는 코페르니쿠스를 지지한 때문이 아니라 기독교와 다른 이단사상 때문이었다. 그 당시 가톨릭이나 개신교나 모두 지구 중심geocentric 생각에 사로잡혀 있었다. 구약의 내용 그대로를 철저하게 믿은 것이다.

예 1

[여호수아 10:12-13] 태양아 너는 기브온 위에 머무르라, 달아 너도 아얄론 골짜기에 그리 할지어다(Sun, stand still over Gibeon, and you, moon, over the Valley of Aijalon). 태양이 머물고 달이 그치기를 백성이 그 대적에게 원수를 갚도록 하였느니라.

28

예2

[출애굽기 7:20] 지팡이를 들어 하수를 치니 그 물이 다 피로 변하고.

[출애굽기 9:33] 모세가 바로를 떠나 성에서 나가서 여호와를 향하여 손을
펴매 뇌성과 우박이 그치고 비가 땅에 내리지 아니하니라.

2천 년 전의 히파르코스 구면삼각법

지금의 터키 땅인 니케아에 태어난 그리스의 천문학자 **히파르코스**
Hipparchus(기원전 190-120)는 850여 개에 이르는 별들의 별자리표를 만들
고 그 기하학적 모형도 만들었다.

알렉산드리아의 **에라토스테네스**Eratosthenes(기원전 275-194)는 멀리 떨
어진 두 곳에서 하짓날 정오에 막대의 그림자를 재어서 지구의 크기를
꽤 정확히 계산했다. 에라토스테네스의 연구를 주목한 히파르코스는 지
구가 둥근 원형이라는 것을 이미 알았고, 평면삼각법 외에 둥근 구면삼
각법spherical trigonometry도 개발했다.

이 업적들이 톨레미로 옮겨져서, 유일하게 현존하는 톨레미의 별자리
표도 만들어졌다. 톨레미성좌constellations는 하늘 '한 부분'만을 커버한
다. 분석을 해보니, 그 '한 부분'은 톨레미의 하늘이 아니고 훨씬 북쪽지방
의 히파르코스가 보던 하늘이었다. 톨레미가 히파르코스의 자료를 그대
로 도용했음이 드러난 것이다.[7]

지구는 언제 망하는가?

앞장의 구약 내용 [예 1]은 옛사람들이 생각하던 천동설을 설명하기 위해 인용한 것이지만, 돌아가던 해와 달이 머문다는 희한스런 '여호수아 사건'은 또 어찌 생각할 것인가?

말도 안 되는 얘기들이 하나둘이 아니니 이것도 그냥 의미 없는 허풍이라고 무시해버릴 수도 있다.

[예 2]는 구약의 모세가 이집트에서 유대 민족을 탈출시키려는 '출애굽 사건'에서 파라오(바로)와 천재지변을 일으키는 비술로 경쟁하는 에피소드이다. 이것도 허풍 중의 하나일 뿐이라고 무시할 수 있다.

그런데 60여 년 전 벨리코프스키I. Velikovsky는 세계적인 베스트셀러 《충돌하는 세계Worlds in Collision》라는 책에서 특이한 주장을 하고 있다. 저자는 위의 [예 2] 출애굽 에피소드 및 이와 유사한 세계의 설화들은 사실 지구와 소행성asteriod/유성meteor이 충돌했을 법한 오래전 일을 인류가 기억하며 전래한 어떤 대멸종 사건이 아닐까 추상하고 있다. 그는 또 시베리아 최북단 어디에서 발견된 매머드들 중에는 아마 수만 년 전 산 채로 갑자기 동사하였으며 그 고기들은 아직도 싱싱해서 썰매를 끄는 개들의 먹이가 된다고 했다.

최근 과학자들은 소행성/유성 충돌로 인한 대멸종 사건이 있었다는 연구 결과를 내놓고 있다. 그때 공룡들 같은 동물이 멸종한 것이라고 분석하고 있다. 멕시코 유카탄 반도의 흔적, 미 애리조나 주 '그랜드 캐니언'을 가는 도중에 보이는 큰 분화구 같이 땅이 꺼진 충돌 흔적 등 근거 자료는 많다. 그런데 이런 충돌성 대멸종 에피소드는 대부분 인류의 조상도, 매머드도 없던 수천만 년 전 사건이다.

지금도 가끔 어떤 소행성이 지구를 언제 접근한다고 보도한다. 사람들은 두려움에 떤다. 하지만 지구 충돌 확률은 '몇 억분의 일'이다까지 읽고 나면 언론에 '낚였다는' 것을 알게 된다.

베게너A. Wegener(1880-1930)의 대륙표이continental drift(또는 대륙이동 continental displacement)라는 현상도 수억~수천만 년에 걸친 것이다. 그러므로 그의 판게아Pangaea 초대륙설이나 50여 년간 불신되다가 채택된 판구조론도 지금 이슈와는 무관하다. 하지만 수백 번의 암석 지자기 변동 자료들 중 최근 이벤트와 '여호수아 사건' 사이의 수천 년 혹은 수만 년 정도의 시간적 중첩 가능성까지 완전히 배제할 이유는 없다.

가능한 다른 시나리오는 있는가? 햅굿 이론이 있다.

햅굿Charles Hapgood(1904-1982)이 빙하기에 축적된 극지 빙산의 과도한 무게와 자전의 합작인 비틀림 힘에 기인한 단기성 '지각 회전설'을 주장했다. 그는《극점의 경로Path of the Pole》(1958년 초판, 1970년 재판)라는 책에서 지구의 이상 현상들과 지자기 변동을 설명하였다. 그 이론의 가능성에 아인슈타인이 관심을 보인 편지가 책의 서두에 붙어서 세인의 이목이 집중되었지만 현재 지구과학계에서는 무시된 상태다.

이러한 햅굿의 이론을 갑작스런 천재지변 이유로 이용한 것이 〈2012년〉 영화이다.[8] 하지만 이는 허풍이다. 베게너의 대륙이동보다는 매우 급

진적이지만, 역시 적도가 북극으로 뒤바뀌는 기간이 1-2천 년은 될 것이다. 회전이론이 옳다 하더라도 이 영화의 급진적 사건전개와는 무관하다. 〈투모로우Tomorrow〉 같은 영화가 현실로 일어난다면 매머드가 갑자기 동태처럼 급랭할 수 있지만, 지구온난화 문제에 관한 수많은 컴퓨터 실험에서도 모두가 수용할 만한 결론은 내릴 수 없었다.

이쯤에서 그레이엄 핸콕Graham Hancock을 짚어보자. 그의 베스트셀러《신의 지문Fingerprints of Gods》(1995)이 햅굿을 많이 인용했다. 그는 전설의 '아틀란티스Atlantis' 대륙 찾기 및 '남극은 온대지방에 있었다'는 식의 상상을 끌어내는 것에 이것을 활용하였는데, 설득력이 별로 없다.

더 이상의 여러 가지 설명을 하지 않기 위해 핸콕이 태어나기 전에 제임스 처치워드가 있었던 것만 기억하자. 그가 50여 년간 아시아와 아메리카 대륙을 종횡으로 답사한 후 말년에 쓴 4권의 책, 이를테면 20세기 초 큰 반향을 일으켰던《잃어버린 무대륙The Lost Continent of Mu》(1931) 같은 유사한 책이《신의 지문》이전에도 존재했다.

케플러의 암흑물질과 거지의 Non-NASA 꿈

아리스토텔레스의 우주론 또는 톨레미의 별자리 모형은 절대로 움직이
지 않는 '붙박이별'들의 천체였다. 이 믿음은 사실 갈릴레오 사건 시대인
1650년 이후 18세기 사이에 돌처럼 굳어졌다.

괴테Johann Wolfgang von Goethe(1749-1832)는 그 왜곡된 진실에서 깨어
나며 말했다.

"코페르니쿠스의 가르침보다 더 지대한 영향을 끼친 발견이나 주장은
없었다. 지구는 둥글며 한 개의 행성일 뿐이라는 것을 인정하는 순간, 지
구가 우주의 중심이라는 엄청난 제왕적 특권은 휴지가 되었다."

하지만 괴테는 지구가 둥글다는 사실을 오래전 **에라토스테네스**가 밝
혔던 것을 알지 못했다.

코페르니쿠스의 지동설은 덴마크 천문학자 **티코 브라헤**Tycho Brahe
(1546-1601)의 연구에서 도움을 받았다. 그의 방대하고 정확한 관측 자료
는 천문학계에 엄청난 영향을 끼쳐서, 톨레미도 코페르니쿠스도 난처하
게 만든 오류투성이의 옛것들을 내버리게 했다.

1572년 티코는 신성nova(혹은 초신성supernova)을 발견하였다. 그는 이
초신성이 희미해져 안 보일 때까지 1년이 넘도록 관찰했다. 사람들은 이

것이 단지 대기권 안에서의 현상이라 생각했다. 티코는 이것이 달과는 다르게 '패럴랙스parallax⁹' 현상이 없음을 주목했다. 이것은 가까운 대기권 현상이 아니며, 달보다도 먼 곳에 있는 별의 움직임이라고 판단했다. 행성도 멀리 있지만 그건 떠돌이별이다.

티코는 오랜 관측 결과 초신성은 떠돌이별이 아니라고 판명했다. 이로써 '부동의 붙박이별'들로 이루어진 아리스토텔레스 천체 개념이 무너졌다.

원래 귀족집안에서 자란 티코는 법 공부를 하다가 1560년 여름 일식을 경험하고 그것이 예측 가능한 현상임을 깨달았다. 그는 그 충격으로 천문학에 이끌렸다. 그는 초신성을 발견한 흥분 속에 천문학자로 우뚝 솟았다.

그는 이듬해 작은 책《초신성De nova stella(이라고 별 이름을 처음 지음)》을 쓰고 각지에서 강연했다. 티코가 본 카시오페아 자리 초신성은 오늘날 'SN1572'로 불리며 7,500광년의 거리에 있다. 셰익스피어는《햄릿》에서 '북극성에서 서쪽에 있는 별'이라고 썼는데, 이 초신성을 보고 쓴 것이라고 한다.¹⁰ 이 초신성은 폭발 후 400여 년이 지난 지금 거대한 성운처럼 부풀어 있다.

덴마크 왕 프레더릭 2세Frederick II가 티코에게 벤Hven 섬을 확보하여 천문대를 짓게 하였다. 이곳은 한때 100명가량의 제자와 연구원을 거느렸던 큰 연구 센터였다.

1577년 티코는 거대한 혜성을 관측하면서 아리스토텔레스의 코에 다시 한방 주먹을 날렸다. 달보다 먼 거리에서(즉, sub-lunary sphere를 벗어나서) 붙박이별이 아닌, 움직이는 별을 찾아내었던 것이다.

프레더릭 왕이 죽은 후 새 왕과는 뜻이 맞지 않아 티코는 1597년 보헤미아 왕과 로마 교황의 지원으로 프라하로 옮겨서 새 천문대를 짓는다.

1601년 그가 정신이 혼미한 가운데 급사했다.

'내가 헛된 삶을 살지 않았다 해주오!(Let me not seem to have lived in vain!)'

그의 마지막 말이다.

그가 급사하기 전 1년간 케플러가 조수로 함께 일했다. 티코의 삶이 정말 헛되지 않게 하려는 신의 천우신조 손길이 아니었을까? **케플러** Johannes Kepler(1571-1630)가 티코를 만난 역사적 사건은 그렇게 보인다.

케플러는 코페르니쿠스보다도 더욱 훌륭한 티코의 천문 관측 자료들을 접할 수 있었다. 티코가 수많은 세월 동안 밤마다 관측하고 측정하며 일평생 축적한 자료였다. 티코는 당시 구입 가능하였던 최상의 도구들을 동원하여 측정하였기에, 별들과 행성들의 관측이 이전보다 10배나 좋았다. 정밀한 티코의 데이터를 몇 년간 꼼꼼히 따지다보니 '원형의 행성 궤도가 왜 이렇게 틀리지?' 하는 의문이 꼬리를 물면서 케플러의 수학적 천재성이 빛을 발하였다.

케플러는 3부작《코페르니쿠스 천문학 개요》[11]를 쓴다. 내용으로는 그의 타원 법칙들도 설명한다.《우주의 조화》[12]도 저술하였다.

'지금 읽거나 혹은 나중 세대가 읽거나 뭔 상관인가? 독자를 100년 기다릴 수도 있다. 하느님이 하신 일을 성찰하여 깨달은 자가 있어주기를 하느님 스스로도 6천 년을 기다리지 않았던가.'

그는 그렇게 멋진 결론을 맺는다. 하지만 책의 출판 전후에 유럽대륙 신구교 간 최대의 종교전쟁인 '30년 전쟁Thirty Years War(1618-1648)'이 독일 보헤미아에서 발발하였다. 대륙의 여기저기 인구가 20-50% 사라졌다. 종교의 신구충돌 소용돌이에서 '독주를 마시게 했다'고 모함을 당한 73세 케플러의 어머니가 마녀로 몰려 1년 넘도록 감옥에 갇히는 고초를 겪었다.

그의 책은 거의 무시되었다. 하지만 그는 티코의 천문자료들을 정리하여《루돌프 도표Rudolphine Tables》란 책도 썼다. 그는 루돌프 2세Rudolph II 및 발렌스타인Wallenstein 장군의 자문역도 했다. 천체에 무관심한 그들에게 자문한다는 일은, 천궁 12궁도horoscope로 '이 싸움에 이기겠나? 죽겠나?' 점을 쳐주는 역할이다.

케플러는 전쟁의 와중에 장터를 찾아다니며 가판대를 놓고 책을 팔았다. 1627년 프랑크푸르트 북마켓에도 갔다. 이런 삶의 부대낌에 그는 병을 얻어 쓰러졌고, 1630년 11월 15일 세상을 떠났다.

그가 살아 있을 때에는 아무도 타원 법칙 내용들을 거들떠보지 않았다. 갈릴레오나 데카르트마저 그랬다. 다소 복잡하지만 코페르니쿠스의 계산법을 톨레미 모델에 조금 활용하면 충분했다. 그보다 더욱 복잡한 계산은 전혀 쓸모가 없었다. 완벽한 구형 천체가 있는데 이상스럽고 찌그러져 완전성을 잃은 타원형 천체를 믿으라는 주장은 설득력이 없어서 폐기처분되었다.

그러나 그가 죽은 지 20-30년 후 케플러 법칙이 기지개를 켠다. 보렐리Giovanni Alfonso Borelli(1608-1679)는 갈릴레오 처벌 이후 이탈리아를 떠나 스웨덴 크리스티나 여왕의 보호를 받고 학문을 발전시켰다. 그는 케플러의 인력 같은 역학개념을 생체분석에 응용한 생체역학bio-mechanics의 창시자로, 헤엄치는 몸의 균형역학을 분석하고, 심장이 기계적 피스톤임을 분석해냈다.

오늘날 미국 생체역학학회는 업적을 이룬 연구자에게 그의 이름으로 상을 준다.

영국의 후크Hooke도 케플러의 천체역학을 발전시킨다. 케플러 사후

36

60년이 안 되어 **뉴턴**(1642-1727)이《원리Principia(Principle)》(1687)를 펴냄으로써, 마침내 케플러가 내려놓고 떠난 역학의 물리를 명쾌히 설명하는 뉴턴 역학이 탄생하였다. 뉴턴 및 후크는 뒤에 따로 만날 것이다.

케플러는 역학 방정식을 수립하지 못한 반면, 역학적 공상과학소설 《꿈Somnium》(1629)을 썼다. 지구를 떠나 달을 향하는 우주여행을 다룬 소설이다. 철저한 역학법칙에 기반을 두어, 지구 이탈을 위하여 강력한 가속도가 필요한 걸 제시하고, 또 지구와 달의 인력 중간지대에서 무중력 비행을 경험하기도 한다. 뉴턴 역학도 없던 그때 케플러는 이미 추상 속에서 역학의 물리를 꿰고 있었던 것이다.

과학 탐구 **케플러의 법칙과 암흑물질**

케플러의 법칙

'케플러 법칙'의 핵심을 요약하면 다음과 같다.

① 행성들은 태양을 초점으로 하여 타원 궤도를 공전한다.
    아리스토텔레스의 '원운동'을 부정한 것이다. 당시는 원운동만 완전 무결한 운동이라 생각하던 시대였다.

② 회전면적/시간은 동일하다.
    (속력은 변한다.) 이는 회전운동이라는 각운동량 보존법칙을 의미한다. 아리스토텔레스의 '일정한 속력의 운동'도 폐기한 것이다.
    $L = R \times mv = mR^2\boldsymbol{\omega}$
    위 각운동량angular momentum은 회전면적/시간 = L/2m으로 되어서 각운동량 L이 일정하다는 의미가 된다.

③ 제3법칙은 17년간의 끈덕진 티코 자료의 정리와 자신의 연구 후에
얻은 케플러의 최대 업적이다.

	1년 길이(T)	T의 제곱	궤도반경(R)	R의 3제곱
수성	0.2408	0.058	0.388	0.0584
금성	0.6152	0.378	0.724	0.379
지구	1.000	1.000	1.000	1.000
화성	1.881	3.5378	1.524	3.5396
목성	11.862	140.71	5.200	140.61
토성	29.457	867.72	9.51	860.09

위 표는 행성의 타원궤도 장축반경(R)과 주기(P) 사이의 상대적 관계
표이다. 아리스토텔레스의 지식창고에는 존재하지도 않았던 내용이다.
케플러는 몰랐지만, 후에 아래의 제3법칙이 되니, 공전주기(P)의 제곱
은 장축반경의 세제곱에 비례하는데, 아래는 지구의 경우 절댓값이다.

$R^3/P^2 = So$

$= [3.375 \times 10^{33}/0.9945 \times 10^{15} = 3.3937 \times 10^{18}]$

$= 1AU^3/y^2 \sim 3.4 \times 10^{18} m^3/s^2$

[태양의 빛은 약 500초(8분 20초) 후에 지구에 닿는다. 그래서 지구-
태양 평균거리 = 1AU(astronomical unit) = $3 \times 10^8 m/sec \times 500sec$ =
$1.5 \times 10^{11}m$; 1년 = y = $3.1536 \times 10^7 sec$.]

이 관계는 태양계 안정성의 기준이고, 행성들이 서로 수학적 연관성
을 지니고 있는 것을 암시한다. 케플러는 이 천체의 [타원]운동들이 바
로 여러 음이 잘 조화된, 화음이 뛰어난 음악과 같으며, 우주의 조화를
상징한다는 책도 썼다.

만일 케플러가 뉴턴의 만유인력을 알았다면, 태양질량(M)과 행성질
량(m)사이에 작용하는 힘의 균형이 주어진다.

$[GMm/R^2] = m(\omega^2 R)$

$GM/\omega^2 = (R^3)$

여기서 ω^2R 은 구심가속도centripetal acceleration이다. 그러므로 $\omega=$ 2π/P를 대입하여 위를 다시 정리하면

$(So =)GM/4\pi^2 = R^3/P^2$

이것이 제3법칙이다. 케플러 이후 뉴턴이 증명하였다. 이 사실을 응용하면 인공위성의 정지궤도도 이해할 수 있다(다음 |과탐| 박스 참조).

제3법칙을 다른 행성들에 적용해도 So 상수는 그대로이다. 이 법칙은 예를 들어서 목성을 중심으로 운동하는 달들의 경우, 또는 지구를 중심으로 회전하는 달과 인공위성들에게도 적용된다. 단 상수항이 그때마다 조금 달라질 뿐이다.

암흑물질

케플러의 제3법칙은 약간만 변형하면 20-21세기 천체물리학의 최대 관심사 중 하나인 암흑물질dark matter 발견의 연결고리가 되기도 한다.

$(So=) GM/4\pi^2 = R^3/P^2 = \omega^2R^3/4\pi^2 = v^2R/4\pi^2$

그러므로 $v = 2\pi[So/R]^{1/2}$이며 So는 태양계 행성들에 모두 같은 상수이다. 위에서 은하의 중심을 맴도는 수많은 별들의 질량(M)이 은하 공간에 분산된 거리함수 M(R)이라면,

$So = GM/4\pi^2 \propto M(R).$

결국 별들의 궤도속도 크기는 $v \propto [M(R)/R]^{1/2}$이라는 최종 관계식에 이른다. 이 결론이 의미하는 것은 다음과 같다. 단 한 개의 별인 태양M의 경우,

$M(R) = GM(태양)/4\pi^2$

로 일정하고 행성들의 속도는 단조롭게 거리의 제곱근에 반비례한다. 이것은 실제자료와 잘 일치한다. 하지만 거대한 은하들은 흔히 회전하는 팔랑개비 나선형이다. 그 은하의 가운데 부분 별들이 어떤 크기의 둥

근 체적까지는 고르게 분산되어 있기에, 처음은 궤도속도가 거의 제로에서부터 증가하여 최대 정점을 찍은 후 감소할 것이다. 그 이유는 은하의 끝 부분들은 희미하게 퍼져 있는 은하먼지가 조금밖에 안 보이니 당연히 감소할 것이기 때문이다. 그러나 놀랍게도 궤도속도는 은하의 주요부분을 벗어나도 전혀 감소하지 않는다!

이론상으로라면 중심의 은하반경에서 멀어질수록 속도가 감소하여 바닥으로 떨어져야 한다. 그러나 오히려 포화속도 같이 일정해진다! 즉 이것이 위의 제곱근 안의 항인 M(R)/R이 일정한 것을 뜻한다. 우리가 측정할 수 없고 눈으로 볼 수 없는 M(R)이 멀어지는 R에 비례하여 증가한다! 우리가 보지 못한 뭔가 숨어 있었던 것이다! 이것을 암흑물질이라고 한다.

도움자료《Universe in a Nutshell》, Stephen Hawking (Bantam Books, 2001) 참조

과학
탐구 | 헝가리의 거지가 쏜 Non-NASA 우주계획

앞의 |과탐| 〈케플러가 뉴턴을 알았다면〉에서 정지궤도(높이=h) 인공위성 문제는, 공식들의 각속도[$\omega(R+h) = v$]와 지구반경(R → R+h)을 바꾸어 간단히 푼다.

$GMm / (R+h)^2 = mv^2 / (R+h)$

지구상(h=0)에서는 $mg=mGM/R^2$이므로 위를 재정리하면

$v = \sqrt{GM / (R+h)} = \sqrt{R^2 g / (R+h)}$

[여기서 케플러의 제3법칙도 유도된다.

$T = 2\pi / \omega = 2\pi (R+h) / v \approx (R+h)^{3/2}$]

미국 통신위성들이 위치한 지상 35,800Km 높이의 정지궤도geostationary orbit는, NASA가 존재하기 오래전 아서 클라크A. C. Clarke가 생각했기에 '클라크 궤도'라고 한다. 사실은 그 이전에 이미 무선통신을 하는 정지궤도 계산을 하였으니, 헝가리 출신의 거지나 다를 것이 없었던 청년의 젊은 날의 꿈에 수록되었다.

이 거지는 **포토츠닉**Herman Potočnik(1892-1929)으로 오스트리아와 헝가리 틈바구니에서 크로아티아계로 태어나, 1차 세계대전 시 5년간 전장에서 복무하다가 얻은 결핵에 시달리던 퇴역대위다. 독일 권에서 원래 이름은 없어지고 거지같은 그의 가명이 '누어똥Noordong'이 되었는데, 원래 부정적 의미의 접두사를 좋은 말 앞에 붙인 'NO-Ordnung'에서 유래, 즉 [질서가 없는 혼란의] '무-질서'가 되었다.

거지는 자기 이름을 밝힐 필요 없이 살아도, '누어똥'은 (작은 고래의) 꿈 하나 있었기에, 형들에게 얹혀살며 비엔나 기술대학에서 전기공학과 기계공학으로 박사를 따고, 로켓전문가가 된다. 로켓이 뭔지도 모르는 시대에 '나홀로' 전문가였다. 그는 '누어똥' 무일푼일지언정, 마음은 무중력 깃털처럼 아주 순수한 청년이었다. 건강이 좋지 않았던 그는 얼마 남지 않은 시간에 그는 처음이자 마지막으로 유언처럼 책을 쓰며 남은 생명을 불태웠다.

1928년 말 출판(사장이 1929년으로 슬쩍 바꿨다 함)된 188쪽의 책, 그의 우주 유언이 박힌 기록에는 그가 그렸던 설계도 100개가 빼곡히 인쇄되어 있다. 추진 로켓들, 거대한 바퀴모양 우주정거장, 평화목적 및 방위목적의 원격탐사 활동 등등.

그의 수명은 1929년에 다하고, 독일어 책《우주여행의 문제Problem of Space Travel》는 그해 여름 미국 매거진 〈원더 과학 스토리Science Wonder Stories〉 7, 8, 9월호에 소개되었다. 1935년 러시아어판, 1986년에는 슬라브언어판, 1999년에는 미국 NASA가 영어 완역판을, 2004년에는 마침내 그의 모국어인 크로아티아 언어로 출간됐다.

그는 죽었지만 그의 꿈은 독일공학도들에게 유행처럼 전염되어, 소위 VfR(우주여행소사이어티)가 조직되고 로켓발사실험들이 진행되며, 그

중 출중한 청년멤버 폰 브라운von Braun 박사는 2차 세계대전 후 1952 년 미국으로 선발되어 와서 NASA의 미 항공우주계획을 주도하였다. 오늘날 미국, 러시아, 유럽, 중국, 일본, 인도 등의 전 세계 우주항공계획들은 80여 년 전 "누어똥" 포트츠닉이 죽기 전 남긴《우주여행의 문제》라는 책을 모태로 하고 있다고 해도 지나치지 않을 것이다.

과학 탐구 케플러와 피타고라스 수학생각

케플러는 창조주가 우주를 만들 때 기하학적 구조들을 모델로 삼았다고 확신하였다.《우주의 조화》에서 자연의 세계, 특히 천체의 구조를 음악의 조화처럼 설명하려고 했던 것은 피타고라스의 사고와 비슷했다. 우주의 법칙에 담긴 수학의 아름다움을 추구했다. 그는 태양계 행성들의 공전 거리와 동심의 다면체들이 겹겹이 싸인 모델 크기의 상관함수로 풀어보려고 했다.

그의 천재성은 친구에게 선물한 작은 책자[13]에서 다시 빛을 발한다(1611). 눈송이의 6각형 모형들을 그린 것이다. 그 후 듬성듬성한 눈송이와는 반대로, 상상 속의 단단한 원자의 대칭성과 격자모형을 그린다. 케플러 추측Kepler conjecture이다. 같은 크기의 '단단한 구hard sphere[=HS]'들이 공간을 최대로 채우는 밀도 즉 패킹밀도packing density(or fraction)는 약 74%라는 결론에 이른다. 당시 그는 대포알 쌓기를 연구하던 영국의 천문학자 해리엇Thomas Harriot과 교신 중이었다. 거기에서 힌트를 얻었을까?

케플러 추측은 후에 천재수학자 가우스Carl F. Gauss(1831)가 일부 증명하였는데, HS구들이 정상적 결정격자구조를 이룰 때 만족된다고 증명하였다. 이때도 결정이 원자의 격자구조인 것은 알려지지 않았었다. (간단한 격자 예는 바둑판 같은 행렬이 3차원으로 확장된 모양이다. 아이들의 놀이터에 그런 구조물의 철봉대를 잡고 상하좌우전후로 칸을 건너다닌다.)

3차원 정육면체 모서리 8점과 여섯 개의 정사각형 각 중심들에 HS구들이 위치하며 서로 접할 경우를 면중심-정육면체face-centered cubic[=fcc] 구조라고 하는데 이 경우 HS구들 사이의 빈 공간void을 뺀 패킹밀도가 $\pi/(3\sqrt{2})$ = 74%이다. 이 구조를 3차원 대각선 방향으로 보면 3차원 벌집 같은 대칭성을 가진 육각형밀집패킹hexagonal close-packed[=hcp] 구조와 동등함을 알 수 있다. 즉 아래 공들이 쌓인 fcc구조와 그 아래의 대포알들이 쌓인 hcp구조는 보는 각도만 틀린 걸 제외하면 동등하게 최대 패킹밀도 74%를 갖는다는 케플러의 천재적 추측이 틀리지 않았다.

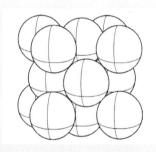

다이아몬드는 제일 단단한 물질이다. 그런데 패킹밀도는 34%에 그친다.

어설프게 34% 자재만으로 지은 날림집이 위처럼 74%로 꾹꾹 쌓은 집보다 단단하다는 것인가? 34% 다이아몬드를 뒤틀어서 2차원으로 죽 펴놓으면 최근 노벨상을 안겨준 그래핀graphene이 되고, 원통처럼 둘둘

말면 탄소나노튜브가 된다. 한편 실리콘 반도체도 34%의 날림집이다.

온갖 희한한 특성들이 튀어나오는 34%의 기적들, 이것이 자연의 아름다움이다. 이 아름다움은 정사면체 대칭의 격자구조와 공유결합이라는 강력한 원자간 결합 특성에 기인하는 것으로 20세기 반도체 기술의 뿌리이다.

케플러는 위와 같은 아름다움까지는 몰랐다. 그러나 그는 자연의 질서를 찾아내는 천재의 모습을 남겨주고 갔다. 18세기가 되어 광물학자들이 캐낸 결정들을 쪼개서 연구하면서[14] 원자들의 배열이 3차원 벡터성분들 사이에 정수관계가 성립되고 특정 각도들을 만족시킨다는 사실을 발견하기 시작했다.

1895년 뢴트겐Roentgen이 자기 부인의 손을 훤히 투과해버리고 밀폐된 박스 속 동전을 알아내는 X레이를 발견하면서 1901년 첫 노벨상을 받았다. 1912년 폰 라우에가 이 X레이를 결정에 쪼여서 결정의 회절 현상을 처음 해석하여, 결정이 원자들의 집합이라는 증거를 처음 밝히고 그 공로로 1914년 노벨상을 받는다. 34%, 74%의 비밀번호들이 20세기 보물들을 와르르 쏟아낸 것이다.

아인슈타인은 폰 라우에의 발견이 "물리학에서 가장 아름다운 발견 가운데 하나"였다고 했다.

'아름다운 발견'은 우리의 현실생활에도 있어왔다. 일례로 해마다 늦은 봄 매화가 떨어진 후 영그는 매실을 따서 담그는 어머니들이 잘 안다. 깨끗이 씻어 말린 동그란 매실들 사이를 채우는 누렁설탕가루와의 부피비가 최고의 매실원액 여부를 결정한다. 그 비율은 '50 대 50'이다.

단단하고 동그란 청매실이 꽉 들어차고 그 사이를 설탕가루가 메운다면 케플러의 74% 비이겠지만, 지혜로운 어머니들은 케플러를 뛰어넘어

청매실은 성글게 넣으면서 설탕가루의 양이 초과되도록 채워 50%로 접근한다. 연륜이 쌓인 어머니들의 어림짐작 지혜가 우리 살림 역사를 만들어온 것이다.

브루노는 최초로 화형당한 과학자인가?

갈릴레오는 로마특검단Roman Inquisition에 1633년 소환되어 지동설을 가르친 혐의로 조사를 받았다. 1600년 유명한 코페르니쿠스 지지자 브루노Giordano Bruno(1548-1600)를 극형에 처할 수밖에 없었던 생생한 기억들이 특검단을 괴롭혔다. 1616년에 이미 '성경에 반하고 엉터리인false and opposed to Holy Scripture' 코페르니쿠스의 우주를 옹호하였다는 특검단의 선고에, 갈릴레오의 과학 신념이 결국 부러졌다. 그러나 브루노와 갈릴레오 박해의 신화에는 허구가 숨어 있다.

하나는 당시 무지몽매한 가톨릭에 자유의 신념으로 도전하였으며 둘 다 지동설의 과학적 지지에 투철한 순교자였다는 통설이다. 우선 시기상 선배인 브루노가 갈릴레오 마니아manque로 잘못 알려졌다. 하지만 그는 갈릴레오처럼 과학의 천재로서 통찰력이 있었다기보다는 오히려 신념으로 똘똘 뭉친 극단의 신비종교주의자였다. 두 번째로 갈릴레오를 브루노의 부활이라고 보는 시각이다. 그래서 브루노처럼 갈릴레오도 종교적인, 정치적인 혁명아라는 것이다. 이러한 시각도 브루노와 갈릴레오의 성격이나 행동 패턴이 판이하다는 것을 고려하지 않고 나온 오류이다. 혁명 영웅의 역할은 갈릴레오와 전혀 어울리지 않는다.

브루노는 실패한 갈릴
레오로 알려진 것처럼 과
학의 순교자인가? 그가
남긴 《만찬Supper》[15]이라
는 책에 얽힌 얘기부터
살펴본다.

캄포 데 피오리 광장의 브루노 동상

그는 이 책을 1584년 라틴 고전어
가 아니라 대중성이 높은 이태리어로
썼는데, 당시 그는 런던의 프랑스대
사관 주재원이었다. 브루노는 우주가 무
한하다는 것을 처음 주장했다. 심지어 태양 같은 천체들이 무수히 많으
며, 밤하늘의 별들이 우리의 태양과 같은 것이라고 주장한 사실은 놀랍
게도 코페르니쿠스 천체를 까마득히 뛰어넘은 통찰이다.

그가 책에서 설명한 태양계 모델은 실수투성이에다 내용도 제멋대로
왜곡되고 기하학의 기본조차 무시한 것이다. 그의 책이 웃음거리가 되어
그냥 무시되어버렸으면, 로마특검단이 설치될 필요도 없었을 것이다. 하
지만 그 엉터리 책이 오히려 폭력적 증오심으로 변해 대중의 지지를 받
아 로마를 강타하면서 상황이 변했다. 그는 결국 1600년 이단이란 종교
적 죄목으로 화형에 처해졌다. 이처럼 종교적 이단으로 몰려 희생당한
브루노는 오늘날 '과학의 첫 순교자the first martyr of the scientific revolution'
로 일컬어진다.

약 300년 세월이 흐른 1887년에 이르러서 그의 이단 죄는 '과학적 영
광'으로 벗겨지고 동상이 세워졌다. 로마에서는 물어도 잘 모르지만 바티
칸에서 동남쪽으로 택시를 타면 기본요금 정도 내는 거리에 있다. 캄포
데 피오리, 그곳에는 꽃가게들의 광장(Piazza di Campo dei Fiori)이 나타난

47

다. 점심을 먹을 만한 노천카페들이 즐비한 작은 광장, 화염 속에 사라졌던 바로 그 자리에 브루노가 다시 돌아와, 턱 아래까지 빽빽한 과일가게들 가운데서 양치는 목자처럼 거리를 내려다보며 서 있다.

사실 브루노는 《만찬》이 코페르니쿠스의 태양계 모델에 관한 책이 아니라는 주장을 되풀이했다. 책의 제목이 의미하듯이 주제는 그리스도와 하나 됨을 기념하는 '성찬Eucharist'에 관한 것이다. 브루노는 코페르니쿠스를 '새벽이 오기 전의 빛'이라고 신학적 시각으로 칭송하였다.

그는 위에서처럼 태양계 모형을 멋대로 설정하고 기하학 원리는 아예 내동댕이친 글을 쓴 것이다. 그에게 코페르니쿠스 우주관의 과학적 사실들은 중요하지 않았다. 그보다는 오히려 천체의 장엄함 가운데 심오한 우주 철학을 심고, 시적인 감응과 황홀한 비전으로 나타나는 계시가 그에게는 목숨보다도 훨씬 더 중요한 것이었다. 그러한 우주적 계시를 광활하게 드러내는 구도 가운데서, 브루노는 스스로 재구성한 신비주의의 심오함 속에 '고대진리철학ancient true philosophy'을 현실에서 되살리려한 것이었다. 이 사명에서 그는 한 발자국도 물러설 수 없었다. 그의 십자가는 불로도 태울 수 없었으니, 과연 그는 다시 그 광장으로 돌아온 것이다.

갈릴레오가 전한 별들의 소식

'그래도 지구는 돈다Eppur si muove(=Yet it moves)'고 갈릴레오가 투덜댔다는 말은 그 어떤 증거도 없다. 갈릴레오는 그런 혁명 영웅의 역할을 해내기엔 전혀 어울리지 않는 성격을 갖고 있었다.

갈릴레오Galileo Galilei(1564. 2. 15-1642. 1. 8)는 초등교육 2년을 수도원에서 받은 적이 있다. 그 영향으로 목사가 되려던 그는 피사의 의대에 들어갔다. 아버지가 의사 직업이 그에게 알맞을 거라고 여겼기 때문이다. 하지만 그는 당시 애매한 의술보다는 수학 강의에 집착하며 재능을 보였다. 결국 그는 아버지를 설득하여 수학에 매달렸다. 그는 아르키메데스의 부력이론 등에 심취하였는데, 이와 관련하여 1610년대 초 아리스토텔레스를 옹호하는 예수회Jesuits 그룹과 논쟁을 하기도 했다.

갈릴레오가 두각을 드러내기 시작한 것은 1592년에 파도바 대학으로 간 이후 1610년까지의 기간이다. 이 기간 그는 기하학, 운동학kinematics, 천문학을 가르치고 연구하였다. 1608년 갈릴레오는 네덜란드의 리퍼샤이Hans Lippershey가 발명한 망원경을 금방 터득하여 3배율로 만들고, 이를 다시 30배 이상 개선하였다. 스스로 대폭 개선한 망원경을 적진 탐사, 적선의 항해 탐지 등 군사용 장비로 베네치아에 납품하는 비즈니스 재능도 선보였다. 그 무렵 갈릴레오는 하늘을 보기 시작했다.

이렇게 이루어진 천체관측 결과들을 담은 작은 책이 《별들의 소식The Starry Messenger(Sidereus Nuncius)》(1610)이었다. 그는 태양에 흑점이 있다고 보고했다. 망원경으로 달을 본 것은 영국의 해리엇Thomas Harriot(케플러 이야기 참조)이 먼저라지만, 달 표면에 명암들이 많거나 이지러지는 부분이 매끈하지 않고 점들처럼 보이는 이유는 달에도 지구처럼 높은 산들이 있기 때문이라고 해석한 것은 갈릴레오다.

그는 목성에 4개의 달이 돌면서 나날이 위치가 바뀌는 것도 처음으로 관측하였으며, '지구 중심'으로 돌지 않는 별들을 처음 발견하였다. 그는 망원경으로 금성도 달처럼 차고 이지러지는 현상을 보이는 것을 바탕으로 지동설을 주장하였다. 갈릴레오는 종전에 별구름(성운nebula)이라고 불리던 은하수가 사실은 수많은 별들의 집단이란 것도 처음으로 밝혔다.

《별들의 소식》은 인기가 치솟아 출판 후 곧 매진되었고 큰 반향을 일으켰다. 무엇보다도 2천 년 동안 믿어왔던 우주관이요 코페르니쿠스와 케플러도 타파하지 못한 천동설, 즉 모든 별은 지구를 중심으로 돈다는 믿음을 확실히 무너뜨린 것이다.

천문학자들이나 철학자들은 갈릴레오의 주장을 믿으려 하지 않았다. 4개의 달이 지구가 아닌 목성 주위를 돈다는 것을 용납할 수 없는 일이었다. 그러나 이 관측이 정확했다는 것이 다른 데서도 확인되었다. 바로 **클라비우스**Christopher Clavius(1538-1612)의 천문대였다. 그는 1611년 로마를 방문하며 영웅대접을 받았는데 이듬해 사망했다. 클라비우스[16]는 독일계 수학자이자 천문학자로 현대 그레고리력의 수립에도 공헌하였는데, 교황 그레고리우스 13세가 1582년 10월 4일에서 열흘을 앞당겨 다음 날이 10월 15일이 되었다. 클라비우스는 당대 가장 추앙받은 천문학자로 그의 저서는 50여 년간 교과서로 쓰였다.

예수회 멤버들은 과학을 꼬치꼬치 파고들었고 초기엔 갈릴레오의 생각에도 접근하였다. 예수회 출신 추기경 **벨라르미노**Cardinal Bellarmine (Roberto F. R. Bellarmino, 1542-1621)도 과학에 관심이 많았다. (20세기 초 바티칸은 그를 복자 반열에 올리고 또 성인으로 추대하였던 만큼 교황의 권위를 지키는 일에 열심이었고, 대학에서 최초로 강의한 학구적 성직자였다.) 하지만 그는 성직자답게 성경을 폄훼하는 것은 그냥 넘어가지 않았다. 브루노의 화형도 사실은 그가 주도한 일이었다. 그는 1615년에 '태양이 지구를 돌지 않고 지구가 태양을 돈다'는 것을 실제로 증명하지 않으면 코페르니쿠스 우주체계를 옹호할 수 없다고 못을 박았다.

갈릴레오는 벨라르미노를 논쟁으로 이길 수 있다고 생각했다. 1616년 그는 조수의 간조와 만조가 지구 회전을 증명한다고 주장했다.[17] 아드리아 해Adriatic Sea(이탈리아와 그리스 사이의 바다)가 양안의 해변에서는 파도가 심해도 중간은 조용하다는 것이 일례라고 그럴 듯하게 설득하였다. 그런데 조수간만이 왜 하루에 한 번이 아니고 두 번씩인지에 대한 의문에는 지구 회전과 다른 요소들의 조합이라고 얼버무렸다. 당시 케플러가 고대 자료까지 검토하고 달 때문일 것이라고 추측하였지만 갈릴레오는 '쓸데없는 상상'이라고 무시하였다. 간조와 만조가 나타나는 현상에 대한 케플러의 설명은 이렇다. 우선 달에 가까운 곳이 강한 인력에 끌려서 만조가 된다. 한편 반대편은 가장 멀기에 원심력으로 불룩해져서 동시에 만조가 된다. 그 사이가 간조이므로 대략 하루에 두 번씩이 된다.

갈릴레오는 케플러의 타원형 궤도 모델도 수용하지 않았다. 원형 궤도가 가장 완벽한 우주 궤도라고 믿은 것이다. 치밀한 추기경 벨라르미노는 1616년 갈릴레오가 코페르니쿠스의 지동설을 고수하거나 변호하지 못하도록 경고하였다.[18] 훗날 뉴턴이 처음 간조와 만조를 과학적으로 접근하였고, 파리의 왕립과학원Académie Royale des Sciences은 1740년 이를 푸는 논문에 현상금을 내걸었다. 결국 4명의 학자가 공동수상하였으니, 베르누이Daniel Bernoulli, 오일러Leonhard Euler, 맥크로린Colin Maclaurin, 카발레리Antoine Cavalleri가 그들이다. (베르누이는 유속정리로 우리에게 익숙하다. 나중 다시 등장할 것이다. 오일러는 자연대수 e^x에서 e=2.718…인 초월수로 익숙하고, 또 대학수학의 3차원 회전변환에도 나온다. 수열에서는 맥크로린 급수가 나온다.)

그 논문의 저자들이 강조한 점들이 조금씩 달랐던 만큼 정밀해법은 사실 조금 복잡하다. 핵심은 공전 중인 달의 인력에 그것의 반쯤 되는 태양 인력의 조합까지도 고려해야 한다. 위처럼 하루의 간만은 두 번씩으로 바닷물은 항상 양쪽으로 끌려 작동하지만, 음력으로 한 달에 두 번씩 '사리'와 '조금'의 물때가 오고 후에 라플라스P.-S. Laplace가 조류의 수평흐름 성분(중요함)도 함께 분석하는 편미분방정식을 만들어서 오늘까지 발전하였다.

아인슈타인이 말한 갈릴레오

마지막으로 큰 말썽이 된 갈릴레오의 책《두 세계에 관한 대화Dialogue on the Two Great World Systems》는 1632년에 출간되었다. 16세기 종교분규에 대한 기억이 생생하던 사람들에게 이 책은 중대한 사건이었다. 1590년대 브루노 사건과 놀라운 닮은꼴을 보인 종교적·정치적 상황은 갈릴레오의 의도를 브루노와 혼동시키기 충분하였다.

갈릴레오의 생각은 당시 르네상스 사고방식에서 크게 이탈한 것이었다. 그의 최대 업적은 기존 우주관을 뒤엎는 새로운 사고방식이다. 불행히도 당시 대부분의 사람들은 이것을 이해하지 못하였다. 그들은 갈릴레오의 실험방식과 결론뿐 아니라 그의 연구 의도와 목표까지 이해할 수 없었다.[19]

오늘날 물리학의 아버지라 일컫는 갈릴레오는 가택연금 상태에서 만년에 명작을 남겼으니《두 개의 과학Two New Sciences》이다. 운동학과 물질의 강도가 주제였다. 1638년 그는 시력을 완전히 잃게 되고 4년 후 1642년 1월 8일에는 생명을 잃는다. 그 직전에 찾아온 토리첼리가 과학의 밧줄을 이어가는 얘기는 계속되지만, 이후 로마에서 시들게 된 과학은 전 유럽으로 영국으로 퍼져 간다. (호킹S. W. Hawking은 갈릴레오가 죽은 지

정확히 300년 만에 태어났다고 스스로 신기해한다. 그는 1942년 1월 8일 태어났다.)

아리스토텔레스의 우주관을 반박하였듯, 갈릴레오의 제곱법칙과 등가속도의 결론도 그에 대한 반박이다. 물체는 힘을 가하지 않으면 저절로 느려지고 정지한다는 아리스토텔레스의 가설은 갈릴레오 이후 기댈 곳이 없어졌다. 이전에도 **관성을 생각한 이들이 이미 있었다**고는 한다.[20] 하지만 갈릴레오처럼 상세한 실험을 반복하고 마찰력까지 고려한 개념을 수학으로 끌어올리지는 않았다. 갈릴레오의 관성은 뉴턴에게 이어지고 역학의 제1법칙으로 정리된다.

갈릴레오의 제자 비비아니Vincenzo Viviani는 스승이 피사의 사탑에서 한 가지 재료의 크고 작은 볼들을 자유낙하시켰더니 낙하시간이 같았다고 적었다. 속도가 무게에 비례한다는 아리스토텔레스의 가르침이 틀린 것임을 이 실험으로 증명하였다고 오늘의 학생들도 반복하여 배운다. 그러나 갈릴레오 스스로 실험을 했다는 사실을 밝힌 적이 없다. 아마 이것은 그저 사고실험이었을 것이라고 후대사가들이 말한다.

상대성 원리의 갈릴레오와 아인슈타인의 헌사

1638년 갈릴레오는 빛의 속도를 재는 실험도 했다. 두 사람이 멀리서 각각 셔터가 달린 랜턴을 들고 있게 했다. 처음 한 사람이 셔터를 열자 그 빛을 본 두 번째 사람이 즉시 자기 셔터를 열어 빛을 다시 보낸다. 그렇지만 갈릴레오가 1마일 내의 거리에서 위처럼 빛의 속도를 얻으려고 했더니 빛은 순간에 왔는지 시간이 걸리는 광속이 있는지 분간할 수가 없었다. 갈릴레오가 죽은 지 20여 년이 넘지 않아 피렌체에서 1마일이 넘는 거리에서 다시 시도했으나 역시 결론이 나지 않았다. 빛에 대한 실험은 뉴턴이 다시 시작한다.

한편 갈릴레오는 기본적 상대성 원리를 내세우며 속도가 어떻든지 일정한 등속운동의 체계(좌표계)에서는 물리법칙은 같다고 했다. 그러므로 절대운동absolute motion이나 절대정지absolute rest란 없다. 이러한 원리는 뉴턴의 운동법칙의 기본 얼개를 제공하였으며, 아인슈타인의 특수상대성 이론에서 비약한다.

아인슈타인은 갈릴레오의 1638년 저작《두 개의 과학Two New Sciences》및 과학에 대한 갈릴레오의 업적을 높이 칭송하였다. '그래도 지구는 돈다'라고 투덜댔다는 말은 사실무근이라지만, 수백 년 묵은 설화의 주인공 갈릴레오는 분명히 최초의 실험주의 학자이다. 실험 결과로 진리를 따지는 진실게임의 선구적 학자였다.

젊어서부터 갈릴레오는 아리스토텔레스가 자연적 사실이라고 기술한 말들을 그대로 믿지 않았다. 아인슈타인은 갈릴레오가 오직 실험적 경험에만 치중했다고 판단하는 것은 잘못이라고 지적하였다.

《두 세계의 대화Dialogue Concerning the Two Chief World Systems》가 다시 출판된 2001년판은 아인슈타인의 서문을 싣고 있다. 이 책은 교회가 200년 동안 금서로 묶어두었던 것인데, 태양중심설에 관한 갈릴레오의 생각이 틀리지 않았다는 것을 알 수 있다.

독일어인 아인슈타인 서문의 바르크만Sonja Bargmann 번역을 보자.

갈릴레오의《두 세계의 대화》는 서양세계의 문화사 및 그의 경제적 · 정치적 발전에 끼친 영향에 관하여 풍부한 정보를 제공하는 광맥이다. … 서두는 우주의 구조에 관한 당시 주류의 시각을 아주 생동감 넘치고 설득력 강한 해석으로 시작한다. 중세 초 유행한, 별들로 가득한 공간과 천체들의 운동을 어지럽게 조합해놓은 납작한 지구 그림을 펼쳐준다. 그에 앞선 그리스 철학자들의 생각들, 특히 천체의 공간적 개념과 그 운동에 관한 아리스토텔레스의 주관과 톨레미의 해석들이 붕괴해간 모습을 그린다.

코페르니쿠스의 이론을 변호하고 방어하는 데 있어서 갈릴레오의 동기는 천체의 운동 체계를 단순화하는 것에만 급급하지 않았다. 당시 화석화하고 메말라버린 개념체계를 포기하고, 편견 없이 더 심오하고 실재적인 천체의 사실에 부합하는 명료한 체계를 정열적으로 탐구하였던 것이다.

갈릴레오가 작품에 도입한 대화형식은 유명한 플라톤의 예를 일부 따른 것이다. (브루노가 갈릴레오에게 끼친 영향에 대한 아인슈타인의 언급은 없다. 아마 브루노와 갈릴레오 관계 문제는 아직 드러나지 않았을 때이다.) 반대되는 이견들을 예리하고 활력이 넘치도록 대립시키는 갈릴레오의 빼어난 문학적 재능이 돋보인다. 로마특검단이 그를 파멸로 끌고 간 말썽 많은 논란들을 직설적으로 지지하는 것은 분명히 피하려고 했다.

실은 그가 코페르니쿠스를 옹호하지 못하도록 이미 공공으로 재갈을 물린 형편이었다. 그러기에 혁명적 사실과 자료들은 숨기고 표면상으로는 명령에 따르면서 장난스런 접근법으로 입에 물린 재갈을 뱉어내고 그 금지명령을 살짝 무시해버린다. 불행히도 그 로마특검단은 그런 미묘한 해학을 적절하게 눈감아줄 수 없음이 드러났다.

가속도의 개념을 정확하게 형상화한 것이나 그 중요성을 인식한 갈릴레오의 상상력을 오늘날 충분히 평가하기가 참으로 어렵다. 지구가 우주의 중심이라는 천동설의 근거가 없으니 포기한 한편, 지구가 정말 태양을 중심으로 공전하고 또 자전한다는 증거가 없다고 우기며 폐기할 것이 아니라고 애를 태우며 설득한 흔적이 여실하다. 당시 완성된 역학의 체계가 전혀 없었기에 엄밀한 증명은 불가능하였다. 나는 바로 이 문제를 깊이 고심한 사실에서 갈릴레오의 원초적 힘이 솟음을 느낀다.

물론 갈릴레오는 1년 지구공전주기 기간 발생하는 시차현상parallax을 당시 측정기구들로 알아내기엔 별들이 너무나 멀리 떨어졌다는 주장을 설득하려고 고뇌하였다. 비록 원시적이기는 하나 이러한 방식의 탐구는 참 기발한 것이었다. 지구가 움직인다는 것을 역학적으로 증명하려던 그의 강렬한 소원으로 갈릴레오는 조수간만 차이의 잘못된 이론을 만드는 실수까지 저지른다. 그의 강렬한 성격만 아니었으면, 마지막 대화편의 현란한 변론을 갈릴레오 스스로도 증명이라고는 절대 수용하지 않았을 것이다. 역지사지, 내가 그런 처지였더라도 더 이상 그 주제를 다루기 위하여 그런 유혹적 시도를 거부하는 것이 무척 어려웠을 것이다….

갈릴레오 측근은 진공 속에서는 모든 것이 '무겁든 가볍든 똑같이 낙하할 것'이라 말했다고 전한다. 단진자pendulum가 납덩이든 코르크이든 실험결과가 같다고도 기록했다. 그가 단진자의 운동을 처음 분석한 것은 17세 때라고 하는데, 피사의 궁전 천정에 매달린 샹들리에가 단진자 주기운동을 하는 것을 보고 자기 맥박으로 재어서 주기는 진자의 진폭에 무관하다는 것을 밝혔다고 한다.

위는 뉴턴의 제2법칙[F=ma]을 통해 확인할 수 있다.

$F = ma = -mg \sin\theta \rightarrow a = -g \sin\theta$

여기서 g는 중력가속도이며 갈릴레오의 앞글자 'g'를 따라 정의한다. 가속도와 θ[접선방향] 성분은 반대방향으로 지향하기에 마이너스가 붙었다. 단진자의 궤적은 반지름 r인 원의 일부이니까 일부분 호의 길이(s)와 속도(v) 및 가속도(a)는

$s = r\theta \rightarrow v = r(d\theta / dt) \rightarrow a = r(d^2\theta / dt^2)$

이 가속도(a)는 윗식과 비교하면 $-g \sin\theta$가 된다.

$r(d^2\theta / dt^2) + g \sin\theta = 0$

θ가 작을 경우[즉 진자의 운동인 진폭이 작을 경우 $(\sin\theta \sim \theta)$]

$(d^2\theta / dt^2) + (g / r)\theta \approx 0$

위는 대학에서 접하는 간단한 미분방정식의 예이지만, 미분기호들은 고3들의 경우 심화미적분이 소개한다. 그러므로 시간이 변수인 진폭 θ 함수의 답은

$\theta(t) = \theta_0 \cos[\sqrt{g / r}]t$

주기는

$T = 2\pi\sqrt{r / g}$　[진폭크기 θ_0이 작을 경우]이다

이처럼 진폭의 크기와 무관하게, 또 진자 추의 무게와 무관하게 주기

가 일정하다. 갈릴레오의 샹들리에 관찰 결과와 일치하는 것이다. 뉴턴
의 역학이 존재하기 전의 갈릴레오는 이러한 함수관계를 모른 채 실험
으로 주기의 일정함까지만 밝혔는데, 나중 **호이겐스**Christiaan Huygens가
위의 주기 관계식을 밝히며 진자 길이의 제곱근에 비례함도 알게 되었다.

한편 갈릴레오는 운동학kinematics을 전개했다. 매체의 마찰을 무시
할 만하거나 진공 속에서 낙하하는 물체는 등가속도 운동을 할 것이라
고 했다. 그는 **정지한 물체가 등가속도로 운동할 경우 거리(d)는 시간(t)의
제곱에 비례할 것이라고(d ∝ t²)**이라고 지적했다. 그런데 이런 법칙들
은 제안자가 이전에 있었다는 의견도 있다. 즉 제곱의 법칙은 14세기 **니
콜 오렘**Nicole Oresme(1320~5-1382)이, 등가속도는 16세기 스페인의
데소토Domingo de Soto(1494-1560), 그리고 네덜란드의 드그루트Jan
Cornets de Groot(1554-1640)도 제안했다고 한다. '무겁든 가볍든 똑같
이 낙하할 것'이라는 예측도 이미 알려졌을 수 있다. 그러나 당시의 표준
에 입각하여 이를 기학학적으로 구성하고 수학적으로 명확히 정의한 것
은 갈릴레오이다.

니콜 오렘은 프랑스 샤를르 5세의 자문역 및 비숍이었는데 중세 당시
가장 생각이 깊은 철학자로 수학과 경제에 관한 글도 썼다. 천체는 가만
있고 지구가 회전한다고 가정하는 것과, 반대로 지구가 정지하고 천체
가 도는 것을 수학적으로 계산하면 두 경우가 똑같을 것이라고 말했다.
그는 지구가 움직이면 동에서 서로 내닫는 바람이 엄청날 것이라는 의
견을 일축하고, 지구와 바람과 물은 함께 움직인다고 했다. 또 **천체가 모
두 도는 것보다는 조그만 지구가 도는 것이 훨씬 경제적**이라 했다. 과학의
여명기인 14세기에 그가 이러한 통찰에 이른 사실이 무척 신기하다.

묵자를 갈릴레오 앞에 놓는 니덤

갈릴레오보다 먼저 관성을 생각한 필로포누스John Philoponus와 부리단 Jean Buridan을 앞의 각주에서 언급했다. 한편 니덤Joseph Needham[21]은 묵자(기원전 470?-391?)가 관성을 처음 생각하였다고 말한다. 니덤은 아래 각주처럼 아마 중국학자들의 영향으로 중국에 좀 치우친 글을 쓴 것같다. 다음의 우리 자료를 보자.《묵자》(94쪽)[22].

> 경 - 우宇, 곧 '공간'은 이동하는 수가 있다. 이유는 우宇와 구久[시간]를 장대長大하게 함에 있다.
>
> 설 - 우宇[공간]가 이동하는 것은 다른데 빈곳이 있기 때문이다. 우宇는 남쪽 또는 북쪽으로 이동하는 것이고, 시간에 대하여 말하면, 그 이동은 아침과 저녁이다. 우宇는 시간에 의하여 옮긴다.

이상이 관성 개념과 연계하여 《묵자》에서 발견할 수 있는 가장 가까운 문장이다. 위 문장으로 갈릴레오 같이 관성을 정의하였다고 말한다면 좀 과장한 것이라 볼 수 있다. 그렇지만 묵자는 동양사상가들 중 특이한 점들을 가지고 있음이 존경할 만하다. 묵자는 고전광학 내용도 서술하고 있다. 설화로는 그가 하층 계급 출신으로서 이름이 없어서 '묵자墨子'라고 불린 것이라고 한다. 그는 유가의 계급적 사랑과 가식적인 예절에 비판적이었으며, 평등하게 이웃을 자기 가족처럼 대하는 것이 하늘의 뜻이라고 가르친 독특한 철인이었다. 한때 널리 퍼진 그의 사상은 그 후 왕권체제가 강화되면서 모습을 감추었다.

토리첼리, '자연은 진공을 싫어한다?'

갈릴레오는 펌프의 원리를 예로 들며 '자연은 진공을 싫어한다'는 아리스토텔레스의 주장까지 의심하였다. 흡인펌프suction pump를 높은 건물 벽에 매달고 물을 직접 빨아올려보니 일정 높이 이상 물이 올라오지 못하였다. 아리스토텔레스의 주장은 일정 높이(~10.3m) 이상부터는 작용되지 않았기에 갈릴레오는 진실게임에서 다시 이겼다.

대롱을 찔러 넣고 주스를 후루룩 빨아먹을 수 있는 것은 공기의 압력 차이 때문에 가능하다. 만약 운동 후 목이 타는 개구쟁이가 2층 베란다에서 아래 노천카페 테이블의 주스를 아주 긴 대롱으로 빨아올려 마실 수 있을까? 폐활량이 아주 뛰어나지 않다면 주스는 2층 난간에 닿지 못할 것이고, 개구쟁이는 목을 축이기 전에 헉, 하고 들숨이 멈출 수도 있다.

젊은 **토리첼리**Evangelista Torricelli(1608-1647)는 갈릴레오 문하생으로 들어가서 과학을 하고 싶었다. 지성이면 감천이었는지 그는 갈릴레오의 마음을 얻어, 갈릴레오가 임종하기 3달 전, 1641년 10월에 꿈을 이루었다.

죽음을 앞둔 갈릴레오는 토리첼리에게 펌프 문제라는 과제를 맡겼다. 이것은 토리첼리가 혼자서도 잘할 만한 것으로, 노련한 갈릴레오가 토리첼리의 성공을 위해 치밀하게 준비한 문제로 여겨진다.

갈릴레오는 흡인펌프의 파이프 꼭대기에 진공이 생기는 것은 물기둥이 막는 거라고 믿었다. 갈릴레오의 그 생각은 사실 아리스토텔레스의 영향을 받은 발상이었다. 하지만 토리첼리는 달랐다. 파이프 속 물기둥이 더 이상 올라오지 못하는 것은 밖으로 연결된 물의 수면을 공기가 압박하기 때문에 생긴다고 믿었다.

그는 긴 관에 여러 가지 다른 액체들로 관을 채우고는 거꾸로 세워 실험을 해보았다. 그는 관 속 액체의 기둥 높이가 그 밀도에 반비례하는 것을 발견했다.

거기에서 그는 발상을 전환했다. 가장 무거운 수은을 써보기로 한 것이다.

물보다 13.6배의 밀도를 갖는 수은을 쓰면, 1030cm/13.6=76cm[=760mm]의 높이가 되지 않을까? 1644년 토리첼리는 1m 길이의 유리관에 수은을 채워 손가락으로 틀어막고 거꾸로 세우고는 손가락을 뗐다. 그가 예상한 대로 수은주는 금방 76cm 높이로 내려갔다! 관의 길이가 얼마이든, 관이 무슨 모양이든 상관없이 76cm이었다!

그는 세상에서 처음 인공 진공을 만든 것이다. 공기의 압력을 제대로 이해하고, 기압의 높이도 처음 쟀다. 기압계barometer를 발명한 것이다. 오늘날 쓰는 기압단위 1토르Torr는 1644년의 토리첼리를 기리는 단위이니, 결국 갈릴레오가 토리첼리에게 준 선물이 되었다.

여기에 한 가지 질문을 할 수 있다. 진공은 진짜 공空인가?

사실은 진공이 아니고 에테르라는 믿음도 있었다. 이 주장은 20세기 벽두 아인슈타인이 등장하기 이전까지 결론을 내리지 못했다.

요절한 프랑스 신동 파스칼

39세에 요절한 **파스칼**Blaise Pascal(1623-1662)은 프랑스의 신동으로 16세에 수학을 마스터하고 발명가, 물리학자, 종교철학자로 이름을 날렸다. 토리첼리가 한 일을 전해 듣고는 토리첼리관을 지탱하는 것이 과연 대기압인지 확인 실험을 반복했다. 파스칼은 진공인 경우 토리첼리관이 생기지 않을 거라는 생각도 했다. 그가 일을 시작한 해에 토리첼리는 사망했다.

과학 탐구 파스칼의 기압실험과 유체 개념

1토르는 1기압(1atm=수은주 760mm에 해당)의 1/760이니까 수은주 1mm(즉 1mmHg)의 유체압력에 해당한다. 토르 단위는 반도체 공정에서 사용되는 다양한 장비들의 진공도를 표시할 때 흔히 쓴다. 또 1기압은 1013.2mb[밀리바] = 1013.2hPa[헥토파스칼]로서 기상에서 자주 쓴다. 단위면적에 작용하는 힘이 압력(P)이며 여기에 면적(A)을 곱하면 실제 작용한 힘(F)이 된다. 1m² 면적당 1N의 힘이 가해진 경우: 1Pa[파스칼] = 1N/m²이며, 아래처럼 파스칼의 업적을 기념하는 단위이다.

파스칼은 토리첼리관보다 긴 3m쯤 되는 유리관을 준비했다. 늘어진 'N'자 모양이 (A)-(B)-(C) 부분으로 구부러진 유리관이다. 양끝 (A)와 (C) 부분이 각각 1m쯤 수직인데 그 사이를 (B) 부분이 이어준다. (C)-(B) 부분의 유턴[∩] 지붕 끝에 마개를 하나 위치시켰다. 이제 (B)가 굽혀져 내려온 바닥의 뒤집힌 유턴에서 (A) 부분이 위로 1m쯤 올라가 관이 막히고 끝난다.

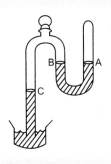

이 유리관에 수은을 가득 채우고 세우면 처음 (C) 부분에 76cm 토리첼리 수은주가 만들어진다. 그 수은주 꼭지에서부터 유턴으로 넘어 내려간 중간부분까지 (B) 토리첼리 진공영역이 함께 생기고, 마지막 위로 올라가며 끝난 (A) 영역도 1m가 넘기에 끝에 토리첼리 진공영역이 생긴다. 그러나 이 경우는 양끝이 모두 진공이므로 중간에 갇혀 두 번째 유턴 부분을 채우며 휘어진 수은주는 양끝 높이가 같다. 즉 (A) 부분에는 76cm 토리첼리 수은주가 생기지 않는다.

이제 첫 번째 유턴 (B)꼭지의 마개를 열자. 그러면 (C) 부분에 생겼던 76cm 토리첼리 수은주는 바닥으로 무너지고, (A) 부분에는 없던 76cm 토리첼리 수은주가 세워진다! (B) 부분이 열려서 대기압 상태이기에 일어난 현상이다.

위와 같은 실험을 산꼭대기에 올라 반복한다면 기압차가 많아서 토리첼리 수은주 높이가 확 달라지는 것을 발견하게 될 것이다. barometer, 바로 기압계가 된다! 그러나 파스칼은 병약하고 고소공포증이 있는데다, 파리 교외에는 산도 없었다. 산정 실험은 몇 달 동안 헛돌았다. 파스칼의 고향, 파리의 남쪽 클레어몽-페랑 지방 오베느에 사는 누나 질베르뜨Gilberte에게 연락했다. 마침내 1648년 9월 19일 자형 페리어Florin Perier가 실험에 나섰다. 아침 5시, 페리어는 클레어몽Clermont에 사는 친구들과 함께 퓌드돔Puy de Dome을 올랐다. 높이 500패덤fathom(약 3,000피트. 1패덤은 약 6자)의 산정에서 수은주가 푹 내려간 것이 신기했다. 타운의 미님Minim 신부들의 가든에서는 토리첼리 수은주 높이가 26인치 플러스 3.5라인이던 것이 산정에서는 23인치 플러스 2라인이었다. 10Cm가 좀 안 되는 차이였다.

파스칼은 파리의 상 자끄 타워—50m 높이—에서 확인 실험을 했다. 2라인의 차이가 나타났다. 힘이 넘치는 자형과 친구들이 파스칼의 심증을 굳혀주어 파스칼은 결론을 얻게 된다.

공기는 완전한 탄성체이다! 높이에 따라 압력과 밀도가 줄거나 늘어난다!

파스칼은 수은주가 기압계이면서 동시에 고도계가 됨을 실현한 것이다.

'두 지역이 얼마나 떨어졌든 상관없이 높이가 같은지, 또는 어디가 더 높은지도 조사할 수 있다. 밀폐된 용기 속의 유체에 가한 압력은 그 유체와 용기의 각 부분에 똑같은 크기로 전달된다.'

오늘날 공학에서 자주 쓰이는 유체역학은 파스칼의 원리에서 출발하였다. 토리첼리, 파스칼의 이야기들이 이태리와 프랑스를 넘어 독일에 전파되면서 마그데부르크Magdeburg의 시장 폰 게리케Otto von Guericke는 이를 응용하여 진공을 쉽게 뽑는 공기펌프를 발명하였다. 진공 속에서는 깃털까지도 동일한 속도로 낙하하는 사실을 증명하면서 공기가 어떤 질료란 사실도 증명하였다.

그는 또 텅 빈 구리 반구 두 개를 틈이 없이 만들어 포개고, 진공을 만든 후 여덟 마리의 말이 양쪽에서 힘껏 끌어당겼으나 공기압력을 이기지 못한 유명한 실험도 했다.

우리가 지금까지 알아본 것처럼, 갈릴레오 이후 2천 년 동안 굳어진 아리스토텔레스주의 자연철학에 17세기 유럽이 실험주의와 역학적 철학의 도전장을 내밀었다.

시리우스까지 거리를 계측한 호이겐스

네덜란드 물리학자 **호이겐스**Christiaan Huygens(1629-1695)는 다재다능하여, 광학과 천문학에 많은 흔적들을 남겼다.

당시 네덜란드의 해상활동이 극동까지 도달할 정도로 왕성했다. 네덜란드는 해상활동과 더불어 학문도 자유롭게 발달하여, 프랑스의 보물 데카르트도 이주하여 살면서 자기의 철학을 완성하였다.

네덜란드의 선원들이 외국에서 가져온 문물들도 무척 다양하였는데, 그중엔 방해석calcite도 있었다. 방해석의 굴절률이 두 가지라는 사실을 밝혀낸 호이겐스의 연구는 오늘도 유용하게 전해져 온다. 그의 구형파 레이광학은 나중 프라운호퍼의 회절현상 등으로 부활한다.

칼 세이건 Carl Sagan(1934-1996)이 소개한 호이겐스의 천문학 연구도 흥미롭다.[23] 이오니아 시대의 영향을 받았다지만 그는 주석 금속판에 작은 구멍들을 많이 뚫어서 태양에 갖다 대고 관찰했다. 어떤 구멍이 밤에 본 시리우스 별빛과 같은지 비교했다.

그는 햇빛을 줄이기 위해 유리구슬로 구멍을 막아가며 별의 밝기를 관찰했다. 그 결과 태양보다 1/28,000배 작은 구멍을 찾아냈고, 시리우스는 태양보다 28,000배 멀리 떨어졌다고 추산했다. 이는 1/2광년에 해당한다. 실제 시리우스는 8.8광년 떨어져 있다. 원시적인 관측 장비로 비교적 정확하게 맞춘 셈이다. 타고난 호이겐스의 시각적 기억력도 그의 발견에 한몫 톡톡히 했다고 할 수 있다.

제2부

뉴턴의
과학혁명시대

서풍혁명의 뉴턴과 셸리

영국 캠브리지의 트리니티 칼리지Trinity College에 있는 **아이작 뉴턴**Isaac Newton(1642. 12. 25-1727. 3. 20) 동상의 발아래에는 이런 글귀가 적혀 있다.

'뉴턴: 모든 인간을 능가한 천재'[24]

낭만주의 시인 워즈워드의 글귀이다.

낫 놓고 기역자도 모르던 농사꾼의 아들로 태어난 뉴턴은 제대로 된 교육을 받을 수 없었다. 뉴턴은 아버지(1606-1642, 아이작 뉴턴은 아버지 이름을 그대로 받음)를 여의고 유복자로 태어난다. 그의 어머니 한나 아이스코프Hannah Ayscough(1623-1697)는 미숙아로 태어난 뉴턴을 보고 1리터 병에 넣어도 될 만큼 작았다고 말했다.

그 후에 뉴턴의 어머니가 나이 많은 스미스Barnabus Smith 목사와 재혼하자, 어린 뉴턴은 외할머니에게 맡겨져 외가에서 자랐다. 그의 나이 열 살이 되었을 때 스미스 목사가 죽고 어머니는 여섯 살의 매리, 세 살의 벤저민, 돌이 지나지 않은 아이 하나를 데리고 그의 곁으로 돌아왔다.

열두 살이 된 뉴턴은 그랜덤Grantham의 그래머스쿨에 가서 무료교육을 받기 시작했다. 뉴턴은 어떤 과목이든지 간에 1등이었지만, 가끔 뚝딱거리며 이상스런 기계를 발명하는 것에 몰입하면 성적이 널뛰었다. 그는 친구를 사귀는 대신 톱, 망치, 끌 등을 친구삼아 발명품들을 만들며 학창 시절을 보냈다.

그가 역학체계를 처음 수립한 것은 1660년대 후반이지만, 이미 그때부터 그는 여러 실험들에 빠져 있었던 것이다.

계절이 가을로 기울어지면, 망망대해에서 서풍이 몰려오고 먼데 서편 하늘에 검은 구름이 떼로 일어서며, 한 해의 성장을 마감하며 서둘러 음산한 겨울을 재촉한다. 뉴턴은 농부들이 질색하는 강한 서풍에 몸이 붕붕 뜨도록 내맡기곤 했다. 이런 자연 풍동 같은 환경에 뉴턴은 스스로 실험대상이 되어 역학 법칙을 차근차근 깨치기 시작한 것이 아닐까?

영국의 서풍은 유명하다. 뉴턴 이후 낭만주의 시대가 무르익던 워즈워드 뒤를 이어, 시대를 비판한 혁명시인 **퍼시 셸리**Percy Bysshe Shelly(1792-1822)가 그 시대의 증인이다. 서른이 못 되어 요절하기 2년 전 쓴 70줄의 장편 시 "서풍의 노래Ode to the West Wind"에서 그는 말한다. 아래의 종장 두 소절만 **함석헌**(1901-1989)의 일제 강점기 시절 번역(1937)에서 옮긴다.

Be thou, Spirit fierce,

My spirit! Be thou me, impetuous one!

[줄 61-62]

무서운 영靈이여, 내 영靈이 되라!

맹렬猛烈한 자者여, 그대가 나여라!

고 함석헌 옹

The trumpet of a prophecy! O Wind,

If Winter comes, can Spring be far behind? [줄 69-70]

예언의 나팔소리를 외치라, 오, 바람이여,

겨울이 만일 왔거든 봄이 어찌 멀었으리요?

당시 타락하던 종교를 '무신론의 필요성'으로 비난하여 옥스퍼드 대학에서 퇴학당한 셸리는, 시인의 존재 이유를 외치며 자신의 20대 끝을 달린다. 시인은 정치와 도덕의 변화에 앞서야 한다는 "시인 변호" 선언에서 '시인은 미지의 신탁을 받은 최고 신비사제이다. … 시인은 세상의 인증 없는 입법자이다'[25]라고 주장한다.

우상이 된 그의 믿음은 19세기에서 20세기에 걸쳐 현실로 거듭난다. 마르크스Karl Marx, 와일드Oscar Wilde, 하디Thomas Hardy, 쇼George Bernard Shaw, 러셀Bertrand Russell, 예이츠William Butler Yeats, 싱클레어 Upton Sinclair, 던컨Isadora Duncan, 소로Henry David Thoreau(시민 불복종civil disobedience), 그리고 간디Mohandas Karamchand Gandhi(비폭력 저항passive resistance) 등에 음양으로 깊은 영향을 끼쳤다.

과학은 다시 먼 길을 간다. 뉴턴의 서풍은 과학혁명을 몰고 왔으며, 이때 그의 혁명적 사고의 바탕이 되어 줄 중요한 책 2권이 출간된다. 하나는 베이트John Bate의 《과학과 기술의 신비The Mysteries of Nature and Art》이다. 이 책은 실제적 실험과 기법들, 화학, 분석 및 분류법 등을 보여주었다.

다른 한권은 공책, 즉 뉴턴 자신의 2.5원짜리 '빈 책'이다. 뉴턴은 공책 첫머리부터 베이트 책의 내용을 요약하고, 반대쪽 끝 페이지부터는 알파벳순으로 Arts(기술), Birds(새들), Clothes(옷) 등 목록을 요약 정리했다.

뉴턴은 습득한 지식들을 그렇게 정리하고 분류하는 것이 습성이 되었다. 그러한 공책들이 수천 권에 이른다. 그중에는 해시계Sundial 제작법에 관한 내용도 있다. 머물던 C약국집에는 그가 손칼로 새긴 해시계들이 남아 있다.

뮤텀니 약국apothecary(한약방처럼 병자를 약초로 다스리던 옛 약국)을 하는 클라크Clarke 씨 집에 머물렀을 때의 일이다. 'C약국집 딸'이랄까, 뉴턴은 미스 스토리Storey를 한때 사랑한 적이 있었다. 그러나 뉴턴은 평생 독신으로 지냈다. 아마 자기를 두고 떠났던 어머니에게서 받은 상처를 무시할 수 없을 듯하다.

그가 17세 때의 일이다. 공부하던 학교에서 갑자기 사라진 일이 있었다. 어머니가 집에서 농사일을 시킨다고 데려간 것이다. (사실 이후 중상주의 시대에 사회의 부조리가 만연했을 때, 어린이들을 노동으로 혹사시킨 일들이 흔했다. 19세기 찰스 디킨즈의《올리버 트위스트》,《소공녀》에서 보이는 소년 학대는 변죽 울리기 정도일 뿐이다.) 마음이 콩밭에 가 있는 뉴턴에게 농사일이 손에 잡히지 않은 것은 당연한 일이다. 장이 서는 날이면 머슴에게 돈 한 푼 쥐어주며 장사를 맡기고 뉴턴은 슬쩍 물러나서 C약국집 책들을 탐독하였다. 그것들은 약국주인의 동생인 캠브리지의 트리니티 칼리지 학생이 남겨둔 책들이었다.

뉴턴의 재능을 알아본 외삼촌(윌리엄 아이스코프William Ayscough)과 그래머스쿨 마스터(헨리 스톡스Henry Stokes)가 어머니를 설득하여 뉴턴을 학교로 돌려보냈다. 학교의 건달들에게 복수하는 심정으로 공부하여 최우등생이 된 뉴턴은 1661년 6월 트리니티 칼리지에 입학한다. 배우는 과목 중 수학은 뉴턴을 따라올 만한 사람이 없었다. 그의 실력에 선생이 쩔쩔맬 정도이니 혼자 해도 충분했다. 라틴어도 열심히 배웠다. 오늘날 해외 학술지에 게재할 논문들은 대부분 영어로 쓴다. 영어가 세계어로 고착된 것이다. 뉴턴의 시대에는 라틴어가 세계어였다. 뉴턴은 라틴어에 능통하였으니 해외의 논문 지식들을 흡수하는 데 문제가 전혀 없었다. 그가 쓴 책《원리Principia》(Mathematical Principles of Natural Philosophy, 1687)도 라틴어로 쓴 것으로 전 유럽에 전파되어 읽혔다.

뉴턴은 돈이 없어서 배빙턴H. Babington의 사이저sizar가 된다. 사이저란 가난한 근로장학생으로, 시중을 드는 품꾼valets 일을 하였기에 그 당시 주위 학생들로부터 왕따를 당하는 것이 보통이었다. 보통 학생들은 그 품꾼들과 말을 섞으려 하지 않고 필요한 명령만 하달하였다. 사이저들은 식사시간 후 남은 음식을 먹어야 했다.

배빙턴은 C약국집 부인의 오빠로서 칼리지를 이끄는 8인위원회의 멤버로 권한이 막강하였다. 다행히 그는 학교에 오는 날이 1년에 5주 정도여서 뉴턴은 혼자 공부할 시간이 충분했다.

뉴턴은 자신보다 네 살 정도나 어린 룸메이트들과 지내는 것이 항상 껄끄러웠다. 하지만 위킨스Nicholas Wickins만은 예외였다. 그는 뉴턴처럼 조용한 성격을 지니고 있었으며 뉴턴과 친구가 되었다. 그들은 20여 년간 룸메이트가 되는데, 뉴턴이 칼리지에 있는 28년 동안 사귄 유일한 친구였다.

1664년 11월, 희미한 빛을 흘리며 혜성이 런던을 지나갔다. 12월이 되면서 런던 사람들이 죽기 시작했다. 14세기 유럽인들의 1/3 - 2/3정도인 7천만 명이 목숨을 잃은 흑사병black death이 돌아온 것이다. 쥐가 옮겼다는 이 병에 감염되면 겨드랑이나 허벅지의 임파선이 부어오르면서 3-4일 만에 두 명 중 한 명이 죽는데, 당시는 그 이유를 모르는 공포의 전염병이었다.

런던에서도 인구 20%가 희생되는 대재앙Great Plague이었다. 이 재앙으로 인해 뉴턴이 졸업하는 1665년 8월에 대학은 휴교했다. 대학 재학중에 뉴턴의 비범성은 빛을 내지 못했지만, 고향(Woolsthorpe)에 돌아간 2년 동안 아래 |과탐| 내용들처럼 그동안 드러나지 않던 그의 천재성이 화산처럼 터져 나와 광학, 미적분, 만유인력의 착상들이 한꺼번에 분출되었다.

뉴턴은 칼리지 졸업년도인 23세(1665)에 이항정리의 일반화 방식을 발견했다. 이는 후에 무한소 미적분infinitesimal calculus, 즉 미분수학differential calculus과 적분수학integral calculus을 개발하는 밑거름이 된다.

[이항정리는 미적분 앞의 일이지만 여기서는 생략한다.] 미분과 적분cal-
culus을 개발한 것이 뉴턴인가 **라이프니츠**G. W. Leibniz(1646-1716)인가
하는 논란이 있다. 라이프니츠는 자신의 미적분을 1684년부터 발표하
기 시작했지만 뉴턴은 훨씬 후까지 아무것도 써낸 것이 없었다. 라
이프니츠가 쓰던 $\dfrac{du}{dt}$ 형태의 미분 표시를 우리는 많이 쓰지만, 뉴턴은
변수 위에 점을 찍은 $\dot{u}$처럼 썼다. 오늘날의 학자들은 두 사람이 각각 독
립적으로 미적분을 개발하였다고 평가한다.

배로Isaac Barrow가 콜린스John Collins에게 1669년 8월 "무한의 항을
가진 방정식의 분석On analysis by equations infinite in number of terms"이라
는 뉴턴의 미적분 논문을 보냈다. 배로는 논문의 저자가 아주 젊지만 특
별한 천재인 "Mr. Newton, a fellow of our College"라고 소개하였다.
뉴턴은 라이프니츠가 사기 친 것이라 비난하였고 두 사람의 나쁜 관계
는 라이프니츠가 1716년 사망할 때까지 계속되었다.

미적분 관련 페르마의 |과탐|을 여기에 끼워넣자.

페르마Pierre de Fermat(1601-1665)는 브몽 드 로마뉴의 부유한 피혁
사업가 집안 출신으로, 수도원을 통하여 초중등교육을 받았을 것으
로 추정되는 외에 툴루즈 대학, 나중에는 오르레앙 대학에서 법률 교
육을 받아 평생 율사의 직업으로 살았다. 하지만 독학으로 한 수학은
20대에 보르도 지방으로 옮겨가 생활하면서 부터이다.

1800년 전 포물선, 타원, 쌍곡선을 원추단면으로 정의한 **아폴로뉴**

스Apollonius의 **궤적 자료를 복원**하여 주위 수학자들에게 보인 것이
수학 역정의 첫걸음이다.

고생들이 배우는 곡선의 최대값, 최소값, 접선 등은 옛날 페르마가
풀던 것이었다. 해석기하 연구결과들을 아마추어처럼 들쭉날쭉 내
놓다 보니 데카르트와 '누가 먼저 한 거냐?' 하는 시비도 일었다. 그는
파스칼과 친밀한 교분을 쌓았으며, 수학의 정수론 및 확률론 등에 공
헌하였다.

아래 **페르마의 최종 정리**Fermat's Last Theorem 수수께끼는 가장 유
명한 얘기이다.

$$a^n + b^n = c^n, n > 2$$

위는 피타고라스 정리식과 거의 같으나 단지 지수가 2보다 클 경
우이다. 위를 증명하는 것이 페르마의 수수께끼이다. 아주 단순하
게 보이는 위 문제를 풀려던 수학자들이 지난 350여 년간 모조리 실
패하고, 심지어 유명한 수학자 오일러도 항복하였다. 그러던 것이
1993-1994년 기간에 프린스턴 교수 **와일즈**Andrew Wiles가 이를 풀
어내며, 1993년 6월 24일 〈뉴욕 타임스〉 톱뉴스로 보도되어 세상이
떠들썩했다.[26] 와일즈는 10세 때 이웃의 도서관에서 페르마의 수수
께끼를 읽으면서 30년간 수학자의 삶을 시작하고, 마지막 7년간 두
문불출하다시피 매달려서 이를 풀어내고 다시 수정해서 완성했다.

페르마가 최초로 변분법variational principle을 시도한 최소시간원리
가 있다. 이로써 우리에게 좀더 실용적인 **굴절법칙**Snell's law이 유도되
었다(1657).

위 내용은 뉴턴의 광학에서 다시 만나자.

페르마가 위처럼 곡선의 최대 최소 분석과 변분법을 개척한 것이 바로
뉴턴 및 라이프니츠가 미적분법을 개발하는 기틀이 되었다.

아리스토텔레스 철학이 토마스 아퀴나스(1225-1274) 이후 기독교 교리로 편입되면서, 이 뿌리가 갈릴레오 시대에서 큰 불행의 씨앗이 되었음을 앞에서도 보았다. 뉴턴은 갈릴레오의 신-플라톤주의 과학혁명노선을 따른다.

'철학은 저 위대한 책에 씌어 있다. 노크하는 우리에게 문 열어주는 저 우주에. 하지만 짜인 말뜻과 언어를 모르면 그 책을 깨닫지 못한다. 그것은 수학이란 언어로 씌어 있어…'

**과학
탐구** **데카르트의 역학과 철학 문제**

'나는 생각한다. 고로 나는 존재한다Cogito ergo sum: I think, therefore I am.'
데카르트Rene Descartes(1596-1650) 철학의 근본 명제이다(1641).
파스칼은 '창조만 한 후에 방관하는 게 그의 신'이라고 힐난했다. **파인만**
Feynman(하이젠베르크-슈뢰딩거-디랙의 현대 양자역학 1세대 이후,
발산하는 특이점 문제를 재규격화하는 슈윙거-토모나가-파인만의 양
자장론 세대에 등장한 파인만이다. 나중 세 학자의 연구가 통일되는 것
임을 다이슨이 보여주면서 3인이 함께 양자장론 노벨리스트가 된다. 그
후 파인만의 도식diagram 방법이 폭넓게 쓰인다)은 자신의 첫사랑과 얘
기하면서 이 말을 '권위적'이며 웃긴다고 하였고, 마틴 루터 킹 목사와 흑
인인권운동을 펼쳤던 뉴욕 리버사이드 교회 목사 코핀Coffin은 'Cogito'
가 아니라 'Amo'이다. '나는 **사랑한다**. 고로 나는 존재한다: Amo ergo
sum'로 되는 것이 맞는다고 했다.[27]
데카르트를 다시 논하지 않을 것이므로, 여기의 비과학 |과탐| 박스
로 대신한다. 하느님이 아니라 내가 'thinking thing'으로 나를 존재케
한다는 주장이 지금 우리에겐 별 것 아니지만, 당시 절대종교 영향 밑에

서는 꽤 도발적인 말이다. 그는 부친의 뜻인 법대졸업 후의 생활을 포기하며 유산을 채권으로 바꾼다. 프랑스를 떠나 자유로운 네덜란드Dutch Republic(1581-1795)로 옮겨 살며 사유의 은둔생활 속에서 글들을 출판하였다. 그는 지각perception에 의한 경험주의empiricism(홉스, 로크, 버클리, 루소, 흄)에 반대하고 연역deduction에 의한 이성주의rationalism를 앞세웠다. 스피노자, 라이프니츠가 그에 동조하였으며, 그의 이원론 dualism(of mind-body)은 후세 철학에 큰 영향을 끼쳤다. 이러한 그의 철학은 영적인sprital 것과 비물질성은 인식 밖의 것으로 관심을 껐다.

이렇게 데카르트는 아리스토텔레스 이후 맨땅에 철학체계를 세운 최초의 철학자이다. 그의 《철학원리Principia Philosophiae》(1644)는 희한한 상상들의 역작인데 정확한 상상이 아닌 것이 흠이다.

'자연은 기계이다Nature is just a machine.'

모든 것은 복잡하게 얽힌 기계부품들이다. 동물은 영혼이나 느낌이 없으니 산 채로 그냥 해부해도 괜찮다.

'움직이는 물체는 직선을 유지한다'면서 갈릴레오의 곡선 관성curved inertia을 살짝 직선화rectilinear하였다. 태양계 행성의 운동도 외부강제력이 없다면 직선운동을 하지만, 곳곳의 소용돌이vortex들이 주위에서 물질(즉 기계)을 끌어당겨서 행성들이 곡선운동을 한다고 주장했다.

데카르트Cartesian 물리는 위처럼 기계들이 서로 부딪침으로 다른 기계에 영향을 준다는 것이 뿌리이다. 그의 우주는 물체와 운동이 전부이다. 우주물질 조각들splinters이 미립자들particles의 소용돌이에 의하여 원심력으로 밀려 태양과 행성들 같은 덩어리들로 변한다. 회전하는 우주물질들은 중력과 같은 반사충동을 느낀다. 그렇게 소용돌이치는 우주(미립자)의 압력으로 태양과 별들의 빛이 난다고 주장하였다. [개념의 난립에 헷갈리지 않으면 오히려 이상하다. 뉴턴도 처음에 그랬다니까. 이상한 것이 정상이다.]

캠브리지의 신-플라톤주의자들은 아리스토텔레스보다 수학에 중점을 두는 플라톤을 선호하였고 뉴턴도 그 경향에 끌렸다. 당시 캠브리지 집단의 리더는 **아이작 배로**Isaac Barrow(1630 -1677)였다.

"데카르트는 철학의 순서를 뒤집었다. 그는 물상으로부터 배울 필요가 없다고 좋아하는 모양이다. 그 대신 자신이 법을 만들어 물상이 따르도록 한다."

배로는 이렇게 데카르트의 모순을 조롱했다. 뉴턴은 데카르트를 배격하던 배로에게서 연금술철학 영향을 받는다. 연금술사들Alchemists은 의문을 실험을 통해 직접 깨우쳤다.

뉴턴은 갈릴레오 외에 데카르트, 코페르니쿠스, 케플러로 관심을 넓혀갔다. 모어Henry More(1614-1687)에게서 고전과 비전esoteric literature을 아끼는 법도 배웠다. 모어는 뉴턴이 묵었던 C약국 주인의 튜더였다. 뉴턴은 그곳에서 모어의 책들을 보며 그의 신-플라톤 철학관에 익숙해져 갔다.

27세가 채 넘지 못한 뉴턴은 1669년 가을, 배로의 후임으로 추천되어 캠브리지 대학 '루카시언Lucasian' 석좌 수학교수가 된다(휠체어 천문학교수로 유명한 호킹S. Hawking도 최근까지 루카시언 석좌교수였다). 1670-1672년 기간에 뉴턴은 시리즈로 몇 개의 취임강연을 했다. 당시 뉴턴은 데카르트에 동의하진 않았지만 그의 한 가지 설명에 흥미가 쏠려 따져보았다.

'압력의 원인으로 빛이 난다고? 흐음… 그렇다면 안압도 압력이니 낮만큼 밤에도 잘 보여야 하잖아?'

데카르트는 공간이 물질로 차 있다고 한 반면에, 뉴턴은 데모크리토스Democritus 등과 같이 공간은 텅 비어 있고, 텅 빈 공간에서 원자들이 움직인다고 생각했다. 뉴턴이 빛을 알갱이로 본 것은 데모크리토스와 데카르트, 특히 데카르트의 영향을 받았다.

80

뉴턴은 역학이론을 세상에 내놓기 오래전부터 광학에 몰두했다. 1672년 1월 하순 런던 왕립협회Royal Society에 보낸 뉴턴의 논문은 "빛과 색에 관한 새 이론A New Theory about Light and Color"이란 제목이었다. 뉴턴은 이 논문에서 색을 수학체계로 완성한 새로운 과학이라고 강하게 주장하였다.[28] 그는 지난 5년간 연구한 색과 굴절에 관한 연구를 주제로 삼았다. 1672년의 이 논문이 뉴턴의 첫 주요논문이며 20여 년 후《광학Opticks》이라는 책으로 출판된다.

그 논문은 햇빛이 굴절률이 다른 여러 가지 광선들로 구성된다는 내용을 담고 있었다. 17세기에 프리즘 실험은 흔했지만 빛의 흩어지는 현상을 최소화한 광선 빔을 가느다란 대나무처럼 곧게 22피트의 거리를 보내고, 거꾸로 선(도립倒立) 프리즘을 통과한 원형 광선이 건너 벽에 아래서부터 빨주노초파남보Red-Orange-Yellow-Green-Blue-Indigo-Violet로 5배쯤 길쭉하게 늘어선 타원형으로 비치는 실험을 처음으로 소개했다.

뉴턴은 솜씨 좋게 흑판에 그린 개략도로 이 현상을 설명했다. 당시 알려진 것과 달리 모든 색을 한 가지 굴절률로 원형 광선이 유지되지 않는다는 것을 입증해 보인 것이다. [데카르트는 조잡한 프리즘으로 손바닥만 한 종이에 비쳐보고, 후크는 유리 비커 속의 물을 통과한 무지개의 스펙트럼을 팔뚝 너머로 비쳐보았으나 아무것도 발견하지 못했다.]

뉴턴의 실험을 정리하면 다음과 같다. [1] 햇빛은 굴절률이 다른 광선들로 이뤄진다. [2] 색과 굴절률이 1:1로 대응한다. [3] 색은 굴절, 반사, 투과를 해도 불변한다. [4] 2가지의 색이 섞이면 다른 색을 만든다. [5] 백색광은, 특히 햇빛은 모든 색들을 혼합한 것이다.

뉴턴은 희한한 방법을 동원해서 다양한 색들을 섞어 흰색을 만들어냈다.

위와 같이 파장이 다른 광선들의 조합기술은 오늘날 칼라 디스플레이 빨강-초록-파랑RGB(red, green, blue) 광원 배합기술의 시작이었다.

뉴턴은 1666년 한쪽 면만 볼록한 렌즈로 색수차chromatic aberration를 계산하기도 했다. 뉴턴 링으로 동심원형 간섭무늬들이 나타나는 실험이 바로 이것과도 밀접하게 관련된다.

뉴턴은 스넬의 법칙이 색깔마다 각각(즉 다른 파장마다 각각) 성립한다고 주장했다. 그리고 색깔마다 굴절률이 변하는 정도, 즉 색의 분산dispersion을 서술하기 위하여 굴절률 모델도 만들었다. 이 모델은 일찍이 데카르트가 빛을 알갱이corpuscles로 본 모델에 의존한 것이었다. 데카르트는 알갱이들이 매질이 서로 다른 경계면을 지날 때마다 충격을 받는 것으로 예측하였다. 데카르트가 빛을 알갱이 즉 입자라고 한 것이 후대에 파동으로 바뀌었고, 나중에 다루겠다. 아인슈타인이 빛을 광양자light quantum로 해석한 것은 입자-파동 양면성이 함축되어, 뉴턴의 빛알갱이 개념과 다르다.

뉴턴의 광학적인 주요업적으로 그의 반사망원경 발명을 빼놓을 수 없다. 이전의 굴절형 망원경들은 모두 색수차 문제를 안고 있었다. 뉴턴은 렌즈 대신 반사거울을 사용하여 색수차 문제를 해결한 망원경을 제작할 수 있었다. 그는 스스로 반사경용 금속speculum metal(구리 2/3 + 주석 1/3의 합금으로 반짝이는 표면을 가공할 수 있음)으로, 뉴턴 링으로 곡면을 확인해가며 3.3cm 직경의 반사거울을 최초로 만들었다. 뉴턴 이후 200년간 반사망원경은 같은 방식으로 제작되었다.

우리가 살피는 **괴테**[Johann Wolfgang von Goethe(1749-1832)는 분명히 《파우스트》의 저자인 독일 대문호이다. 그런 그가 뉴턴처럼 칼라 연구에 심취하고 논문도 남겼다. 괴테가 쓴 논문은 슈미트G. Schmidt 등이 공동편집한 독일어 책에 실렸다(1947). 제목이 "색이론과 광학적 기여"라는 제목의 연구논문의 광학실험 내용이 미 APS 〈피직스 투데이〉 매거진 2002년 7월호에 커버스토리로 등장하였다.[29]

괴테는 1786-1788년 사이 이태리를 방문하며 현란한 그림들과 착색유리stained glass를 보며 깊은 인상을 받고 광학실험을 한다. 서로 다른 색으로 칠한 두 4각형이 접한 경계선 부근을 프리즘으로 볼 때 나타나는 띠fringe들을 주목하며, 4각형 색깔들을 바꾸고 영역의 크기와 모양들도 바꾸면서 관찰했다. 일례로 흰 4각형 위에 검은 4각형이 접할 때는 노랑과 붉은 띠들이 보인다. 반대로 검은 4각형 위에 흰 4각형이 접할 때는 푸른색과 보라색 띠들이 나타난다. 괴테는 노랑과 푸른 띠를 합하여 녹색을 만들고, 보라와 붉은 띠로 심홍색magenta을 얻었다. 나아가서 띠의 기본색깔들로써 뉴턴의 7색 무지개의 스펙트럼(=빛띠) 및 보색관계 색들을 모두 재현할 수 있었다.

괴테는 이 과정을 거쳐 태양 스펙트럼에는 없는 심홍색도 만들었는데, 보색관계 3쌍을 배열한 6개로 된 괴테의 색동그라미color circle로 태어났다. 색상환color wheel으로 불리기도 하는 그림들이 그 후 더욱 다양한 색깔들을 포함하여 많이 만들어졌는데, 1908년의 6가지 기본 색동그라미는 적색, 녹색, 보라색 및 심홍색magenta, 노랑 청록색cyan blue이다. 그림이나 염색을 하는 예술가들에게는 뉴턴보다 괴테의 색동그라미가 더욱 실용적이다.

괴테의 화학 연구

괴테의 과학 연구에 대한 관심은 최근 국내에서도 다음처럼 보도되었다.[30]

그가 41세(1790년)에 쓴 논문 〈식물변형론〉에는 잎이 변형된 기관이 꽃이라는 주장이 나오는데 거의 200년 뒤인 1980-90년대 실험을 통해 사실로 밝혀졌다.

화학 분야에도 관심도 컸다. 그의 주인공 파우스트 박사는 연금술 학자다. 그의 소설《친화력》(1809)은 제목부터 화학 용어다. 친화력은 화학반응에서 두 원자나 분자 사이의 반응성을 나타낸다. 예를 들어 수소 분자와 산소 분자는 서로 친화력이 크기 때문에 격렬하게 반응해 물 분자를 만들어낸다. 반면 서로 친화력이 낮은 헬륨과 산소는 같이 있어도 아무 일이 일어나지 않는다.

이와 유사하게 소설은 남녀 두 쌍 사이에서 일어나는 미묘한 4각 관계를 그리고 있다. 부부 한 쌍과 미혼의 남녀가 한 집에 살게 되면서 엇갈린 이성에게 관심과 호감을 갖게 된다. 이미 화학반응(결혼)을 통해 두 원자(개인)가 부부(분자)로 결합돼 있지만 좀 더 친화력이 큰, 즉 반응성이 높은 상대가 주변을 맴돌자 새로운 화학반응(불륜)이 일어나려고 하고 그 과정에 갈등이 생긴다.

물론 원자나 분자라면 궁극적으로 친화력이 높은 화학 결합 쪽으로 반응이 진행된다. 소설은 화학교과서가 아니므로 작가는 두 사람의 자살이라는 반전을 통해 이야기를 끝낸다. 아무튼 괴테는 작품에서 서로 친화력이 높은 남녀 사이가 맺어져야 더 행복할 수 있음을 시사했다.

역학혁명: 뉴턴아 있으라… 핼리 혜성처럼

1671년, 뉴턴은 앞에 설명한 반사망원경 발명에 흥미를 가진 왕립협회에 출석하여 설명한 뒤에 협회의 멤버가 된다. 앞의 광학 논문은 그 이듬해에 협회지에 실렸다. 이때 논문과 관련하여 후크와의 논란 후 몇 년간 칩거하다가 1679-1680년에 왕립협회에서 뉴턴의 업적을 정리하는 일을 계기로 다시 후크와 교신하게 된다.

뉴턴은 1675년 입자들 간의 힘을 매개하는 '에테르'의 존재를 상정했다가, 헨리 모어의 연금술 지식에 힘입어, 에테르 대신 밀교적hermetic 동정-반감sympathy-antipathy 개념인 인력attraction과 척력repulsion이라는 신비한 힘occult force의 지식으로 대치하였다.

뉴턴은 후크와의 만남에서 자극을 받아 거리의 제곱에 역비례하는 구심력—이미 수년 전에 얻었다는 결론—을 발표하여 케플러의 타원형 행성궤도를 증명하기에 이르렀다. 제곱의 역비례 공식으로 다시 후크와 논란이 일기도 했다. 1680-1681년 겨울, 혜성이 나타난 것도 뉴턴의 관심이 천체로 확장되는 계기가 되었다. 혜성으로 유명한 **핼리**Edmond Halley(1656-1742)가 방문하자 뉴턴은 이미 운동에 관하여 써둔 9쪽짜리 옛날 논문(De motu corporum in gyrum)을 건넸고 협회에서도 복사되었다.

이 속에 뉴턴 역학 논문의 핵심이 담겨 있다.

여기서 잠시 핼리를 알고 가자. 그는 1703년 옥스퍼드 대학 기하학 교수로 재직하였다. 오늘날 컴퓨터 모의실험으로 별의 운행을 과거와 미래로 투사하듯이, 1705년 핼리는 천문역사학으로 1456, 1531, 1607, 1682년에 등장한 혜성이 동일한 것이며 1758년에 다시 출현할 것이라고 예언했다. 핼리의 예언은 적중했으며, 1758년에 다시 돌아온 혜성을 못 보고 죽은 핼리를 기리기 위해서 사람들은 이 혜성을 '핼리의 혜성(살별)'이라 부르기 시작했다.

뉴턴이 발표를 미루고 있던 연구내용은 앞에 말한 것처럼 1687년 7월 5일 〈원리Principia(principle)〉로 라틴어로 발표되었다. 그 논문은 뉴턴의 최대 저작으로 핼리의 끈질긴 설득과 경제적 지원으로 햇빛을 볼 수 있었다. '발표할래 죽을래?publish or perish?'라고 집약된 것처럼 오늘날 학자들이 논문 쓰기 경쟁에 내몰리는 현실과는 사뭇 달랐던 것이다.

뉴턴의 〈원리〉는 3개의 운동 법칙과 만유인력을 담고 있다.

[1] 관성: 외부의 영향을 받지 않는 한 물체는 그 상태[정지 혹은 등속운동]를 유지한다.

앞에서 보았던 것처럼 갈릴레오가 마찰이 없는 평면 위에서 기술한 등속운동의 관성을 뉴턴에 이르러 전체 공간으로 확장한 관성계inertial frame가 된다. 이해를 돕자면, 태양을 중심으로 한 관성계에서는 모든 행성이 케플러의 법칙을 따르며, 태양계 영향을 벗어난 물체는 직선 등속운동을 하는 것을 의미한다. 지구를 중심으로 한 비관성계에서 행성들의 운동은 코페르니쿠스 이전처럼 주전원epicycle 운동을 하며, 먼 별들은 지구 주위를 빙빙 돈다. 우리가 책에서 배우는 연구실의 관성 법칙은 사실 마찰이 없는 이상적인 관성계를 말하는 것이다.

[2] 힘과 가속도: 물체의 순간 가속도(a)는 (외부의) 알짜 힘(external) net force(F)를 질량(m)으로 나눈 것이다.

진한 글씨(볼드체)의 가속도 **a**와 알짜 힘 **F**는 벡터이다. 이렇게 방향과 크기를 갖는 벡터 개념을 추가한 것도 갈릴레오 시대를 뛰어넘은 발상 중의 하나이다. 알짜 힘은 관련되는 모든 힘의 벡터 합을 말한다.

$$a = F / m$$

과학 탐구 | **뉴턴의 구심력 논쟁과 상상 우산**

상상 우산을 예로 들어보자. 옆의 우산 살대들이 전부 죽 펴져서 납작한 평면우산이라고 치자. 대칭형 우산살대 방향으로 균일한 힘들이 작용하는 것을 우산꼭지 중심점이 꽉 붙잡는 우산이라고 상상하자. 중심점에서 모든 힘의 벡터 합은 0이다. 만약 돌풍에 살대가 하나 뽑혔다면 그 방향으로 힘이 없어진 만큼 벡터 합은 0이 아니다. 이번엔 대칭형 우산의 살대들이 모조리 끊기고 끝마다 똑같은 추가 하나씩 달렸다고 상상하자. 이 상상의 우산이 팽팽하게 회전운동을 한다면, 끈마다 중심을 향하는 구심력과 거기 매달린 추가 바깥방향으로 떨어져나가려는 원심력이 평형을 이뤄서 끈이 팽팽히 유지된다.

뉴턴의 시대는 달랐다. 태양 주위를 행성이 공전할 때는 그 '공전방향 앞(접선방향)'으로 밀어대는 힘이 있다고 사람들은 믿었다. 그러나 뉴턴은 〈원리〉에서 태양의 구심력이라는 '중심방향'으로 끌어당기는 힘으로 공전한다는, 언뜻 상식에 반하는 설명을 했다. 사람들은 몇 십 년 동안 이를 믿지 않고 오히려 데카르트의 소용돌이 이론을 믿었다.

왜 그런지 구심력과 관련한 뉴턴의 설명을 보자. 주어진 원 안에 정사각형이 하나 있는데 그 4개의 변을 따라 한 물체가 지나가며 한 바퀴마다 4점에서 반사를 거듭하며 회전하게 된다. 정사각 변을 따라 반사하는 힘을 내며 운동하는 모습이다. 이제 각 변이 원둘레 쪽 2개의 변으로 나뉠 경우 물체가 2배로 반사하며 회전한다. 이렇게 수없이 2배로 반복하여 늘릴수록 결국 물체는 거의 원둘레를 따라 회전하며 반사하는 힘도 원둘레 움직임으로 가게 된다. 당시 사람들은 이 이론에 설득되지 않았다.

이제 우리의 '상상 우산'을 다시 보자. 이번에는 (짝수개의) 살대들을 하나 건너마다 끈-추로 바꾸자. 끈과 추가 달린 데마다 끈 중간에 용수철을 하나씩 달면 중심-끈-용수철-끈-추가 되고, 살대와 추가 번갈아 있는 사이에는 추와 이웃한 살대 끝을 용수철로 이어주면 추-용수철-살대 끝의 짝들이 우산 가장자리를 따라 만들어진다. 이제 이 이상한 우산이 회전한다고 하자. 뉴턴을 믿지 않았던 사람들에 의하면, 중심-끈-용수철-끈-추의 용수철은 힘없이 가만히 있고, 가장자리 추-용수철-살대 끝의 짝들에 달린 용수철은 각각 접선 방향의 힘을 내며 살대 끝을 밀어서 회전 중에 살대가 부러질 것이다. 우리는 오늘날의 우산은 그렇지 않다는 것을 알고 있다. 뉴턴이 '우산 법칙'으로 설명했으면 실망하는 일도 일어나지 않았을 것이다.

프랑스의 지라드Albert Girard가 16세기에 'sin', 'cos', 'tan'의 삼각함수 표현을 쓴 기록이 있다. (앞에 지적한 것처럼, 삼각함수의 뿌리는 히파르코스까지 거슬러 오른다.) 1748년 오일러L. Euler가 'sin', 'cos', 'tan' 외에 'cot', 'sec', 'cosec' 등도 개발하고 무한급수 및 오일러공식을 만들면서 유럽에서 널리 쓰이게 되었다.

위처럼 뉴턴이 기하학으로 고심하지 않고, 원운동의 삼각함수로 속도와 가속도를 생각했다면 쉽게 풀었을 것이다.

고3 수학 미적분에 나오는 원운동 예제를 간단히 넣는다.

원운동의 (x, y) 좌표: $(x = r\cos\omega t, y = r\sin\omega t)$

속도 $(\vec{v})$: $(dx / dt, dy / dt) = (-r\omega\sin\omega t, r\omega\cos\omega t)$

가속도 $(\vec{a})$: $(dx^2 / dt^2, dy^2 / dt^2) = (-r\omega^2\cos\omega t, -r\omega^2\sin\omega t)$

그러므로 $\vec{v} \cdot \vec{a} = (+r^2\omega^3 - r^2\omega^3)\sin\omega t\cos\omega t = 0$

위에서 '속도와 가속도가 수직'이므로 원운동의 구심력 방향도 금방 정의할 수 있다.

[3] 작용action과 반작용reaction: 모든 작용은 역방향의 반작용을 수반한다.

두 물체가 서로에게 가하는 작용은 같으며 서로 마주보는 방향으로 작용한다. 당신이 물체를 밀면 그 물체는 그만큼 당신을 밀어낸다는 뜻이다. 진공을 운행하는 로켓의 원리가 그러하다. 로켓의 꽁무니에서 격렬하게 분출하는 가스덩어리가 그만큼 로켓 추진력이 된다. (우주로 쏜 로켓의 꿈을 꾼 백수 '누어똥'을 케플러와 함께 앞에서 만났다.) 중심-끈-용수철-끈-추에서 힘들을 따지면 장력 관계도 이해할 수 있다.

뉴턴이 떨어지는 사과를 보고 만유인력을 떠올린 걸 생각하자. (|과탐| 케플러의 법칙과 암흑물질, ②처럼 각운동량 공식을 ($L = R \times mv = mR^2\omega$) 미분량으로 확장하여 구심력을 유도하면 된다.) 단진자 운동과 비교하여, 중력은 지표에 붙어 있는 물체를 지표상에 떨어뜨리는 데 필요한 지구의 회전력은 그 중력의

1/350배가 된다고 추리하였다.

뉴턴은 여기서 생각을 확장한다. 중력을 지표에만 한정할 것이 아니라 달까지도 확장하면 어떤가? 그럼 달의 위치에서 물체가(즉 달은) 얼마의 회전력으로 이탈이 될까? 그 추론은 지구에서 필요했던 것의 1/4000배가 되었다. 뉴턴은 이제 위와 같은 추론을(|과탐| 케플러의 법칙과 암흑물질, ③ 참조) 케플러의 제3법칙 자료에 적용했다. 그러자 태양에서 행성이 이탈하는 데 필요한 양이 거리의 제곱에 반비례하는 듯하였다! (케플러는 방출하는 빛의 양이 거리의 제곱에 반비례함을 주장했었다.) 희한한 일이었다.

뉴턴은 다시 달을 생각했다. 달까지의 거리가 지구반경의 60배임을 고려하면, 거리 제곱의 반비례라면 1/3600이 나온다. 위에 얻은 1/4000에 접근하지만 딱 들어맞지는 않아 일단 보류했다. 그렇지만 떨어지는 사과와 달, 행성까지의 추상은 곧 바닷가 조수의 간조만조까지 확대된다.

흑사병 재앙으로 고향에 물러가 있던 젊은 뉴턴이 위의 생각에까지 도달한 후, 1687년 〈원리〉 출간 때까지 발표를 보류한 시간은 20년이었다.

지구, 달, 행성들의 천체운동이 이렇다면, 중력도 지구에만 있는 특별한 것이 아니라, 모든 무거운 것들의 일반특성이 아닐까? 그럼 하늘의 모든 것을 설명할 수 있다!

20년 후 만유인력의 법칙은 빛의 속도보다도 빠르게 진리로 부상하였다. 거리 R인 질량 M과 m 사이에 작용하는 힘의 균형, 이렇게 뉴턴의 만유인력 법칙이 탄생하였다. G는 만유인력상수이다.

$F = GMm/R^2$

다시 지구 M(반경R)의 문제로 돌아온다면, 지구상의 물체 m에 가해지는 구심가속도centripetal acceleration $\omega^2R(=GM/R^2)$를 간단히 표시할 수도 있다. 이상의 뉴턴 3개의 운동법칙과 만유인력이 (|과탐| 케플러의 법칙과 암흑물질에서의 해설처럼) 케플러의 법칙들을 완벽하게 증명해주었다.

유럽의 수학자 **라그랑주**Joseph-Louis Lagrange(1736-1813)는 뉴턴을 '최대의 천재'라 하고, 또 최고의 운을 타고났다고 했다. 천체의 운행 현상을 발견한 유일무이한 인간으로 태어났으니까.

'자연과 그 법칙이 암흑에 갇혔다. 신이 "뉴턴아 있으라" 하매 세상이 밝아졌네.'

영국의 시인 포프Alexander Pope가 구약 창세기 1장 2-3절을 본떠서 지은 유명한 묘비명이다.[31]

뉴턴은 만년에 술회했다.

"나는 바닷가에서 예쁜 조약돌과 노는 아이 같을 뿐이다. 내 앞의 대양이 모든 진리를 품고 있다…"[32]

하지만 우리는 안다. 아인슈타인이 있음을. 또 우리는 기다린다. 다음에 최고의 운을 타고날 사람을.

후크의 탄성법칙과 탄성의 삶

후크Robert Hooke(1635-1703)는 가난하지만 수학적 감각이 뛰어나고 손재주 또한 비범했다. 여러 학자들의 조수가 있었지만 공기펌프를 만들며 보일의 학생이자 조수가 되어 과학자로 성장했다. 후크와 보일은 서로를 존중했다. 그의 예리함과 수학적 재능이 '보일의 법칙'을 만들었을 거라는 추정도 있다. 이 시기에 후크는 단진자를 개량하고, 경도longitude의 위치를 알아내는 방법을 고안했다.

F = k**x**

후크는 '탄성의 법칙'을 1660년 만들었다. **F**의 힘으로 **x**만큼 스프링이 밀리면 -**F**만큼 탄성력을 발휘한다.

위의 탄성법칙은 뉴턴 역학과 밀접하게 사용되는 기본 공식이면서 아래처럼 일상생활과 밀접하게 쓰이는 예들이 많았다. 후크는 이를 응용하여 회중시계를 만들어 보이기도 했는데, 그가 고안한 코일 스프링을 특허로 출원하지 않은 것을 후회하기도 했다. 네덜란드의 **호이겐스**가 1675년에 출판한 스프링 논문은 이보다 15년 늦은 것이었다. 이 스프링의 첫 발명자가 누구인가를 두고 맹렬한 시비가 일어나기도 했다(두 사람이 죽은 후 1670년에 후크가 기록한 노트가 발견되면서 후크의 주장이 수용된다). 술리Henry

Sully는 1717년 파리에서 '앵커 달린 톱니바퀴'는 런던의 그레셤Gresham 대학교 기하학 교수인 후크 박사의 찬탄할 발명이라고 기록하였다.

1660년에 창립된 런던 왕립협회는 실험담당 관장이 필요하였다. 전원 찬성으로 그 자리에 지명된 후크는 보일에게 감사하고 조수를 그만두었다. 후크의 임무는 협회가 필요한 여러 기구를 만들며 실험을 추진하는 것이었다. 이 기간 동안 후크는 낙하실험, 중력실험, 압력실험을 진행하였고, 화약을 시험하였으며, 정맥과 동맥을 구분하였고, 태양 및 별들의 운행을 살피는 각도 측정 기구를 고안했다. 톱니바퀴를 세공하는 엔진은 그가 죽을 때쯤 널리 실용화되었다. 이 기간에 뉴턴과 부딪친 일들은 앞에서 이야기했다.

1663년부터는 현미경으로 본 것들을 그려 보이고, 1665년에는 왕립협회 최초의 책인 《미크로그라피아Micrographia》를 출판하였다. 이 책은 곧 베스트셀러가 되었다. 책에는 여러 렌즈의 조합으로 이루어진 현미경으로 자세히 본 파리의 눈, 식물의 세포(세포벽들로 나뉜 방들이 마치 수도승들의 방 같아서 최초로 'cell'이라 부름) 등을 확대한 그림들이 있었다. 이 책에서 곤충들의 확대 모습 등 현미경의 위력이 유감없이 발휘되었다. 이 책은 곤충들의 모습뿐만 아니라 그 책에는 지구와 멀리 떨어진 행성들의 운행도 설명하고, 빛의 파동설을 논하고, 화석의 유래를 이야기하는 등 후크의 만물박사 같은 지식들이 고스란히 담겨 있다.

1664년에 후크는 위에 말한 그레셤 대학교 교수가 되었다. 한편 1680년 후크는 밀가루를 뿌린 얇은 창유리의 모서리를 활시위로 긁어대며, 밀가루가 떨어 움직여 진동마다 무늬들이 나타남을 실증했다. 후크는 당대의 천재 과학자 뉴턴과 논쟁을 벌일 만큼 나름대로 자기 학문을 가졌던 학자였다.

역학이 천체역학celestial mechanics으로 확실히 자리 잡기까지는 '프랑스의 뉴턴'이라 불린 **라플라스**Pierre Simon de Laplace(1749-1827)의 천재적 역량이 중요한 역할을 한다. 라플라스도 원래 뉴턴 비슷하게 '개천에서 용이 난' 사례였다. 노르망디 시골뜨기 아버지는 라플라스가 16세가 되자 신학교로 보냈다. 그러나 선생이 수학의 신동을 알아보고 이끌어주어, 신학교를 중단시키고 파리의 수학자 **달랑베르**J.-B. le R. d'Alembert(1717-1783)에게 보냈다.

여러 행성 간 안정성의 복잡다단한 문제를 뉴턴은 '신의 개입divine intervention'이란 요소로 얼버무렸다. 라플라스 천체역학은 이 요소를 풀었다. 예를 들어 목성궤도의 줄어듦과 토성궤도의 늘어남 현상을 규명했다(1776). 또 태양과 임의의 2개 행성이 이루는 3체 구조에서 불안정한 섭동perturbation현상은 단기적인 반복일 뿐 평균궤도는 안정mutual equilibrium됨을 보였다. 위트로우G. J. Whitrow는 그의 업적을 '뉴턴 이후 최대의 진보'라고 했다.

그는 '파멸collapse' 및 '블랙홀'도 생각했다(제3부 **|과탐|** 존 미첼 사제와 블랙홀 이야기 참조). 수학적 분석에 대한 과도한 신념은 그로 하여금 모든 현상이 수학적 모델로 완결되는, 우주가 '시계처럼 움직이는' 결정론을 갖게 만들었다. 그의 우주이론에는 신이 안 보인다고 한 나폴레옹에게 '자기 이론에는 신이 필요 없다'고 대답했다. 그 이유로 전 우주를 통어할 '완벽한 지능을 갖춘 실체의 상상'을 후세인들이 라플라스 악마Laplace demon라 조롱하기도 했다.

대학에서 다루게 되는 라플라스 변환은 푸리에 변환과 함께 시공간 변환 응용의 ABC이다. 라플라스 편미분 방정식은 전자기, 유체역학, 천체역학 등에서 널리 쓰이는 방정식이다. 그가 분석한 구면조화함수spherical harmonics는 구좌표계 해법의 정형이 되었고, 현대 각운동량 양자이론에도 이용된다.

푸리에와 디지털신호기술 및 양자론 씨앗

소리의 파동이 전달되면 우리 귀는 자연적인 공진현상을 이용하여 주파
수(=진동수)별로 감지한다. 청각신경 마디들이 각각 달라 다른 공진주파
수들을 포착하여 감응할 수 있기에 우리는 아름다운 교향악의 무성한 화
성들도 잘 듣고 판별한다.

프랑스의 **푸리에**J.-B. J. Fourier(1768-1830)는 이러한 음파를 수학으로도
동일하게 분석할 수 있고, 초음파 진단기에서부터 현대의 통신기술인 디
지털신호처리, 푸리에 광학 및 고주파기술까지 응용할 수 있었다. 다양한
분야의 과학 발전에 파급된 영향력은 실로 엄청나다고 할 수 있다.

푸리에는 열 살에 고아가 되어 시골 수도원에 맡겨졌다가, 주교의 추
천으로 왕립군사학교에서 공부하게 된다. 학교에서 수학에 특기를 발휘
하여, 1790년에는 모교에서 수학을 가르치게 되었다. 이때가 그의 인생
에서 혼란기로 그는 프랑스 혁명에 동조하여 지방의 혁명위원회에 동참
하였다가, 수많은 귀족과 지식인들이 기요틴에 참수되는 극도의 폭력을
보고 후회한다. 그 역시 1794년에 체포되어 기요틴의 제물이 될 뻔하
였다.

로베스피에르M. Robespierre가 죽자 혁명의 기운이 가라앉고 그도 풀려

났다. 그는 수학 재능으로 프랑스 재건교육대에 뽑히면서 라그랑주J.-L. Lagrange, 라프라스 등 최고의 수학자들에게 공부할 기회를 얻게 된다. 얼마 후 그는 나폴레옹이 이집트를 침입할 때 과학고문으로 참가하여, 고고학 탐사 활동을 하고 카이로 학술원의 창립 담당서기로 기여한다.

푸리에는 1807년 12월 21일 파리 학술원에서 '강체의 열전달'을 발표했다. 그는 뉴턴의 냉각이론을 근거로 열의 흐름이 두 점 사이의 온도차에 비례한다고 주장했다. 또한 모든 물결(심지어 불연속의 4각형 디지털 펄스 같은 계단함수도 포함―나중 헤르츠, 헤비사이드 논의에 나옴)같은 '신호'는 여러 가지 파형들의 합으로 표시할 수 있다고 주장했다. 즉 사인sines과 코사인cosines을 삼각함수들의 합으로 표시할 수 있다는 '푸리에 변환Fourier transform' 주장을 한 것이다. 이러한 함수들의 합을 푸리에 급수라고 부른다.

이 변환은 공간과 공액conjugate 관계인 운동량, 또는 시간과 에너지 사이의 변환에 적용되는데, 후자는 나중 라플라스 변환이라고도 부르게 된다. 전자회로이론, 통신의 신호처리, 유체 및 고체의 동역학, 전자기, 광학 및 양자물리까지 광범위한 현대학문에 불가결의 활용품목이다. 양자론의 파동함수 표시 및 하이젠베르크 불확정성 증명에도 긴요하게 사용된다.

푸리에가 처음 발표한 당시에는 아무도 그의 주장을 이해하지 못했다. 라그랑주, 라플라스, **비오**J.-B. Biot(1774-1862)도 푸리에의 열전달 방정식 유도를 반대했다. 하지만 1811년 열전달 주제의 경연대회가 열리고, 그 대회에서 푸리에가 수상한다. 심사위원회에는 라그랑주와 라플라스가 있었다.

'저자가 방정식에 이른 방식은 난점을 가지고 있다. 적분 결과에 이른 해법은 엄밀성과 일반화를 위하여 규명할 점을 남기고 있다.'

위 논란 때문에, 1817년 푸리에가 과학원에 선출된 후 1822년에야 등재되었다.

푸리에의 또 다른 발견은 1824년 '**온실효과**'이다. 적외선 복사열을 대기가 가두어서 지구의 온도가 상승한다는 통찰이다. 이는 50여 년 후 **스테판-볼츠만**Stefan-Boltzmann **법칙**이 되고, 다시 20여 년 후 플랑크 양자론으로 재탄생한다.

제3부

화학과
열역학 시대

감투는 벗고 신을 품은 발명가 보일

보일Robert Boyle(1627-1691)은 아일랜드 코르크 지방으로 이주하여 부자가 된 집의 14명 자식 중 7번째 아들로 태어났다. 어머니를 잃은 여덟 살에 그는 영국의 이튼 칼리지로 보내진다. 가정교사와 함께 유럽대륙을 여행하고 1641년에는 이태리 플로렌스(현재의 피렌체)를 방문하였으며 당시 생존했던 갈릴레오의 연구 활동에 대해 공부했다.

아버지를 여읜 이듬해인 1644년 영국에 돌아와 과학에 뜻을 두고 '새로운 철학' 연구회의 활동조직인 '인비지블 칼리지Invisible College'에서 2-3년 활동한다. 그로부터 몇 년의 아일랜드 칩거 후 1654년에 옥스퍼드로 돌아와 본격적으로 과학연구를 시작했다. 보일은 토리첼리, 파스칼, 폰 게리케가 한 일들을 듣고, 후크를 조수로 고용하여 세계 최강의 공기펌프를 제작하면서 여러 가지 진공실험에 착수한다.

보일은 연금술 즉 금속을 변환할 수 있다고 믿었다. 보일은 물질들에는 분리가 불가능한 구성요소가 있다는 것을 믿었으며, 혼합물mixtures과 화합물compound을 구분하고, 이들을 구성하는 요소를 검출하는 방법들을 찾았다. 그런 노력들을 '분석analysis'이라고 불렀다.

그는 생리학 실험도 하였는데, 중요한 줄 알면서도 그의 '유약한 품성'

101

때문에 산짐승을 해부하지 못한 것은 데카르트와 대조적이다. 그는 보석 결정의 유래, 색채 연구, 심해 및 지하의 온도 연구 등 관심이 다양했다. 건강이 좋지 않았던 그는 1668년부터 죽을 때까지 팔 말Pall Mall에 사는 누나, 라넬라Ranelagh와 함께 살았는데 1691년 12월 31일 며칠 먼저 간 누나를 따라 숨을 거뒀다.

보일은 신학에도 관심이 많았다. 그는 이튼 칼리지 학장직(자격: 신학박사)을 거절하였는데, 자신의 신학적 글들이 교회(영국성공회)의 봉급 받는 성직자보다는 평신도로서의 글로 주목 받기를 원하였기 때문이었다. 그는 동인도회사의 이사로서 기독교의 동양선교에 많은 돈을 쓰고, 가톨릭에 반하여 토착어 성경 만들기를 지원했다. 아일랜드 언어 사용을 영국 상류층들이 혐오한 것에 아랑곳하지 않고 1680년대 아일랜드 언어 신구약성경 보급에 힘썼다.

테오도라와 디디무스

옛 로마에서는 모든 여자는 아이를 가져야 한다는 칙령을 내렸다. 인구 감소 현상을 막는 법이었다. 테오도라Theodora는 '그리스도에의 순결'을 지키던 알렉산드리아의 로마계 처녀로서 남편 선택을 거부하였다가 총독으로부터 매음굴 추방형을 받았다. 당시 로마 병사인 디디무스Didymus는 이 처녀를 구하려고 짐짓 손님처럼 그녀에게 가서 옷을 바꿔 입혀 탈출을 시도했다. 그러나 그 시도는 발각되었고, 디디무스는 '순결한 처녀를 위해 죽는 것은 나의 축복'이라며 당당히 죽음을 택한다.

그 사실을 알게 된 테오도라가 돌아오면서 둘은 함께 참수형을 당하였다. 이들의 순교는 AD 304년에 있었다. 보일은 이들의 순교에 관한 글을 썼는데, 그의 마지막 글이 되었다(1687).

과학 탐구 | 최초의 정량적 실험과 보일의 법칙

보일은 우선 커다란 병의 공기를 뺀 진공상태에 따라 수은주가 내려가는 것으로 토리첼리의 기압설을 증명하였다. 또 그 안에 자명종을 넣고 진공에 따라 소리가 끊어짐으로써 소리의 전파는 공기라는 매체가 필수임을 발견하였다.

이번에는 말랑말랑한 양의 방광주머니를 병에 끼운 채 병의 나머지 공간의 공기를 빼니 방광이 터지기까지 점점 부풀어 오르는 것을 관찰하며 공기의 탄성력을 시험하였다. 공기의 탄성 실험을 확장해서, 그는 J자형의 굽은 쪽이 막힌 유리관을 만들고 수은을 적당히 넣으며 양쪽 높이가 같도록 했다. 굽은 쪽에 갇힌 공기와 터진 쪽 공기의 기압이 같은 상태이다. 이제 터진 쪽 수은주가 76cm 더 높아지도록 수은을 더 부으니 굽은 쪽이 2기압으로 오르고 부피는 1/2로 줄었다! 이렇게 압력(P)을 가감하면서 부피(V)의 변화를 기록하니 '보일의 법칙'이 탄생하였다.

$$P_1V_1 = P_2V_2 = 상수$$

이는 자연환경에서 정량적인 관계를 최초로 밝혀낸 법칙이다. 보일은 그러한 법칙들이 자연 속에 많을 것이라는 생각을 하게 된다.

"세상의 만물은 일단 창조되면서부터 조물주가 정해준 법칙을 그대로 따른다."

즉 우주는 거대한 시계처럼 한 치의 틀림이 없이 운행된다고 생각한 것이다(뉴턴의 절대적 우주론이다). 한편 '인비지블 칼리지'는 1663년 영국 찰스 2세의 칙령으로 자연과학 발전을 위한 '런던 왕립학회'가 되면서 보일도 거기 소속되고, 1680년에는 회장으로 선출되었으나 선서

하는 것을 꺼려하여 취임을 고사하였다. 당시 그는 24개의 희망 발명품 리스트를 만들었는데 비행기술, 꺼지지 않는 빛, 전천후선박, 날줄(경도)탐색기, 환각제, 진통제, 수면제, 장수식품, 우수한 경박 갑옷 등이 그것이다. 이것들은 오늘날 대부분이 현실에서 실현되었다.

샤를을 빛내준 게이-루삭

기체 부피가 온도에 민감하다는 것을 처음 주목한 사람은 1787년 샤를Alexandre C. Charles이었으나 그는 실험을 대충 하고는 아무것도 남기지 않았다. 기체의 열팽창 법칙은 게이-루삭Louis Joseph Gay-Lussac(1778-1850)의 몫이 되었다.

물을 채운 비커 바닥에 기체가 든 시험관을 누이자 그 마개가 온도에 따라 좌우로 미끄러진다. 여러 가지 기체들의 열팽창을 조사하던 그는 놀라운 결과를 얻었다. 섭씨 1도 올릴 때마다 무슨 기체든지 부피가 약 1/300씩 늘어나는 것이었다(섭씨 27도의 상온이면 300K이다). 그는 이를 정직하게 발표했다.

"샤를이 이런 기체의 성질을 15년 전에 언급하였다. 그는 실험 내용들을 남기지 않았다. 그래서 이 기체특성들을 발표하는 행운이 나에게 왔다."

105

기체의 부피는 온도[섭씨 t도]에 정비례한다. 게이-루삭은 기체의 종류에 상관없이, 압력에도 상관없이, 어떤 부피에서든 온도의 절편이 똑같다는 것을 발견했다.

$$V= [상수] (t - t_0) = [\frac{V_0}{273}](273 + t)$$

그가 이 실험을 섭씨 0도에서 100도까지 했을 경우, 이 직선을 그저 0도 아래 저온으로 죽 확장만 했더라면 t_0가 대략 섭씨 -273도임을 금방 알았을 것이다. 당시는 불가능했지만 위 식에서 단지 t를 내렸다면 어떤 기체이든 부피가 0이어야 한다. 하지만 실은 이렇게 극저온으로 가는 도중에 기체 분자들은 서로 붙어서 액체 또는 고체로 바뀐다. 산소는 -133도에 액화하고 더 내려가면 고체가 된다. 탄산가스는 온도를 내리면 바로 드라이아이스로 변한다. 위 식에서 섭씨온도 t를 $t-t_0=t+273$[K], 즉 절대온도 T[K]로 바꾸면 V=[상수]×T[K] 형태로 아주 간단하다.

헬륨은 섭씨 -269도, 즉 절대온도 4K가 되어야 액화한다. 정확한 절대 0도는 불가능하지만 모든 분자들이 운동을 멈추는 점이다. 최근 절대온도 0K는 아니지만 10억분의 1K에 도달하였다는 보고도 있다. 질소는 77K에 액화한다. 이보다 훨씬 높은 온도(가능하다면 상온)에서 저항이 사라지는 '고온초전도체'를 개발하여 세상을 편하게 살게 하려는 혁명세력들이 있었다. 우리나라에서도 그 연구로 밤낮을 지새우던 나의 어느 동료교수는 최근 불귀의 객이 되고 혁명은 오지 않았다.

앞의 법칙에서 압력과 부피의 곱은 상수임을 상기하고, 이 중 부피를 샤를[게이-루삭]의 법칙으로 대치하여 두 개를 하나로 만들면

PV / T=[상수].

위는 일정온도에서는 보일의 법칙, 일정압력에서는 샤를[게이-루삭]의 법칙이 된다. [상수]는 나중 기체의 분자량으로 결정되는 보편상수가 된다. 한편 위 식은 다시 처음 상태 [1]에서 나중 상태 [2]로 변한 경우, $(PV/T)_1=(PV/T)_2$처럼 쓸 수도 있다.

라부아지에, 화학은 연기처럼

연소는 무엇인가? 기름, 기체, 촛불, 나무, 종이, 석탄은 타면 별로 남는 것이 없다. 17-18세기의 **스탈**G. E. Stahl은 나무가 탈 때 탄산가스와 수증기가 사라지는 것을 몰랐다. 그는 물질이 탈 때에 '타는 원소/플로기스톤 phlogiston'(그리스어: to burn)이라는 것이 공기 중으로 사라진다고 했다. 사물은 4가지(흙, 물, 공기, 불)의 원소로만 이뤄진다는 전통적인 관념으로 볼 때 지극히 당연하다. 그러나 금속을 공기 중에서 세게 가열하면 오히려 무거워진다. 스탈과 그의 추종자들에게 금속이 무거워지는 것은 하등 이상한 일이 못 되었다. 질량은 불변이라는 생각이 아직 없던 때였다.

한편 근대 화학의 아버지, **앙투안 라부아지에**Antoine Lavoiser(1743-1794)는 전통적인 4가지 원소의 관념을 의심했다. 그는 물이 없어지면 흙이 생긴다는 잘못된 통설을 반증함으로써 유명해진다. 한편 라부아지에는 사설 세금징수회사의 프랑스 전국 체인 행정가 역할도 하다가 할인은행 총재까지 했다. 6세에 어머니를 여의면서 물려받은 많은 유산은 할인은행에 투자되어 귀족 생활이 자동으로 유지되었기에 일생의 관심이었던 화학 연구에만 집중하며 삶의 의미를 찾았다.

라부아지에는 위의 혼란스런 연소문제를 여러 각도로 연구했다. 그는 다이아몬드가 불타면 아무것도 남지 않는다는 것을 알았다. 유명한 파리의 보석상에서 빌린 다이아몬드를 점토 용기에 넣고 단단히 봉했다. 점토 용기를 불구덩이에 넣었지만 공기가 차단된 상황에서 다이아몬드는 흠 없이 그대로였다. 과학자들은 환호했고 보석상은 가슴을 쓸어내렸다. 연소를 위해서는 산소가 필요하다는 것을 증명한 것이다.

공기 중에서 수은을 가열할 때 발생하는 기체가 산소라는 것도 확인했다. 철 조각을 관에 공기와 함께 넣고 봉하고는, 가열한 후 반응물질과 소비된 공기의 양도 재었다. 연소문제의 실상을 이렇게 소상히 밝힘으로써 라부아지에는 **질량불변의 법칙을 수립**하기에 이른다.

라부아지에는 28세에 그 회사의 공동투자자 중 한 명의 총명한 딸 13세의 마리-앤과 결혼하였다. 그들의 집은 국제과학센터처럼 되어, 미국에서 제퍼슨T. Jefferson, 프랭클린B. Franklin 혁명기에 정적의 시기를 받고 왕정시대의 호화스러운 생활이 지탄의 대상이 되어 상관이었던 장인을 따라 50세에 단두대에서 죽음을 맞았다.

유명한 라플라스와 **라그랑주**Lagrange(1736-1813)는 그의 친구였는데 특히 라그랑주는 안타까운 그의 처형에 "라부아지에의 목을 치는 데는 단 1초도 안 걸리나, 그런 인물을 만들려면 100년이 걸린다!"고 한탄하였다. 그의 화학실험을 도왔던 아내는 남편이 완결하지 못한 결과들을 꼼꼼히 정리하여 사후 저작으로 남겼다.

그의 학문에 한 가지 이설이 있다. 즉 블랙, 프리스틀리, 캐번디시 등과 교류하였지만, 그가 스스로 발견한 것은 없으며 크레딧 인정도 분명치 않고 실험기기도 스스로 발명하지 않았다. 그는 다른 이들의 연구와 실험 결과를 다시 확인하고, 이론 능력을 발휘하여 정확한 해석에 도달하려고 노력하였을 뿐이라는 주장이다.

근대화학의 아버지 라부아지에

라부아지에는 역사상 가장 위대한 화학자로 회자된다. 정리하면, 1) 화학반응 질량불변의 법칙; 2) 연소는 산화작용이다; 3) 물은 수소와 산소의 화합물이다; 4) 화합물과 분리시켜서 원소의 독립 개념을 창시했다.

'우린 공기 속에 두 가지 기체가 있음을 알아냈어. 그중 하나는 호흡하여 생명을 돕고 물질을 태우기도 하지만, 다른 하나는 호흡하면 생명이 끊어지고 가연성 물질을 태우지도 않는다. 전자를 산소라고 이름하고 후자를 질소azote=nitrogen: 窒素라고 하자. (라부아지에가 'azote'라 부른 불어는 그리스 어원으로 생명이 없다lifeless는 뜻이고 프랑스, 러시아, 폴란드에서 그대로 사용된다.) 물은 산소와 가연성 기체로 된 것인데 무게 비는 85 대 15이다. 그래서 물은 다른 물질들 속에 흔히 존재하는 원소 중 하나인 산소 외의 한 원소를 가졌는데, 우린 그것에 적절한 이름을 붙여야 한다. 이를 수소hydrogen라고 부르는 것 외에 더 좋은 말이 생각나지 않는다.'

이렇게 라부아지에는 베르톨레 등과 함께 원소의 이름들을 만들었다. 수소는 물의 구성요소이므로 작명이 좋았는데, 산소는 아니다. 모든 산들을 구성하는 것이라고 오해하면서 산소를 oxygen(그리스어로 acid-former)이라 일렀다. 산소酸素의 한자도 그 잘못을 따라 황산黃酸, 질산窒酸, 염산鹽酸의 사촌이 되었다. 위처럼 틀린 거는 아니지만 질소窒素의 이름도 바로 질식窒息하다에서 온 것이다. 우리는 공기 중에 있는 질소가 아무렇지 않다고 무시하지만, 반도체 공정실험 중 밀폐된 방에 질소가 충만해지면 질식사하는 사건도 일어난다. 잠수한 스쿠버 다이버가 수면으로 너무 급히 오르면 체내 질소 분압의 평형이 깨지고 기포가 혈관을 막는 위험이 발생한다는 얘기는 잘 알려져 있다.

빛과 열은 원소, 탄산가스는 블랙에게로

라부아지에와 블랙은 '열량계calorimeter'(얼음을 둘러 채운 용기)로 열을 측정했다. 시료의 열량은 얼음이 녹은 양으로 쟀는데, 온도계를 사용하지 않았다. 아직 온도계가 없던 시대였다. 나름대로 좋은 방법이었지만 냉장고가 없던 시대였기에 얼음도 마음대로 쓸 수 없었다. 여하튼 물 1그램의 온도를 섭씨 1도 올리는 데 필요한 열량(calor=열)을 칼로리calorie라는 단위로 재기로 하였다.

최초의 온도계는 1597년 갈릴레오가 만들었다. 거꾸로 세운 가는 유리관 위쪽의 볼록한 공간의 공기가 색깔을 넣은 유체에 갇혀서 온도에 따라 그 경계가 오르내리는 것으로 눈금으로 읽었다. 유리관 아래쪽도 봉해서 압력 변화에 무관하도록 개량된 것이 17세기에 사용되었다. 뉴턴이 온도계의 눈금을 정했다. 얼음을 물에 채운 상태를 0도라 하고 온도계가 뉴턴의 따뜻한 손 안에 잡힌 상태를 12도로 눈금을 새겼다. 1714년 독일의 파렌하이트G. Fahrenheit가 수은을 온도계용 액체로 삼고 얼음과 소금 혼합체 온도를 화씨 0도로 체온을 화씨 100도로 삼았다. 이 스케일은 지금 미국 외에 쓰는 곳이 없다. 1742년 스웨덴의 **셀시우스**Anders Celsius가 물의 빙점을 섭씨 0도로 끓는점을 섭씨 100도로 한 것이 오늘날 국제화되었다.

블랙Joseph Black(1728-1799)은 프랑스 보르도에서 태어났지만, 아버지는 아일랜드의 포도주 상인이었고 어머니는 스코틀랜드인이었다. 그는 영국에서 공부한 뒤에 글래스고 대학에 봉직하였으며, 이 대학과 에든버러 대학의 화학과 건물은 모두 그의 이름으로 봉헌되었다. 열량분석법calorimetry을 개척하고, 어는점과 끓는점에서의 잠열latent heat 및 비열specific heat(=열용량)을 연구하였다.

블랙은 잠열 방식을 이용한 열량계를 이용하여 라플라스와 함께 이것을 화학적 반응열 분석실험에 사용하였다. 당시는 열역학의 원시시대이어서 '**열유체이론**caloric theory'이라는 것으로 잘못 태어났다. 나중 설명이 따르지만 다른 원자처럼 열도 영구불변하여 생성도 사멸도 불가능하다. 이런 오해로 라부아지에의 33원소 표에 열과 빛이 들어 있다.

열역학은 완전하지 않았지만 블랙은 가장 드라마틱한 순간을 맞게 된다. 이산화탄소CO_2의 발견이다. 그는 공기와는 판이하게 무거워서 바닥에 깔려버리는 이 기체를 '부동의 공기fixed air'라고 불렀다. 그는 초크chalk를 증류기에 넣고 가열해서 생석회quicklime(CaO)와 다량의 이산화탄소로 분해시켰다. 이 실험을 본 어느 구경꾼의 기록이다.

'와! 대리석marble[초크(분필 재료)와 화학식이 동일함: $CaCO_3$] 한 조각을 6갤론의 포도주 통에 가득한 공기(이산화탄소)와 순수 석회 조각으로 만들었어! 원 세상에! 공기가 그런 단단한 돌 속에 숨어 있었다니! 돌이 그런 변신술을 일으키는 힘을 가졌다니!'

블랙은 그렇게 만들어진 생석회를 물에 녹였다. (원래 초크나 대리석은 물에 녹지 않으므로, 이것 또한 요술 같다.) 이번에는 먼저 모아둔 이산화탄소를 석회수에 부어 부글거리게 만들었다. '부동의 공기'가 석회수와 반응하여 초크 가루들이 생기며 용기바닥에 침전하였다. 그렇게 얻은 초크의 질량은

111

처음 시작한 질량과 같았다.

블랙의 연구결과로 공기가 유일한 기체라는 믿음이 순식간에 무너졌다. 그가 '부동의 공기'라 부른 무거운 기체는 보통 공기와는 전혀 다른 '화학반응'을 보였던 것이다.

캐번디시: 연구소와 수소 및 지구 질량

캐번디시Henry Cavendish(1731-1810)는 8세기의 노르만 시대부터 족보가
이리저리 얽힌 영국 전통귀족의 부유한 가문에서 자랐지만 정작 자신의
생활은 기인에 가까웠다. 그는 캠브리지 대학을 다니다가 갑자기 떠나버
렸다. 그는 혼자 말없이 지내며, 특히 여자들 앞에서 '부끄럼타는' 괴벽이
있어 메이드를 안 보려고 집 뒤에 따로 계단을 만들 지경이었다. 그러나
유일하게 왕립학회 주례회동만은 빠짐없이 나갔고 동료들은 그를 존경
하였다. 하지만 그의 '부끄럼타는' 버릇 때문에 그에게 의견을 구할라치면
마치 허공에다 말하는 게 되어버리든가, 혹시 대꾸해야겠다 싶은 경우
몇 마디 중얼거림만 흘러나왔다.

캐번디시가 첫 논문에서 '짝퉁 공기factitious air' 발견을 보고한 것은 그
가 캠브리지를 떠난 지 13년 후의 일이다(1766). 이산화탄소는 공기보다
1.5배 무겁고 '짝퉁 공기(수소)'는 1/10밖에 안 된다는 것을 발견했다. 공
기보다 가벼운 기체의 발견은 신기하기 짝이 없었다. 그는 시연에서 송
아지 태낭fetus membrane(태아를 보호하는 주머니)에 수소를 넣어 만든 풍선
이 천정으로 떠오르는 것을 보여주었다. 관객들은 마술을 부린 게 틀림
없다고 믿었지만 속임수를 쓴 것이 전혀 아님을 알고는 모두들 놀라 자

빠졌다. 캐번디시는 금속에 강산을 반응시킴으로 발생시킨 수소를 '가연성 공기inflammable air'라 부르며 이것이 산소와 반응하여 물이 됨을 밝혔다. 라부아지에 ― 수소hydrogen라고 명명함 ― 는 이를 본떠서 나중에 관찰한 것으로 짐작된다(1783).

과학 탐구 캐번디시의 공기 분석과 지구 질량 결정

캐번디시는 일정양의 수소를 공기와 혼합하여 전기방전에 폭발하는 실험을 반복하며 물이 생기는 것과 줄어든 공기의 양을 재면서 결국 산소(dephlogisticated air라 부름)와 질소(phlogisticated air라 부름)의 비가 1:4라고 대기의 조성비를 정확히 결정하기도 했다. 1785년 캐번디시는 논문에서 산소와 질소를 없앤 뒤에도 용기에 반응하지 않은 기체 거품들이 아주 소량 남은 것이 1/120보다 작다고 썼다. 아주 작은 양의 이것은 약 100년 후 램지와 레일리가 아르곤 기체임을 밝혀내며 (0.934%) 노벨상을 수상한다.[후술]

성 분	체적비(%)	중량비(%)
질 소	78.084	75.51
산 소	20.9476	23.01
아르곤	0.934	1.286
이산화탄소	0.0314	0.04
네 온	0.001818	

[해수면 공기: 온도 15℃, 기압 1013.25hPa]
CRC Handbook of Chemistry and Physics(1997)

위의 표는 오늘날 알고 있는 공기의 성분표이다. 아르곤(Ar)과 이산화탄소까지의 체적 비를 합하면 공기의 99.9970%를 차지하고, 0.003% 즉 30ppm(parts per million=백만분의 몇)이 남는데 이것이 전체 미

량성분들이다. 네온Neon은 18ppm이고 그 외는 표에서 제외한 미량 성분들로서 풍선에 넣는 헬륨Helium은 5ppm, 이산화탄소 못지않게 지구온난화의 주범인 냄새나는 메탄Methane은 2ppm, 크립톤Krypton 은 1ppm, 흔히 겨울에 사람들 중독사하는 연탄가스의 일산화탄소는 0.1ppm, 제논Xenon은 0.09ppm, 냄새나는 암모니아는 0.01ppm이다.

'캐번디시 실험'은 비틀림저울로 지구의 밀도를 재려던 노력이었다. 이를 위해 그는 납으로 만든 두 개의 큰 구를 놓고 그 사이에 한 쌍의 작은 구를 막대 양 끝에 위치시키고 이 가운데를 가는 실로 천정에 매달아서 납덩이들 틈의 인력으로 실이 비틀리는가 관찰했다. 그 미세한 비틀림은 중앙에 놓인 거울에서 반사된 빛살의 움직임으로 측정한다. 이 실험 장치는 지질학자 **미첼**John Michell이 설계 제작해준 것이다. 캐번디시의 실험이 얻은 만유인력상수가 6.754×10^{-11}N-m²/kg²인 값은 오늘날의 6.67428×10^{-11}N-m²/kg²에서 1% 정도 벗어날 만큼 정확한 값이다. 그가 사용한 공식은, 두 물체 사이의 만유인력과 한 물체가 느끼는 힘이 지표에서 아래처럼 같다는 것이다.

mg = G × Mm/R²

그는 중력가속도 g와 지구 반지름 R을 알므로 지구의 밀도는 물론 질량까지 알 수도 있었다. (캐번디시의 자료로 구한 지구의 질량 = 6×10^{24}kg; 지구의 질량의 현재값 = 5.9722×10^{24}kg)

캐번디시의 은밀함과 '부끄럼타는' 버릇 때문에 그가 한 일들은 동료들도 다 알지 못하였다. 옴Ohm의 법칙, 돌턴의 부분압 법칙들을 먼저 발견했다는 것이 나중 밝혀졌다. 화학량론stoichiometry을 정의하고 산-알칼리 중화에 필요한 상대적인 분량 및 화학반응 양들의 관계를 밝힌 리히터Richter의 반응법칙(프루스트Joseph Proust보다 리히터가 수년 앞서는데 캐번디시는 이보다 더 앞섬)도 마찬가지다.

약 100년 후 1879년 **맥스웰**James Clerk Maxwell은 전자기 분야에 캐번디시가 옛날 했던 일들을 찾아내었다.

1. 전기 퍼텐셜potential - 퍼텐셜은 저수지에 고인 물높이가 물이 해

줄 능력의 양으로 비견되는 것과 같이 물높이에 해당.

2. 전기용량capacitance의 단위(뒤늦게 알려졌기에 'Farad' 단위 즉 패러데이Faraday의 이름이 붙음).

3. 평판 컨덴서plate capacitor의 전기용량 공식.

4. 물질의 유전상수/율dielectric constant 개념.

5. 전기의 퍼텐셜(전압)과 전류의 관계(역시 늦게 알려져서, 옴의 법칙Ohm's Law이라 부름).

6. 병렬회로의 전류분배 법칙(현재 휘트스톤Charles Wheatstone 브리지로 불림).

7. 전하 간의 전기적 힘이 거리의 제곱에 반비례함 - 쿨롱의 법칙Coulomb's Law이라 부름.

캐번디시 연구소Cavendish Laboratory는 그의 먼 후손 윌리엄 캐번디시 William Cavendish가 캠브리지 대학 총장(1861-1891)으로 재임 중 설립하였다.

과학 탐구 | 존 미첼 사제와 블랙홀 이야기

존 미첼John Michell(1724. 12. 25-1793)은 캐번디시와 같은 해인 1760 년 왕립학회 회원이 되었다. 캐번디시에게 비틀림저울torsion balance을 만들어주었다. 캠브리지 대학에서 공부하고 나중 그곳에서 지질학과 수학 등을 가르쳤으나, 사진도 없을 만큼 미상의 학자이다. 거무스름한 얼굴에 약간 살찌고 키는 작았기에 미상으로 남은 걸까? 하지만 그의 마음은 누구보다도 희고 맑아 미지의 우주를 종횡무진 산책하였다. 그는 프랭클린, 프리스틀리, 캐번디시 등과 교통하였다. 후에 리드Leeds 지역 손힐Thornhill의 교구 사제직을 오래 하면서 과학연구를 수행하였다.

'블랙홀' 하면 '휠체어 호킹'이 금방 뇌리에 뜬다. 그 이전에 슈바르차일드Karl Schwarzschild(1873-1916)라는 학자는 아인슈타인이 막 발표한 일반상대성 이론의 장방정식field equation(1915-1916)을 최초로 풀고 요절한 천재가 되었다. Schwarzschild radius(블랙홀의 반경에 해당) 라고 불리는, 블랙홀 크기를 계산한 것이다.

하지만 블랙홀의 '진짜 아버지'는 존 미첼이었다. 그의 '깜깜한 별dark star' 크기를 추산한 고전적 논문이 너무 시대에 앞섰기에 아무도 알아주지 않고 매장되었다가 거의 200년이 지난 1970년대에 드디어 햇빛을 보았다. 미첼은 논문을 써서 캐번디시에게 주었고 나중 왕립학회지에 실린 것이었다(1783년 11월 27일).[33] 20세기 아인슈타인 후 오펜하이머 Robert Oppenheimer, 호킹 등이 블랙홀 관심을 불러일으키는 연구를 수행했고, 파인만의 지도교수 휠러John Wheeler가 1968년 미국 천문학회 강연에서 처음 '블랙홀black hole'이라고 불렀다.

미첼은 별이 쏟아지는 밤하늘에 생각을 실어 보냈다. 당시 그는 뉴턴의 '빛알갱이'를 믿었다. 공중에 쏜 포탄처럼 별이 내쏜 빛이 탈출하며 속도가 줄어들 것이라 생각했고, 뉴턴 역학의 탄도학으로 '탈출속도escape velocity'를 추산했다. 뢰머O. Roemer가 이미 17세기에 광속을 쟀으므로, 아주 무거운 별의 중력이 빛알갱이를 잡아끄는 것과 비교했다.

'무거운 별이 태양과 같은 밀도로 500배의 크기라면 모든 빛이 주저 앉을 거 같다. … 그래서 '깜깜한 별'이 되어 알아볼 수 없겠다.'

미첼은 그걸 식별할 법을 찾았다. 또 한 번 천재의 상상이 번뜩였다. 그 주위에 이끌려 빨리 회전하는 성운이 있으면, 또는 쌍둥이별(binary star system)이 있다면 깜깜한 별의 존재에 대한 간접적 증거를 볼 수 있을 것이라고 예언하였다. 현재 블랙홀들은 18세기 미첼의 상상처럼 그렇게 발견된다.

그의 추론이 쉽사리 폐기된 하나의 이유는 '빛알갱이'를 믿은 때문이다. 그의 사후 19세기가 밝아오며 토마스 영Thomas Young의 이중 슬릿 간섭실험으로 빛의 '파동론' 시대가 열렸다. 그의 잘못은 아니지만 뉴턴의 '빛알갱이'가 근거를 잃음과 동시에 미첼의 논리도 폐기될 수밖에 없었다. 광속이 느려진다는 그의 추측만은 오류였음이 1905년 아인슈타인 논문으로 밝혀진다. (위 에피소드에 등장한 20세기 학자들은 나중 다시 등장할 것이다.)

미첼은 1750년에 자성체 막대들의 자력이 거리의 제곱에 반비례함을 증명했다. 이는 100여 년 후 맥스웰의 전자기로 통합된다. 1755년의 리스본 대지진 참사 후에는 지각의 층이 있다는 것을 언급하고 단층을 논하며, 지진을 과학화한 책을 씀으로 이후 지진학에 큰 영향도 끼쳤다. 캐번디시는 미첼의 사후에 행한 실험으로 만유인력상수를 재고 그것이 미첼의 아이디어였다고 공개하였다. 지구 무게/밀도의 측정도 그렇게 최초로 이루어졌다.

사이다와 산소를 준 프리스틀리

블랙은 이산화탄소를, 캐번디시는 수소를 발견하였다. 라부아지에는 산소와 질소 이름 짓기에 노력하였다. 그렇다면 라부아지에가 공기 속의 산소와 질소를 발견하였는가? 그렇지는 않다.

블랙의 박사과정 학생 러더퍼드Daniel Rutherford(20세기 원자핵 연구의 러더퍼드가 아님)는 연소 후에 남는 기체를 분리하는 일을 맡았다. 유리 단지 안의 공기 중에서 인phosphorus 한 조각을 태우니 발생한 기체가 물에 녹아버렸다. 이산화탄소가 그렇게 물속으로 사라지기에 그의 기체분리 일은 간단하지 않았다.

그런 과정이 끝나자 단지 속의 공기가 약 3/4로 줄었다. 이산화탄소와 다르게 그 남은 성분은 연소와 무관함이 분명했다. 이산화탄소처럼 석회수와 뿌옇게 반응하지도 않았다. 그는 질소를 분리해낸 것이다. 호흡에 유익하지도 않은 이것을 그는 '유독한 공기noxious air'라고 불렀다. 공기의 대표기체인 질소가 1772년 발견되었지만 가장 중요한 산소oxygen는 아직 그 모습을 드러내지 않았다.

프리스틀리Joseph Priestley(1733-1804)의 아버지는 양복점을 하는 유니테리언Unitarianism 교회목사로서, 영국에 적대적인 아메리카 식민지인들을 지지하는 열성파였다. 아버지의 선교 지역에 큰 양조장이 있었다. 거기서 프리스틀리는 인공 소다수 제조법을 발견하여, 유명한 코플리 Copley 메달을 수상했다. 우리가 마시는 사이다 음료들은 이렇게 탄생하였다.

1774년 프리스틀리는 마침내 산소를 찾아낸다. 수은의 특이한 성질을 이용한 것이다. 수은을 공기 중에 가열하면 붉은 산화수은이 된다. 그는 증류기에서 이를 더욱 가열하였다. 즉 수은을 채워 거꾸로 세운 플라스크에 연결된 증류기 바닥의 붉은 산화수은에 렌즈로 햇빛을 잔뜩 집광시켰다. 그러자 산화수은은 도로 수은이 되어 바닥에 남고 분리된 기체가 플라스크의 수은 위로 몰렸다.

프리스틀리는 이 기체가 호흡하기 좋음을 알았다. 촛불도 그냥 공기에서보다 더욱 환히 타는 것을 보았다. 실험쥐도 이 기체를 채운 용기 안에서 훨씬 활기찬 모습이었다.

그는 이렇게 소다수 발명, 산소 발견 및 전기 연구까지 공로가 크지만 그의 이름이 덜 알려진 것에는 두 가지 이유가 있다. 우선 그는 산소를 'dephlogisticated air'라고 부르면서 계속 '플로기스톤phlogiston' 이론을 고집하다가 이어서 닥친 화학혁명의 대열에서 밀려났다. ('phlogiston' = 모든 연소하는 기체성분flammable air이라는 주장: 앞의 라부아지에 장에 등장한 것처럼, 4원소설에서 공기와 불에 관련한 모든 것이 연소로 귀결된다는 전통적 편견과 유착된 것이다.) 다른 하나의 이유는 프리스틀리가 아버지처럼 영국성공회(국교)를 반대하는 유니테리언 계의 목사 활동을 한 것에 있을 것이다. 그는 자신의 과학을 신학의 중심에 놓으며 기독교 신학에 당시 합리적 계몽주의 Enlightenment rationalism를 접목하려고 애썼다. 그는 신, 물질, 결정론을 통일하려는 야심찬 형이상학 저작을 남겼다. 자연세계의 올바른 이해가 인류의 발전을 가져오며 결국 기독교의 새천년Christian Millennium을 맞이

하는 거라고 믿은 것이다. 그는 자유로운 사고의 교류를 믿고, 포용을 설파하고 성공회 반대론자Dissenters들의 평등권을 주장하고 영국 내 유니테리언을 세우는 데 주요 역할을 담당했다.

프리스틀리의 저술 내용들이 논란을 일으키고 프랑스 혁명을 드러내놓고 지지하다가 정부의 의심을 사고, 그의 집과 교회가 불사라지는 일을 겪은 뒤에 그는 1791년 미국으로 도피하여 펜실베이니아에서 10년의 여생을 보낸다. 그는 교육자로서도 큰 공헌을 한바, 영어 문법과 역사에 주요 저작을 남기기도 했다.

이보다도 그가 남긴 불후의 업적은 형이상학적 저술이 후대에 끼친 영향이다. **벤담**Jeremy Bentham, **존 스튜어트 밀**John Stuart Mill, **스펜서**Herbert Spencer 등은 유니테리언의 제일 중요한 자료를 프리스틀리에게서 찾는다.

열역학의 혼란과 럼퍼드 백작 - 톰슨

앞에서 요약하였던 라부아지에와 블랙의 실수를 다시 살펴본다. 블랙은 비열과 잠열을 잘 분석하였다. 그러나 '열'이 과연 무엇인지 바로 파악하지 못하였다. 왜 비열은 물질마다 다른가? 물에 녹는 물질마다 그 양이 다르듯이 '칼로릭caloric'이라는 묘한 '열유체heat fluid'가 원소처럼 있어, 물질과 친화하는 정도가 다르다고 상상하였다. 온도가 오를수록 물질에 열유체가 더 많이 혼합된다고 보았다. 이러한 혼란의 불식은 기체-액체-고체의 상전이 현상 및 원자, 분자 그리고 결정구조 연구가 궤도에 오를 20세기까지 기다려야 했다. (질량불변의 법칙에 비하여 에너지보존의 법칙은 사연이 더 복잡해서 19세기 중반까지 혼란이 계속되었다.)

라부아지에는 연소문제를 해결하면서도 '열'문제는 해결치 못하고 그의 33개의 원소표에 열과 빛을 정체불명의 원소로 남겨두었다. 그는 4원소설 중 물-흙을 비판적으로 본 것까지 옳았는데, 공기-불의 편견을 극복하지 못한 듯하다. 당시는 영Young과 프레넬Fresnel이 '빛은 파동'임을 증명하기 전이므로, 뉴턴의 '빛은 알갱이'라는 주장을 참고하여 '빛도 원소 중 하나로 보고 원소표에 그냥 남겼을 법하다.

그가 플로기스톤설을 포기하면서도 열을 원소로 남겨둔 것은 더 큰 실수이다. 열은 물질이 아니다. 그것은 물질에 내재한 에너지로서 분자의 운동이다. 온도란 그 운동의 크기일 뿐이다. 이렇게 열이 무엇인지 바로 알기 전에는 격리된 시스템의 에너지는—창조나 사멸될 수 없으며—총량이 불변이란 것을 당시 과학자들이 알지 못하였다. 라부아지에는 당시 '열은 분자들이 운동하는 모습'이란 베르누이의 논리를 무시했다.

과학
탐구 ## 열역학의 이상한 양들

블랙은 비열specific heat, 또는 열용량heat capacity이란 개념을 도입하였다. 어떤 물질 1그램의 온도를 섭씨 1도 올리는 데 필요한 열량이다. 제일 큰 비열을 가진 물은 1[cal/g°C]이다. 물이 1, 메탄올은 0.6, 화강암 돌은 0.19, 수은은 0.033인데 유독 암모니아만 물보다 큰 1.13이다. 그럼 어떤 물질(질량m)이 비열 c인데 섭씨 온도를 $[t_2-t_1]$만큼 올린다면 $Q = cm[t_2-t_1]$만큼 열량이 필요하다.

추운 겨울밤 냉방에서 잠을 자야 하는 경우, 큼직한 차돌을 연탄불에 달구어서 헝겊으로 감싸거나 뜨거운 물통을 안고 잔다. 앞으로 에너지 위기가 오면 물이나 돌과 친해져야 한다. 이 경우 돌이 좋을까? 물이 좋을까? 비열이 큰 물이 더 오래 따뜻할 것이다.

사이다에 얼음조각들을 띄운다. 여름의 더운 열 가운데서 사이다의 당분 등을 뺀 '얼음처럼 찬 물'의 온도는 얼음이 녹는 동안 섭씨 0도의 온도를 유지한다. 녹는 동안 더위가 얼음물에 주는 열을 블랙은 '잠열latent heat'이라고 불렀다. 섭씨 0도의 빙점에서 1그램의 얼음이 물로 녹는 데 드는 열이 융해열heat of fusion 80칼로리calorie이다. 이러한 가열곡선이 끓는점 섭씨 100도에서는 기화열heat of vaporization이 540칼로리로서 훨씬 큰 열량을 보인다.

이러한 액화열 · 기화열 등의 잠열들은 모두 원자 및 분자의 구조적 변화와 상호작용에 기인한다. [원래 '온도temperature'란 말은 '템퍼temper(섞음이나 비율을 뜻함)'에서 유래한다. 앞서처럼 '연소'에서 잘못 창안된 '타는 원소'와의 혼합재를 나타냈었다.]

영국 럼퍼드 백작Count Rumford이 되는 톰슨Julious Thomson(1753-1814)은 과학사에서 가장 흥미로운 인물이다. 그는 원래 미국 매사추세츠 주 워번Woburn 시골뜨기였다. 그는 10여 마일을 걸어서 하버드 대학의 윈스럽John Winthrop(1714-1779) ― 당시 유럽에 알려진 유일한 신대륙 과학자―의 강의를 들으러 다녔다.

[윈스럽은 1755년 리스본 대지진 당시 지진을 종교대신 과학으로 해석하는 시도를 하였으며 존 미첼과 함께 오늘날의 지진학seismology 창시자로 꼽힌다. 당시 총장 위촉을 거부하고 서리로만 재직했던 그의 강의를 들은 유명인으로는 톰슨 외에 프랭클린Benjamin Franklin이 있다. 프랭클린이 나중 영국의 미첼을 방문한 것은 윈스럽-미첼의 지진학 연구 관련 때문일 듯하다.]

13세의 톰슨은 샐럼Salem과 보스턴의 상점 점원으로 일하면서 지식인들과 접촉하며 배우고 '열의 본성'같은 과학에도 눈을 떴다. 그렇지만 점원의 젊은 인생은 희망이 없었다. 그러다가 유산이 많은 매력적인 여성 롤프Sarah Rolfe를 만나 1772년 결혼한다. 그 후 포츠머스Portsmouth로 거주지를 옮기고, 아내가 그를 주지사에게 소개하며 뉴햄프셔 주 민병대 소령이 된다.

미국 혁명이 발발하자 그는 혁명군과 싸우며 독립반대자인 왕당(보수)파loyalists들을 규합한다. 이 소문이 나서 집이 공격당하자 영국으로 피신한 것이 아내와의 영원한 이별을 하게 되었다.

그가 대서양을 건너 런던까지 도피한 것이 1775년이다. 그는 영국에서 폭약을 개발하는 일을 하던 1781년, 폭약의 힘에 대한 논문을 써서 과학자로 명성을 얻는다. 톰슨은 영국군 장교로 미국 땅을 다시 밟으며 전투도 했다. 롱아일랜드에서 과수원들을 짓밟고 교회들을 급습하고 비석을 뽑아 식탁으로 사용하는 등 그는 미국 땅에서 용서받지 못할 자가 되었지만 영국에 돌아와서는 영웅이 되어 대령으로 승진했다.

1785년 그는 유럽 바바리아로 옮겨 제후의 군사고문역, 육군 장관이 되어 군을 재편하며 10여 년을 보냈다. 이 기간 그는 과학사에 남을 가장 중요한 실험을 대포 개발을 통해 해냈다. 포신barrel을 뚫는 보링cannon-boring 작업을 할 때는 마찰로 인하여 열이 발생하므로 물을 부어 식히면서 일해야 한다.

그는 만약 칼로릭이란 열유체가 발생시키면 포신 보링을 많이 할수록 이미 열유체가 많이 없어졌기에 열량은 점점 적게 발생할 것이라 생각했다. 그는 물탱크에 담그고 포신 보링을 하며 그 열에 물이 끓어오르는 것도 실험했다. 그러나 포신 보링을 반복할수록 열량이 감소하지 않는다는 것을 확인하였다.

톰슨은 칼로릭 열유체가 발생한 후 물질의 변화를 살폈다. 포신을 보링하며 생긴 금속조각들이 얼마나 변화했는지 조사해도 포신과 물질이 달라진 걸 발견할 수 없었다.

이런 실험을 통해 그는 칼로릭 열유체 개념을 버렸다. 완전히 격리된 물체에서 끝없이 생성되는 것(열)이 물질일 수 없다고 생각한 것이다. 그는 또 공포를 쏠 때와는 달리 실탄을 쏜 대포가 더욱 뜨거워지는 것도 놓치지 않았다. 나무막대기를 비벼대는 마찰열로 불을 내는 것도 마찬가지 이치이다. 그는 물질의 변화와 무관하게 발생하고 전달되는 '열'은 분명

'운동'과 관계한다는 논문을 썼다.[34]

그는 당장 칼로릭 반대론자의 선봉이 되었고 포신에 열이 나는 것은 운동뿐임을 주장했다. 그렇지만 발생한 열을 계량화한다거나 그 열을 기계적인 운동에너지로 추정하지는 않았다. 그의 주장은 반론들에 부딪쳤으나 19세기 에너지 보존 법칙을 확립하는 중요한 길을 텄다.

한편 그는 바바리아 뮌헨에서 군사학교를 세우고 군인가족들을 교육하며 병사들의 급여를 인상하여 장교들에 얽매이는 노예계약을 없애버렸다. 뮌헨의 거지들을 모아 숙식을 제공하고 군 장비들을 만드는 일거리를 주었다. 톰슨은 실용적 사회철학가로서 사회보장제를 고안했다.

그는 병사들의 옷을 마련하는데 양털이나 옷 솜에서 공기가 보온작용을 하는 것을 연구하고 방한용 속옷을 발명하여, 왕립학회에서 코플리 Copley 메달을 수여받았으며 학회의 펠로우(FRS=Fellow of Royal Society)가 되고, 나중에는 신성로마제국의 '럼퍼드 백작'도 된다. 그는 병사들 가옥의 난방도 도모하며 '럼퍼드 화덕'을 발명하니 '프랭클린 난로'와 쌍벽을 이루었다. 윈스럽 강의를 듣던 두 학우의 생각이 비슷하였던 것이다. 그는 또 병사들의 음료에도 관심을 가져서 오늘까지 사용되는 드립 커피 장치를 발명했다.

1799년부터 럼퍼드는 프랑스와 영국을 오갔다. 왕립학회와 미국학술원에 '럼퍼드 메달' 기금도 출연하고 자기가 다닌 하버드 대학에 석좌기금도 제공하였다. 1803년에는 스웨덴 왕립학술원 외국인회원도 된다.

럼퍼드는 첫 부인과 사별한 뒤에, 1794년 남편이 죽어 과부가 된 마담 라부아지에Marie-Anne Lavoisier와 1804년 재혼한다. 럼퍼드는 "죽은 남편이 플로기스톤을 몰아낸 것처럼 나는 칼로릭을 과학의 무대에서 쫓아낼 것이오"라고 부인에게 말했다. 칼로릭은 라부아지에의 작품이었다.

칼로릭과 함께 서로를 몰아내버렸던 것일까? 1년 후 그들은 별거하고 지냈다. 럼퍼드는 파리에 정착한 채 죽을 때까지 과학 연구를 계속했다. 파리에 묻힌 후 그의 전처 딸인 사라 톰슨Sarah Thompson이 럼포드 백작 작위를 물려받았다. 그가 설계하였던 뮌헨의 영국가든British Garden에 그의 동상이 서고, 같은 동상이 미국의 고향 워번 생가 앞에도 섰다.

제4부

원자론과
아인슈타인

돌쇠 같은 돌턴과 원자

'원자. 철학적으로, 너무나 작아서 더 이상 쪼갤 수 없는 물질입자. 원자는 가장 작은 물체이며 현존하는 모든 것의 제1원리 또는 성분들이다.'

최초의 브리태니커 백과사전(1771)에 원자atom를 이렇게 정의한 사람은 학자 행세를 하면서 위스키를 무척 좋아했던 윌리엄 스멜리Smellie이다. 이때까지도 원자는 과학의 영역이 아니라 철학의 범주에 속했다. '아직도 철학의 영역에 머물던 원자'를 규정한 스멜리의 정의를 데모크리토스는 틀렸다고 했을 것이다. 데모크리토스는 원자가 반드시 작다고 하지 않았다. 이처럼 '아직도 철학의 소재였던 원자'는 오래 동안 상상의 안개 속에서 긴 잠을 잤다.

프랑스 화학자 베르톨레C. L. Berthollet(1748-1822)는 화학이란 음식 만들기와 같다고 생각했다. 화합물chemical compound의 구성 성분을 섞는 비율은 그때마다 변한다고 주장했다. 이를 프루스트Joseph Proust (1754-1826)는 신랄하게 비판하며 선언했다.

"네 맘대로 화합물을 만들 수 없단 말이다! 아무렇게나 섞어도 된다고? 이런 머저리! 아무 것도 분별할 수 없이 섞는다면 넌 괴물을 만드는 거지. 화합물이란, 자연이 정해놓은 비율로만 만들어진단 말이다! 자연이 만들어주는 평형 외에 절대로 딴 것이 창조되지 않는다고!"

소금은 바닷물에서 만들어지든 광산에서 캐든 나트륨과 염소가 일정 비율로만 된다. 프루스트는 금속산화물 및 화합물들을 조사하여 '일정비율의 법칙'을 알아냈다. 그걸 1794년에 발표하였으나 무시되다가 1811년 스웨덴 화학자 베르셀리우스Jöns Jacob Berzelius에 의하여 비로소 널리 알려졌다.

"원자가 프루스트의 법칙을 설명한다. 그의 '일정비율의 법칙'이 옳다. 그러므로 원자가 존재해."

하지만 이 말은 성급했다. **존 돌턴**Dalton(1766-1844)이 원자가설을 증명하는 결정적인 일을 해냈기 때문이다(1808).

1. 물질은 갖가지 원자들로 구성된다.
2. 각각의 화학단위는 똑같은 특정 원자들로 구성된다.
3. 원자는 불변이다.
4. 화학단위들이 모여서 화합물을 만든다.
5. 화학반응은 원자들을 다른 화합물로 바꾸는 것이다.
   단, 각각의 원자들 숫자는 변치 않는다.

그는 1808년《화학철학의 신체계New System of Chemical Philosophy》를 책으로 출판하였다. 여섯 가지 원자들을 결정하고 모형도 만들었다. 수소H, 질소N, 탄소C, 산소O, 인P, 황S의 원자들이다. 그리고는 몇 가지 화합물들도 열거하였는데, 그중 물은 H_2O가 아니라 HO라고 잘못짚은 경우도 있었다.

그리스 철학에서 설명한 원자들은 바닷가의 자갈처럼 크기나 모양이 제멋대로였다. 그러나 원자는 돌턴을 만나 새로운 개념의 옷을 입고, 과학의 구체적인 주제로 등장하였다. 수천 년 동안 연금술사들이 땀을 뻘뻘 흘리며 노력한 꿈들이 돌턴의 실험실을 거치며 화학이란 새로운 학문으로 거듭났다. 그의 화합물이란 분자를 의미한다. 오늘날의 원자물리와 화학에서 말하는 '원자' 개념은 돌턴의 정의와 약간 다를 뿐이다.

돌턴은 가난한 직조공 가정의 6남매 아들로 어린 시절엔 소심한 학생이었다. 12세에 퀘이커Quaker 학교를 만들어 돈을 벌며 가정을 도왔으며, 3년 후에는 공식 기숙학교에 조수로 일하던 형의 직업을 이어받기도 했다.

색맹이었지만 자기 실험실을 차려서, 온도계와 기압계 보러 나오기를 정확한 시간에 반복할 만큼 열성적으로 일했다. 목요일 오후만은 실험실에서 나와 볼링을 하고 닥치는 대로 내기도 했다. 일요일엔 두 번 예배를 드리는 등 돌턴은 시계추 같이 정확한 사람이었다.

1793년 맨체스터의 수학 및 화학 선생이 되었는데 강의시간은 잔혹했으나 실험은 엉성했다. 당시 사람들은 그런 돌턴에게 빈정댔다.

"그의 목소리는 쉬고 발음은 둔감하고 떠듬거렸는데 매너가 반항적이었다. 막대같이 걷는 걸음걸이가 배꼽을 잡을 만큼 우스꽝스러웠다."

그는 또 맨체스터 문학철학협회 회장이 되었다.

"난 이놈의 도서관을 등에 질 수도 있겠지만, 아직 그 책들은 반도 읽지 않았어. 읽어봐야 배울 거 하나 없지."

자신감이 흘러넘치던 돌턴의 말이다.

돌턴은 실험을 대충 하는 편이지만 번쩍이는 통찰력으로 화학현상들의 정확한 이론을 도출해냈다. 돌턴이 생각하는 화학의 뿌리는 여러 가지 화합물들이 공유하는 특정 원소의 질량 비율은 간단한 정수라는 것이었다. 1809년 게이-루삭Gay-Lussac은 기체에서도 그러한 정수 관계가 있음을 발표하면서, 돌턴의 원자설과 부합한다고 했다. 돌턴은 이를 믿지 않았다.

돌턴은 일정 온도와 압력하에서 똑같은 부피의 기체들은 그 분자들 개수가 똑같다는 아보가드로Amedeo Avogadro의 1811년 가설도 믿지 않았다. 돌턴은 '기체의 경우 최소단위는 분자이지 원자는 될 수 없다'고 확고하게 믿었다. 돌턴의 원자설과 아보가드로의 가설은 약 100년 후 아인슈타인이 브라운운동에 심혈을 기울였던 이유이기도 했다.

술도가집 아들 줄이 열을 다스린 솜씨

줄James P. Joule(1818-1889)은 부유한 '줄 양조장' 집의 아들로 튜더의 가정 교육을 받다가 1834년 형과 함께 돌턴에게 수학을 배우러 갔다. 그러나 돌턴이 심장병으로 은퇴하면서 2년 만에 공부를 중단할 수밖에 없었다. 이후 돌턴의 영향으로 줄은 원자론 학술지를 구독하게 되고, 데이비스 John Davies 밑에서 공부했다.

줄 형제는 서로 전기 충격을 주고 또 하인들에게 충격 장난을 치는 전기실험도 했다. 도선에 흐른 전류가 생성한 열은 볼타 셀의 화학반응에서 생긴 열의 결과라는 실험결과를 1840년 왕립협회지에 발표했다. 이 논문에서 열 대신 전력 표시로 $P=IV=I^2R$ 관계식이 수립되었으며, 훗날 '줄의 공식Joule's Law'으로 불리게 된다.

줄은 1841, 1842년에도 논문을 발표했지만 반응은 시큰둥했다. 1843년에는 전도체에서 열이 발생한 가열실험 결과를 발표했는데 역시 무시되었다. 열은 '전달transfer'된 것이 아니라 '생성generate'된 것이란 주장이다. 이 주장은 열은 생성도 파괴도 불가능하며 칼로릭caloric이란 열유체가 들락날락하는 것이라는 칼로릭이론을 뒤엎는 것이었지만 반응은 냉담했다.

당시 근대화학의 아버지 라부아지에의 이론에 반기를 드는 것은 하룻 강아지 범 무서운 줄 모르고 대드는 것과 다를 것이 없었다. 더군다나 당시는 **카르노**Nicolas Léonard Sadi Carnot(1796-1832)의 열엔진heat engine의 칼로릭이론이 학계를 리드하고 있었다. (카르노는 아버지처럼 군인의 길을 간 청년인데 유독 열엔진 개념만을 내놓고 주창하다가, 콜레라 감염으로 요절하였다. 그의 유품이 불타면서 열엔진 자료 품귀현상까지 생겼다.)

줄은 기계적 운동이 열을 발생시킨다는 이론을 증명할 실험을 계속 추진했다. 영국 최고수 장치제작자 댄서John B. Dancer가 줄을 도왔다. 양조기술에서 큰 도움도 받았다.

당시에는 화씨 1도의 '200분의 1'까지 온도제어가 가능하다는 그의 주장을 도무지 믿으려 하지 않았다. 왕립학회 회원들은 그를 호기심 많은 '촌뜨기' 정도로 취급했다. 그렇지만 기계를 다루는 데 익숙했던 줄은 자신의 생각을 확신하고, 자기 생각을 증명할 여러 가지 실험을 계속했다.

(A) 위치에너지: 높이가 h만큼 낙하하는 추(M)에 달린 끈이 도르래로 연결된 팔랑개비 축을 돌리게끔 했다. 그 팔랑개비는 물을 담은 보온용기(칼로리미터)의 물속에서 회전토록 했다. 영향을 받은 물의 온도가 오른다. 그렇게 위치에너지(Mgh)로부터 발생한 열의 동등한 에너지를 산출했다.

(B) 물속에 전기저항을 넣고 전류를 흘려서 재었다.

(C) 물속에 압력공기를 넣는다.

줄의 결론: 에너지는 여러 모양의 옷을 입고 나타난다. 열, 운동에너지, 회전에너지, 전기에너지, 화학에너지, 중력장의 위치에너지 등등, 한 가지 형태에서 다른 걸로 바뀐다. 그렇지만 닫힌계에서의 에너지 총량은 불변이다. 이것은 바로 **열역학 제1법칙**이 된다.

수많은 실험 변경 및 측정으로 화씨 1도 상승과 맞먹는 열의 기계적 등가는 838 ft·lb의 일이란 것을 1843년 영국학술원 화학회에서 발표했지만 청중은 반응을 보이지 않았다. 줄은 청중들의 무반응에도 물러서지 않고 순전히 기계적이거나 전기적인 실험이 열로 변하는 걸 시연하려고 했다. 두 가지 경우 비슷한 값들을 얻었다. 구멍들이 뚫린 실린더 실험으로 770ft·lb/Btu(4.14 J/cal)의 변환율을 얻기도 하였다. 다음에 줄은 기체가 압력을 받아 내놓는 열로써 실험하여서 기계적인 등가치 823ft·lb/Btu(4.43 J/cal)를 얻었는데, 여러 가지 시빗거리가 일자, 영리한 실험방법으로 반대의견들을 하나둘 퇴치했다. 그렇지만 왕립학회에서 그의 논문을 거절해버리자 〈철학매거진Philosophical Magazine〉에 실험 결과를 게재하였다. 그의 논문은 카르노의 열엔진에 가세한 클라페이롱Clapeyron의 칼로릭이론을 정면으로 반박했다.

줄은 신혼 여행길에 켈빈을 만나 몽블랑의 폭포에서 낙차와 온도 관계 실험을 하기도 했다. 그는 켈빈 경(톰슨)과 상당기간 교신과 실험 결과 논의로 가까워졌다. 켈빈은 카르노의 칼로릭이론에 의심을 품고 줄의 연구를 인용하며 동조해갔다.

줄에게는 1852년 로열메달이 수여되고, 훗날 1870년에 코플리Copley 메달도 수여되었다. 그러나 1854년 그의 처와 딸의 죽음에 충격을 받고 은둔의 길로 남은 여생을 보낸다.

줄은 1889년 11월 11일, 세일Sale의 브룩랜드Brooklands 묘지에 안장됐다. 묘비에는 **772.55**라는 숫자가 새겨졌다. 그가 1878년 행한 가장 정교한 실험에서 얻은 수치이다.

열역학적 설명을 간략히 요약하면 다음과 같다.

엔진이 일하는 사이클에 에너지 주입으로, source에서 높은 온도(T_1)가 된다. 열에너지 dQ_1만큼 일한 후에는 열역학 시스템의 에너지가 빠져서 dQ_2로, 즉 sink의 낮아진 온도(T_2)로 바뀌는 모델로 설명한다. 엔진이 일한 만큼 줄어들기에 dQ_1 자체[(크기)〉dQ_2]는 음의 값 $dQ_1 = T_1 dS_1$이 되는 반면, 싱크에 에너지를 보태는 $dQ_2 = T_2 dS_2$는 양수가 된다.

[소스 T_1 〉 싱크 T_2] 그러므로

$dQ_2 - (-dQ_1) = dW$ (일한 양은 양수)

[$= -pdV$: work done (즉 '되어진' 일이면 음수)]

카르노 엔진의 온도모델로 본 효율 $\eta = -dW/(-dQ_1)$의 최대값은 (S = 0의 가역반응 경우) $\eta = \dfrac{T_1 - T_2}{T_1}$ 이 된다.

제1법칙 : 시스템의 에너지 보존법칙이다. 위처럼 열heat(Q)과 일 work이 관련된 시스템의 내부에너지(U)를 분석한다.

$dU = dQ - pdV$

[등식이 완전히 성립하며, 가역적 과정reversible process이고 시간에 대해 대칭이다.]

이 등가적인 에너지를 손실 없이 이동시키는 변환을 할 수 있는가? 즉 실제로 가역적reversible인가? 엄밀히 말하면 그렇지는 않다는 것이 열역학 제2법칙이다.

제2법칙 : 비대칭 비가역적 과정irreversible process이다.

$dS = dQ/T$

격리된 어떤 시스템은 평형이 되기까지 엔트로피가 계속 증가한다. 평형상태에서 S가 최대에 이르고, 엔트로피의 생성은 중지된다.

이것은 비가역 과정이어서 일정한 방향성을 가지며 시간 대칭성이 깨어진다. 위에서 엔트로피(s)는 열량(에너지)과 온도 사이의 비인데 나중 볼츠만이 이를 다룬다.

제2법칙을 시간과 관련시킨 수학적 표현은 다음과 같다.

$dS/dt \geq 0$

즉 닫힌 시스템의 엔트로피는 증가하는 방향으로만 진행한다. 11세기 아랍의 수학자 카얌Khayyam은 일찍이 시적 표현을 남겼다.

움직이는 손가락이 쓴다. 쓰고는
또 움직인다. 그 어떤 동정도 지혜라도
쓴 걸 한 줄이라도 지우려고 되돌릴 수 없다
그 모든 눈물은 한 글자도 지울 수 없다

독일의 클로지우스Rudolf Clausius는 제2법칙을 "온도가 낮은 물체를 높은 온도로 바꾸는 자연 과정은 없다"[35]라고 표현하였다.

통계역학에서 열역학 제2법칙은 가설에 머물지 않는다. 확률의 균배법칙equal probability postulate이란 근본가설에서 유도되는 결론이며, **볼츠만**Ludwig E. Boltzmann(1844-1906)의 묘비명이 된 엔트로피 공식이 된다(나중에 재등장).

헬름홀츠의 에너지 보존법칙

줄은 '활력vis viva(=force living=energy. 플로기스톤 같은 물질이라는 칼로릭 이론이 지칭하는 열을 의미함)은 적절한 방식으로 파괴될 수 있다는 땜질 이론을 거부했다. 클라페이롱Clapeyron은 보일러를 가열하는 화덕은 보일러보다 1-2천도 더 높으므로 화덕에서 보일러로 열이 가는 도중 엄청난 활력vis viva이 없어진다고 했다. 줄은 활력을 파괴하는 능력은 창조주에게만 있다고 믿었다. 활력을 없앨 수 있다는 이론은 모두 거짓이라고 주장했다.

줄은 1850년 다시 논문을 발표하였는데, 그 값은 현대의 추정치에 가까운 값 772.692ft·lbf/Btu(4.159 J/cal)이었다. 줄의 초기 결과가 학계에서 수용되지 않은 것은 '화씨 1/200도'의 온도정밀성을 가졌다는 주장에 대한 의구심 때문이었다. 당시 그와 같은 정밀도를 얻는 것이 쉬운 일이 아니었다. 하지만 줄은 달랐다. 줄은 양조기술에 능숙한 경험과 기술을 가지고 있었다.

독일의 **헬름홀츠**Hermann Helmholtz는 줄의 실험과 1842년 마이어Julius Robert von Mayer의 실험이 유사하다는 것을 알게 되었다. 두 사람이 각각 발표한 실험 결과는 무시되었으나, 헬름홀츠는 1847년 두 사람의 연구를 인용하며 에너지의 **보존법칙을** 선언한다.

1847년 줄은 옥스퍼드에서 결과를 발표하였는데 이때 스토크스George Gabriel Stokes, 패러데이Michael Faraday, 그리고 독불장군 톰슨William Thomson(앞의 포신 열 실험가인 미국 태생 톰슨과는 다른 사람; 나중 켈빈 경Lord Kelvin의 칭호를 받음. 후에 글래스고 대학 자연과학 교수가 됨)이 청취했다. 스토크스는 줄에 긍정적이고, 패러데이는 충격을 받았으며, 켈빈은 '희한한 일'이라며 연구 결과에 부정적이었다.

켈빈은 줄의 결과에 대한 이론적 규명이 필요하다는 것을 느꼈지만, 카르노-클라페이롱Carnot-Clapeyron 학파였기에 고집을 꺾지 않았다. 그런 켈빈은 1848년 '절대온도' 관련 논문을 쓰면서, 각주에 칼로릭이론을 의심하고 줄의 '놀라운 발견'을 인용한다. 켈빈은 결국 줄의 실험에 공동보조를 맞추었다. 1852-1856년 기간 동안 두 사람의 협력은 줄-톰슨 효과 발견으로 발표되면서 줄의 업적이 널리 수용되었다. 줄의 실험은 유럽 전역에서 반복되고 동일한 결론을 얻었다. 학자들은 곧 **열이 유체가 아니라는 것과 그냥 보존되지도 않는다는 것을** 인식하였다. 줄은 에너지 보존을 연구한 것 외에 에너지의 **변환효율을 결정**하였다.

1줄[joule] = 1뉴턴-미터[newton-meter]

1calorie = 4.184joules

18세기의 놀라운 이론가 베르누이

베르누이Daniel Bernoulli(1700-1782)는 종교박해를 피하여 벨기에에서 스위스로 이주한 수리물리학자 집안 출신으로 평생 바젤 대학 물리학 교수로 재직했다. 그는 시대를 너무 앞서간 학자였기에 뒤늦게 여기에 배치한다.

그 당시에도 초보적인 원자 모델들은 있었다. 보일은 공기 입자들에 톡톡 튀는 스프링이 달려 있다고 생각했다. 데카르트는 천방지축 상태인 공기 분자들이 서로 근접하는 것들을 배척한다고 했다. 뉴턴은 보일의 압력법칙을 설명하면서 엉뚱하게 원거리 분자들 사이의 척력을 상상했다.

베르누이는 현대 기체운동론에 놀랍도록 가까운 모델을 제시했다. 19세기 말, 화학이 충분히 발전하기까지는 그의 이론이 받아들여지지 않았지만 오늘날 수리물리와 통계역학의 기초를 놓은 학자로 인정된다.

1738년, 그는 유명한 저서 《유체역학Hydrodynamics》을 출판하였다. 분자들의 집합체로서의 기체 운동을 최초로 분석한 저서였다. 그의 저작은 한참이 지난 뒤 물리학에서 불후의 명저가 된다.

과학 탐구

베르누이의 분자운동론

유체의 압력은 유속에 반비례한다는 베르누이의 정리는 유체역학 입문에서 배운다. 그의 주요 연구업적을 하나 요약한다.

　[1] 아래가 깊은 직육면체 됫박처럼 생긴 실린더를 생각하자. 윗면은 터져 있는데 거기에는 가로막(피스톤)이 막고 있다 치자. 그 속에는 미립자(분자)들이 N개 모여서 이리저리 빠르게 움직이고 그 위 가로막에 무거운 추를 놓으면 쑥 눌려 들어가고 추를 거두면 부피(V)가 늘어나서 가로막이 올라온다.

　베르누이는 이 6면체 실린더 속의 미립자들이 운동하는 기체부피가 압력에 반비례하는 보일의 법칙을 유도했다. 추의 무게(W)가 2배로 되면 부피(V)가 반으로 줄고, 부피가 줄면 밀도가 늘어나고 N개의 분자들 간의 충돌횟수가 증가한다. 6면체의 3차원 x, y, z 축에 음과 양의 방향으로, 즉 6방향에 v의 속력으로 충돌하는 분자들이 밀어댄다. 이제 평균해서 N/6개의 분자들이 항상 가로막의 면적이 A를 h만큼 밀어 올렸다고 하자. 이 분자들은 모두 h/v 시간 내에 가로막을 때린다. 그러므로 단위시간당 충돌횟수는 Nv/6h이다. 각각의 분자들은 충돌 후 역방향으로 튀면서 2mv의 운동량을 가로막에 전달한다. 모든 분자들의 운동량이 단위시간당 전달한 것이 가로막에 작용하는 힘이 된다.

　$(2mv)(Nv/6h) = Nmv2/3h$

　압력은 단위면적당의 힘이므로

　$P = Nmv^2/3Ah = Nmv^2/3V$

　그러므로 다시 정리하면

　$PV = (2/3)N \times [mv^2/2]$

　여기서 대괄호 속의 양은 분자 1개당 운동에너지이고 이를 분자의 평균에너지로 보면 위식은 바로 보일의 법칙이다.

　그가 유도한 결론이 더욱 신기한 것은 PV값이란 모든 분자의 직선적 운동에너지 총량의 2/3란 의미를 준다.

이제 PV = (2/3)N[운동에너지] 공식과 PV = cT라는 보일-샤를의 법칙에서,

(2/3)[운동에너지] = kT(온도에 비례함)

이라는 관계식을 얻게 된다. 나중 나오는 이상기체 관계식 PV = NkT = nRT($N = nN_A$; R =kN_A)을 빌어서 위의 c=Nk가 되었다. T는 켈빈의 절대온도이고, k는 볼츠만상수(Boltzmann constant)라는 보편상수이며 온도와 압력에 무관하게 불변이다.

베르누이의 논리는 또 다른 암시를 준다. 압력뿐 아니라 온도가 오르내려도 공기가 늘었다 줄었다 한다는 뜻이다. 온도 즉 열이란 내부 입자들의 운동이므로, 압력이 증가하면 그만큼 입자들의 운동이 심해져서 임팩트가 커지면서 동시에 충돌횟수도 증가한다. 베르누이는 기체의 압력과 온도 관계를 완전히 이해하고 있었지만 이를 증명할 수는 없었다. 당시 온도를 조직적으로 측정할 좋은 방법이 개발되지 않았었다. 설상가상으로 뉴턴의 '입자들의 척력이 멀리까지 미치므로 보일의 법칙이 성립한다'는 잘못된 해석이 압도하던 때였으며, 게다가 막연히 빈 공간은 에테르로 가득 차 있다고 생각하던 시대였다.

그런 와중에도 베르누이는 두 가지의 큰 걸음을 내디딘 셈이다. 우선 꼽을 만한 것은 보일의 법칙이란 미립자들이 제멋대로 움직이는 기체의 특성을 대표할 뿐이라는 것이다. 더욱 큰 의미로, 운동은 온도와 등가적이라는 사실을 무질서계에서 증명한 사실을 확장하면, 럼퍼드 및 줄의 경우처럼 거시세계에서 기계적인 에너지는 열이란 것을 힘들게 증명하던 실험들이 신기할 것도 없이 당연한 일이 되어버린다. 19세기가 되어 비로소 화학이 크게 발전하기 시작하면서 열은 분자의 운동이라는 베르

누이의 비전이 드러난다.

하지만 20세기가 열리기 전까지도 원자, 분자의 개념을 줄기차게 배척하던 과학의 역사가 진행된다. 나중에 플랑크-아인슈타인의 양자론 부문에서 보겠지만 볼츠만상수는 20세기 양자론의 문을 처음 두드린 플랑크가 '과학사에서 배반의 역사로 희생제물이 된' 볼츠만을 기억하며 명명한 이름이다. 위의 결과는 '이상기체 법칙ideal gas law'이 되는데 이상기체의 경우는 입자들이 서로 독립적인 상태이다. 실제로는 어떤 기체도 이상적이지 않으나 대부분의 기체들은 이상기체에 가깝다. 이상기체 상태가 되지 못한다는 것은 과연 기체들의 무엇을 의미하는지를 찾아 나선 사람이 바로 반 데 발스이다. 그는 상태방정식에 눈을 뜬다.

영의 슬릿 실험과 광파 개념의 탄생

토마스 영 Thomas Young(1773-1829)은 영국 남서부 밀버턴Milverton 지방의 퀘이커신도 가문의 10남매 중 장남으로 태어났다. 어려서부터 신동으로 두 살에 읽기를 하고 여섯 살에 라틴어를 스스로 배웠는데, 특히 그는 언어에 천재성을 발휘했다. 14세에 희랍어와 라틴어는 물론 불어, 이태리어, 히브리어, 독일어에 능통하였고 칼데아어, 시리아어, 아랍어, 사마리아어, 페르시아어, 터키어까지 두루 알았다. 영은 1792년 런던에 와서 의학을 공부한 후 독일 괴팅겐으로 가서 1796년 물리학 박사학위를 받았다. 이듬해 큰할아버지로부터 갑자기 유산을 받게 되면서 1799년에는 런던의 웰벡 거리에서 병원을 개설하여 의사로 활동했다.

이 기간인 1790년 영은 뉴턴의 《광학Opticks》 책을 처음 접하고 뉴턴을 존경하였다. 나중 의사로 일하면서도 황소의 눈으로 초점실험을 하는 등 광학에 대한 관심을 놓지 않았다. 언어와 소리에도 관심을 가져서 사람의 소리를 47가지 알파벳으로 모두 표현하는 등의 연구로 박사논문을 썼다. 그런 소리와 빛에 대한 관심이 있었기에 수면에서 꺾이고 반사하는 빛의 성질을 소리의 공진 현상과 비교하면서 뉴턴의 빛알갱이 이론에 의심을 갖기 시작했다.

1801년 영은 왕립학술원의 자연철학(물리학) 교수가 된다. 5월에 그는 유명한 '영의 이중슬릿slit' 실험을 시도하였다. 영의 회절 및 간섭현상 실험들은 후에 프랑스의 프레넬Fresnel이 이어받아 확장되면서 결국 파동설이 확립된다. 많은 학자들이 영의 업적을 흠모하였는데, 그와 동시대를 살았던 허셸John Herschel은 그를 "진정한 원조 천재truly original genius"라 하였다. 아인슈타인은 '뉴턴 광학' 1931년판 서문에서 영을 찬양하였다. 아래 |과탐|에서도 암시되는 것처럼 우린 양자론에서 영을 다시 만날 것이다. 1930년 전후 아인슈타인과 보어가 심각히 토론했던 '신은 주사위를 던지지 않아God does not throw dice'의 불확정성 문제가 최근 다시 도마에 오르고 있다. '하늘이 푸른 이유와 황혼이 붉은 이유'를 설명한 레일리Lord Rayleigh도 그를 흠모하였다.

1829년 그는 죽기 전 유명한 로제타스톤 비밀의 실마리를 풀어내는 공을 세우기도 했다. 언어의 천재성도 발휘한 것이다. 후에 프랑스인이 비문 해독 크레디트를 혼자 차지하려고 영의 도움을 부인하였지만, 그의 잘못한 오역이 먼저 영이 실수한 것과 똑같은 것임이 밝혀지면서 영의 공을 부인하려던 짓이 거짓으로 판명되었다. 한편 영은《대영백과사전 Encyclopedia Britannica》에 다리, 건축, 색채학, 이집트, 언어, 조수간만 등 다양한 주제로 많은 글을 남겼다.

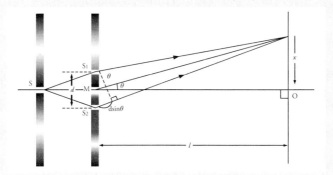

위는 익숙한 간섭실험도, 아래는 간섭무늬[슬릿 1개 및 2개]이다. 이 중슬릿에서 스크린까지의 거리 l이 $l \gg d(slit$ 간격)인 상황의 경우, 두 빛살의 경로차 $d\sin\theta = m\lambda$ 조건(m=정수)에서 보강간섭constructive interference이 일어난다. 빛의 회절 각도(θ)가 작은 경우니까 $\sin\theta \sim \tan\theta$ 이고 $x/l = \lambda/d$인 지점 x가 보강간섭으로 스크린에서 밝은 무늬 지점이 된다. 위의 보강간섭($d\sin\theta = \lambda$) 조건에서 20세기 초 라우에가 X레이 회절공식을 발견하여 노벨상을 수상하게 된다.

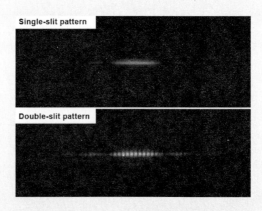

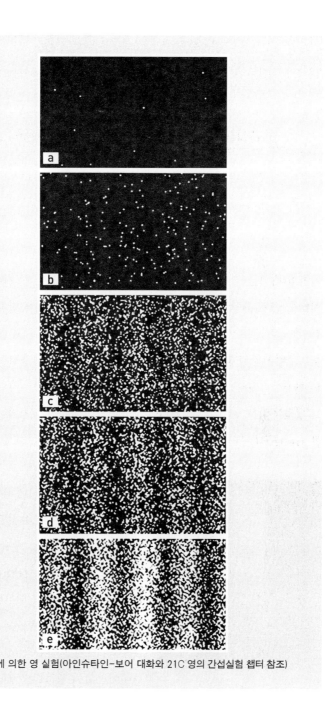

전자에 의한 영 실험(아인슈타인-보어 대화와 21C 영의 간섭실험 챕터 참조)

로슈미트의 분자: 케쿨레 꿈과 포항의 꿈

열역학 법칙들이 수립되기 아주 오래전, 분자의 크기를 추정해보려고 머리들을 싸맨 사람들이 있었다. 여기서 영Thomas Young의 천재성이 다시 한 번 드러난다. 영은 1816년 물입자의 직경이나 입자간의 거리는 백만 분의 1인치의 수천 배 정도일 것이라 가늠하였다. 표면장력과 입자크기를 연결한 기발한 시도였는데 설득력은 적었다.

그로부터 50년이 지난 1866년 로슈미트Loschmidt가 공기입자의 크기를 1nm로 추산하여 최초로 원자의 크기에 상당히 접근한 값이 되었다. 아래에 상세한 로슈미트 해설과 |과 탐|을 넣는다. 다시 4년 후 켈빈Kelvin은 기체가 분자들의 움직임이라는 것을 과학적인 근거로 수용하면서 기체입자의 크기는 1/100nm보다 작을 수 없다고 하한선을 제시하였다. 1873년에는 맥스웰Maxwell이 수소분자의 크기를 약 0.6nm[=6Å(옹스트롬)]이라고 추정하였고, 같은 해 **반** 데

로슈미트

발스J. D. van der Waals도 자기 박사학위 논문에서 비슷한 결과를 얻었다. 1890년경에는 이 숫자들을 적극 수용하여 수소 및 공기의 분자 반경이 1-2옹스트롬일 것이라고 추정했다. 참으로 신기할 정도로 잘 추정한 값들이다!

로슈미트Josef Loschmidt(1821-1895)는 35세(1856)가 되어 화학, 물리, 산수, 부기를 가르치는 비엔나의 고교선생이 된다. 다행히 작은 실험실을 허락받았다. 5년 후 연구결과를 자비를 들여 작은 책으로 출판했다.[36] 두 편의 논문 중 많은 분자들의 화학구조를 처음 제안한 것이 첫 편 47페이지였는데 화학의 권위자들은 이것을 무시했다. 하지만 이 논문은 탄소의 2중, 3중 결합 표시를 소개하고 제안한 획기적 내용을 담고 있었다.

케쿨레August Kekuleé(1829-1896)는 1861년 자신의 유명한 유기화학 교과서를 낸다. 물론 박사학위도 없는 무명 고교교사인 로슈미트의 연구결과는 빠진 채였다. 그러나 케쿨레의 스승 콥Hermann Kopp은 로슈미트의 업적을 한마디로 남겼다. (케쿨레의 제자 안쉬츠R. Anscheutz가 1913년 이 자료를 발견하고 파헤친다.) 케쿨레는 1865년 유명한 6각형 고리를 설명하는데, 꿈속에서 그런 고리처럼 똬리를 튼 뱀을 본 것으로 벤젠고리가 탄생하였다고 말했다. 그 꿈의 진실성과는 무관하게, **로슈미트가 6각형 구조를 4년 전에 이미 제안한 것이 사실이다.**

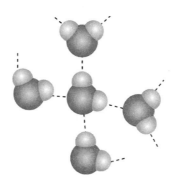

이것은 오늘날 사용되는 모형 중 하나로서, 큰 것들은 탄소요 두 개씩 토끼 귀처럼 붙은 작은 것들은 수소 쌍들이 수소결합을 한 모습이다. (큰 것들이 산소이면 물 분자들이다.) 로슈미트의 표시방식도 거의 같다. 그러한 분자들 연구는 20세기부터 DNA, 폴리머 등 거대고리형 초분자 연구 및 합성까지 확대되어왔다.

과학 탐구 | **로슈미트 분자[위]와 현대의 분자[아래] 구조 비교**

186   187   197

박스 속은 좌에서 우로 각각 186, 187, 197에 해당하는 페놀, 애니솔 anisole, 톨루엔 분자들이다. 위의 150년 전 로슈미트 그림들에서 큰 원은 6각 사이트의 벤젠구조이고, 작은 원들은 수소, 이중원들은 산소로서 구조 내용이 현대 구조와 동일하다.

포항 김 교수의 꿈, 쿠커비투릴

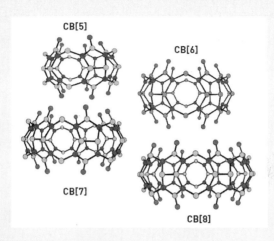

초분자의 예를 하나 들자. 포항공대에서 작은 고래의 꿈을 꾸는 이들 중 화학과의 김기문 교수의 경우, 지난 2000-2010년간 발표한 128편의 논문들이 8,375회 인용되어, 톰슨-로이터의 '100대 세계화학자'에 58번째로 이름을 올렸다. 최근에는 한국인 최초로 초분자화학Super-molecular chemistry 분야 2012년 상(Izatt-Christensen Award)의 수상자로 선정되었다. 그가 이끄는 지능초분자연구단이 합성한 쿠커비투릴cucurbituril이라는 호박 모양의 초분자들은 크기에 맞는 특정분자들을 담아서 저장 혹은 투여하는 개폐기능을 가지며, 한국에서 최초로 미 〈C&EN(Chem. & Eng. News)〉에 보도되었다.

위 초분자들의 연구가 15년이 넘은 지금, 세계의 40-50군데 연구팀들이 뒤따라 다양한 연구들을 추진하고 있다. 한편 앞의 로슈미트 연구 자료를 보존하고 전달해주는 미 올드리치Aldrich사가 수년 전부터 쿠커비투릴 동족체들을 시판하기 시작했다. 한국이 합성한 초분자가 특정분자들을 분리, 저장 기능을 하여서 정제, 약물전달, 센서개발 등에 세계적인 주요 물질로 자리매김하는 날이 오는 날 함께 웃을 수 있을 것이다.

분자 개념도 제대로 없던 당시에 로슈미트는 19세기를 너무 앞서간 물리학자-화학자였다. 독일어권에서는 '로슈미트 수Loschmidt's number'라 부르는 '아보가드로 수', 즉 분자 크기를 계산하는 아래 |과탐|처럼, 그는 자기의 책자 2번째 논문에서 이 방법의 전조가 되는 짤막한 논문을 실었다. 그 놀라운 결과를 본 스테판Josef Stefan의 설득으로 그는 1866년 비엔나 대학 교수가 된다. 그리고 다시 1870년에 기체들의 상호확산계수를 정확히 계산한 논문을 발표하였다. 맥스웰J. C. Maxwell은 그의 해법을 따라 여러 가지 분자 직경들을 계산했다. 로슈미트는 그 업적으로 1872년 정교수가 되었다.

과학 탐구 **로슈미트의 연구: 분자 크기 1nm**

영어권에서는 보헤미아의 가난한 농부 아들 로슈미트Loschmidt를 잘 모른다. 앞의 여러 학자들처럼 신부(체크Adalbert Czech)가 부모를 설득하여 어린 로슈미트가 수도원 학교에 가고, 나중 프라하의 명문고에 가도록 주선했다. 좀 엉뚱하지만 철학교수(엑스너Franz Exner)의 영향으로 수학 실력을 쌓고, 공과대학에서 물리와 화학에 심취하며 1846년 졸업했다. 하지만 백수 신세를 면하지 못해서, 한때 미국의 새 땅 텍사스 주(당시 멕시코를 격퇴하고 텍사스에서 캘리포니아까지 빼앗음)로 이주할 뻔했다. 그는 종이 공장에 취직했다가 나중 질산칼륨potassium nitrate을 생산하는 사업을 일으켰다. 하지만 헝가리 전쟁기간 전제국가가 화약gun powder을 독점하여 가격을 장난치는 바람에 사업도 실패했다. 참으로 다행한 일! 아니면 지금 필자가 로슈미트 글을 쓸 일이 없을 테니까.

아보가드로의 가설과 로슈미트

게이-루삭이 2가지 기체 화학반응 실험을 했을 때 부피의 비가 2나 3처럼 항상 간단한 정수가 됨을 알았다. 이를 무시했다는 돌턴은 기체운동론 지식이 없었다. 그러나 **아보가드로**Amedeo Avogadro(1776-1856)는 바로 게이-루삭의 결과로부터 1811년 유명한 가설을 세웠다. 예로서, STP조건에서 1몰의 부피인 22.4리터의 분자수 N가 모두 같다는 천재적 발상이다. [STP(Standard Temperature Pressure) 표준상태(P=1기압=101,300N/m²; 섭씨 0도=273K)]

기체 A가 기체 B와 부피의 비 2:1로 반응해서 A_2B가 되었으면 반응한 각 분자들의 개수가 2:1임이 틀림없다. 그러면 동일한 부피엔 동일한 개수의 분자들이 있다는 것이 그의 명쾌한 추측이었다. 그것이 물이라면 H_2O가 되고 수소 2분자와 산소 1분자가 반응한 것을 쓴다면, $2H_2+O_2 \rightarrow 2H_2O$로 물 2분자가 생겼다. 이들의 무게를 달아서 수소와 산소의 질량비가 1:16임을 알면 '원자량'이 정의된다. 이런 원자들이 모인 분자들도 비슷한 방식으로 혼합해서 '분자량'도 정의된다.

그렇게 정해진 분자량 숫자만큼의 그램(g) 무게를 'n몰mole'이라고 정했다. 위처럼 게이-루삭 실험과 돌턴을 조화하여 아보가드로의 가설은 나왔으나, 볼츠만이 이를 증명한 것은 19세기 말이었고, 아보가드로 수 N값은 로슈미트에서 시작하여 20세기 초 아인슈타인 이론으로 비로소 정확한 길을 찾아갈 수가 있었다.

1815년 영Young이 액체의 표면장력을 이용한 시도 이후 1865년 로슈미트가 액화기체의 밀도와 기체상태의 평균자유행로mean free path (MFP)로 기발한 계산을 했다. 로슈미트는 **클라우지우스**Rudolf Clausius (열역학에 등장했음)가 정의하고 유도한 MFP거리 $l = (3/16)/(na)$라는 공식을 썼다. [n는 기체의 분자수밀도molecular number density; a는 분자(직경s)의 단면적=$\pi s^2/4$]

155

문제는 n이나 s(혹은 a)에 대한 값을 모른다는 것이다. 그는 우선 전체 기체 부피 중 분자들이 실제 차지하는 부피의 비 $\varepsilon = s/(8l)$ 공식을 쓰는 것이 등가적이라고 기술하였다. ε 값은 기체의 부피와 그걸 액화한 부피의 비율로 추정할 수 있었다. 이제 마지막 장애물 앞에서 난감했다. 대상으로 삼은 기체가 공기였는데, 공기가 액화되어본 적이 없어 사용할 데이터가 없었다. 여기 구원투수가 나타난 것이 위의 콥H. Kopp이 사용한 비체적specific volumes이었다. 해당 기체의 자료는 없지만, 그걸 성분으로 한 다른 화합물의 결과들을 각 비율만큼씩 혼합하여 더하는 방식이 가능했다. 여기에 케플러가 추측하던 패킹밀도 영향도 함께 고려하였는데, 로슈미트가 얻은 값은 $\varepsilon = 8.66 \times 10^{-4}$이다. 이제 MFP의 l 값은 맥스웰이나 마이어Oskar E. Meyer가 공기의 점도粘度viscosity 측정치에서 구한 값을 쓴다. 마이어의 값은 $l = 140$nm. 로슈미트가 얻은 최종값 s=0.969nm였다. 기체 운동론을 과감히 활용하여 분자 크기의 가장 근접한 값을 처음 계산한 것이다.

하지만 분자 직경 값이 1nm 정도라면 현대 값의 3배쯤으로 좀 크다. 맥스웰 값 $l = 62$nm를 쓴다면, s=0.430nm로 현대 값 0.3nm에 아주 가깝다. 1mL당 $n = 6\varepsilon/\pi s^3 = 2.08 \times 10^{19}$. 이제 22400mL를 곱하여 1mole의 분자개수를 얻으면, $N = 4.66 \times 10^{23}$이라는 '로슈미트 수'가 된다. 오늘날 이 수는 '아보가드로 수Avogadro's number N_A'로 불린다.

로슈미트는 이렇게 19세기 학자들을 가장 괴롭히던 분자의 문제를 풀었다. 이상의 내용이 그의 책자 두 번째 논문으로서, 분자 직경과 표준상태(STP)에서 단위부피의 기체입자 개수에 관한 것이다. 이는 분자들의 유한한 크기와 충돌로 인한 시간의 지연 영향을 이상기체에서 고려한 최초의 논문이다. 로슈미트가 빠뜨린 한 가지인 분자 간의 인력 영향을 추가하니 10년 후 반 데 발스Van der Waals의 상태방정식이 출현한다.[37]

아보가드로에서 아인슈타인으로 가는 길

라부아지에 이후 100년간의 학문은 혼란을 먹고 자랐다. 1860년 독일 칼스루에Karlsruhe에서 개최된 화학학회의 운영위원회는 최고 토론제목으로 "분자와 원자를 어떻게 구별하기로 할까?"를 채택하였지만, 분자-원자에 대한 어떠한 합의에도 이르지 못하였다. 학회에서 카니짜로 S. Cannizzaro는 아보가드로Avogadro의 가설이 중요하다고 지적하였지만 화학자들은 큰 관심을 보이지 않았다. 어쨌든 '그 학회를 통해서 아보가드로의 법칙은 조용히 퍼져갔고, 결국 모든 사람의 마음을 사로잡았다'고 학회 현장에 있었던 멘델레예프Mendeleev가 30년 후에 회상하였다.

우리가 보는 물체들은 수많은 분자들이 뭉쳐 있고 그 숫자를 알 수도 없다. 그럼 어디서부터 시작해야 할까? 물질의 양을 정하려는 노력부터 시도되었다. 원소들의 상대적 '원자량' 및 원자들이 혼합된 '분자량'을 정의한 것을 로슈미트 논의에서 요약했다. 그렇게 정해진 분자량 숫자만큼의 그램(g) 무게를 'n몰mole'이라고 정했다. 그러면 어떤 물질 '1몰'이면 무척 많은 일정한 큰 수로 정해진 분자들의 모임이고, 이것으로서 '로슈미트 수' 즉 '아보가드로 수Avogadro's number N_A'가 처음으로 계산된 것이다. 이 숫자 N_A를 브라운운동으로 더욱 정밀하게 최종 정립한 것이 후에 살펴볼 아인슈타인의 1905년 첫 번째 논문이 된다.

과학 탐구 **이상기체 법칙**

$PV = NkT = nRT$ [$N = nN_A$; $R = kN_A$]

여기서 R은 '몰의 기체상수molar gas constant'로 알려진 숫자이며, 물질의 질량(M)과 분자량(M_w)을 알면 몰수 'n'[=기체의 g무게M/분자량MW]을 알고 $PV = nRT$에서 P, V, T의 측정값들을 넣어서 R이 얻어진다.

$R = 8.3145$ [J/K]

화학에서 잘 쓰는 STP표준상태(P=1기압, 섭씨 0도=273K) 조건에서 측정된 값들을 넣으면 무슨 기체이든지 1몰의 부피=22.414L가 된다.

열역학 제1법칙은 물질의 내부에너지[internal energy 총량] U라는 것이 가해진 열량(Q)과 가해진 일량(W)이란 기본 에너지의 총합이다. [총량에 발생한 변화량이므로 △U=Q+W] 열량은 기체분자들의 운동론으로, 즉 기체의 온도와 양으로 표현될 수 있다. 앞에 있었던 **|과탐|** 베르누이 분자운동론의 결론을 응용하면, 전체 분자들의 운동, N×[운동에너지]=(3/2)PV라는 에너지를 줄 것이다. 1몰의 분자들에 대하여서는 [윗식에서 n=1]

N_A × [운동에너지] = (3/2) RT = E.

여기서 한번만 도약하자. 즉 미적분을 배우지 않았다 치고 미분계수 대신, 1몰의 기체를 섭씨 1도(△T) 올리는 데 드는 열량(△U, 여기서△W=0)을 계산하면 1몰당 '비열[specific heat=열용량(molar heat capacity)]~△U/△T'이라고 정의하는 양이 되는데, 위식에서 양변을 제하면, 이상기체의 열용량=(3/2)R이 된다. 여기까지가 고전이론이다. 20세기 모퉁이를 돌면서 '비열'의 문제가 점점 세심하여지며 고전이론을 뒤엎으니, 바야흐로 세상은 양자세계로 한 발짝 다가선다.

아보가드로 법칙은 분자가 실체라는 가정에 입각한 가장 오랜 물리-화학 법칙이다. 화학자들이 이를 수용하는 데 늑장부린 것은 바로 화학자들이 분자의 실체를 오랫동안 거부하였음을 의미한다. 윌리암슨 Alexander Williamson이 1869년 런던화학협회 회장으로 강연한 내용을 봐도 알 수 있다.

"가끔씩 화학의 석학들이 공공연히 원자론을 기꺼이 무시해버릴 것으로 치부하며, 그걸 사용하길 부끄럽게 여긴다. 화학의 일반적 사실들에 비할 때 그것은 별것 아니라고, 차라리 내다버리는 게 과학에 도움이 된다고 본 듯하다."

그렇지만 원자에 대한 생각들이 쌓여나갔다.

'웬 원자들이 그리도 많아?'

'어떤 관계가 있을까?'

프라우트William Prout(1785-1850)는 의사이면서 아마추어 화학자로 그런 생각에 잠겼다. 그는 1815년, 익명으로 발표한 논문에서 몇 가지 기체들의 밀도가 정수배이며, 그 원자질량들이 수소밀도의 정확한 정수배들이라고 했다. 후속 논문에서 그는 모든 원자는 수소원자들이 몇 개씩 결합한 것들이라는 다소 과도한 제안까지 하게 되는데, 이 생각은 19세기를 풍미하였다. 이후 실제로 밀도가 정수배 아닌 경우들도 나타나는 등 그 진실성은 감소했으나, 많은 경우에 그의 생각이 단순이 우연히 얻은 결과는 아닐 것이라 여겼다. 그의 생각은 훗날 원자구조들이 밝혀질 때까지 미결의 수수께끼로 남았다.

멘델레예프의 주기율표와 영국인들

볼타Volta의 전지가 1800년경 발명되면서 전기분해 개념이 태어나고 대이비Humphry Davy는 그렇게 하여 1807년 소듐Na과 칼리K를 금속상태로 분리해냈다. Mg, Ca, Sr, Ba도 분리했다. 이렇게 하여 라부아지에가 생각한 화학원소들은 1844년까지 31개로 불어났다. 한편 1829년 독일 화학자 되브라이너J. Doebereiner는 할로겐 원소들 및 알칼리 금속들의 원소 질량 사이의 상관성을 발견하였다. 얼마 후 영국 화학자 **뉴랜즈**John Newlands는 원소의 주기성을 발견하고 피아노 건반처럼 원소들을 배열하여 1864년 런던 화학학회에서 발표하였다.

멘델레예프Dmitri I. Mendeleev(1834-1907)는 시베리아에서 17명의 막내로 태어났다. 프랑스와 독일로 건너가 공부하다가 카니짜로의 아보가드로 가설에 귀를 기울였다 한다. 그는 1869년에 러시아로 귀국한 후 유명한 주기율표를 만들어냈는데, 뉴랜즈가 보석처럼 빛나는 주기율 개념을 먼저 창안하였다고 양심적인 발표를 했다.

한편 영국의 **레일리**Lord Rayleigh(1842-1919: John William Strutt = 작위 이전 이름)는 프라우트가 앞서 '모든 원소는 정확한 (수소의) 정수배들이다'라고 주장한 것에 흥미가 솟았다. 먼저 그는 산소와 수소의 비를 측정하였다.

당시 그 비율은 정확히 16이 되어야 할 것인데 그는 15.882를 얻어 정확한 정수배는 아니었다. 내친김에 그는 이미 정수배는 아닐 것으로 알려진 질소를 조사했다. 정밀측정에 소질이 있던 그는 질소 분리 연구 중, 공기에서 추출한 질소는 무겁고, 암모니아 분해에서 얻은 질소는 좀 가벼워 밀도가 서로 다르다는 것에 주목하였다.

그는 이 분리실험에 화학동료 램지W. Ramsay의 도움까지 받으면서 공기 중에 1%를 차지하는 새로운 원소를 발견했다. 그 새로운 무엇의 원자량은 40정도로서 멘델레예프 주기율표에는 없었다. 주기율표상으로 7족 염소보다는 무겁고, 그 다음 줄로 돌아가서 다시 시작하는 1족 칼리보다는 가벼운, 즉 표에는 없는 무엇이 감지되었다. 그래서 그는 이를 7족 바깥에 따로 두었다. 그들은 이를 아르곤argon이라 불렀는데 '게으른 것'이라는 뜻이다. 즉 이 원소는 다른 원소들과 반응하려 하지 않거나 불가능함을 의미하였다. 램지와 그의 조수 트래버스Travers는 3가지의 불활성inert 기체들을 추가로 발견하니, 네온neon(새로운 것), 크립톤krypton(비밀스런 것), 제논xenon(동떨어진 것)이다. 다른 불활성 기체 헬륨은 태양의 복사 스펙트럼에서 1868년에 이미 밝혀졌다. 그래서 헬륨(태양의 것: helios)은 지구에 없는 메탈로 생각했지만 램지와 그의 조수는 다섯 번째 원소까지 지구에서 재발견한 것이다.

램지는 이들을 위해 주기율표 7족 바깥에 제8족의 원소족을 만들었다.

그 소식을 들은 멘델레예프는 화가 치밀었다. 그의 생각은 이랬다.

'가전자 값이 제로이고 반응하지도 않는 원소들을 뭣 때문에 자기의 주기율표에 넣겠다는 거냐?'

하지만 그는 아르곤은 원소가 아닌 화합물이라고 고집하다가 수년 후 제8족을 수용할 수밖에 없었다. 1904년 레일리는 아르곤을 발견한 공로로 노벨 물리학상을 받고 램지는 화학상을 받았다.

볼츠만의 엔트로피와 자살

루트비히 볼츠만 Ludwig E. Boltzmann(1844-1906)이 장문의 미국방문기를 쓴 것이 약 100년 후 1992년 〈Physics Today〉에 번역 전재되었다.[38] 그는 자유의 여신상을 돌아서 호보켄 항으로 입항하며 고층건물과 활력이 넘치는 뉴욕을 생각하며 신이 났다.

"백만장자가 이상주의자가 되는가? 혹은 이상주의자가 백만장자가 되는가? 어느 것이 미국의 놀라운 진실인가? 아! 축복의 땅이여…"[39]

대륙횡단 열차를 타고 샌프란시스코까지 사흘 밤낮을 달리는 여행 중, 솔트레이크시티 지역이나 옐로스톤 지역 시에라네바다Sierra Nevada의 삼림과 깎아지른 암석과 고봉들을 보면서, 자기가 사는 비엔나의 소규모 산악Semmering과 비교하며 탄복하는 모습, 1905년 여름강좌를 위해 도착한 버클리의 캘리포니아 대학 캠퍼스 산야와 거목들을 보며 아름답다고 찬탄한 볼츠만이, 1년 후 1906년 9월 5일 자살할 사람으로는 보이지 않는다.

볼츠만은 1906년 이탈리아 휴가 중, 수영하는 가족들을 두고 갑자기 목을 매달았다. 방문기를 올린 편집진은 볼츠만의 우울증도 언급하는 한편, 당시 그의 통계역학을 신랄하게 공격하고 원자와 분자를 부

정하던 팀, 마흐Mach와 오스트
발트Ostwald 및 여타 '경험론자
empiricist'들로부터 받은 심적 타
격 연루설도 언급하였다. 아이러
니하게도 볼츠만의 궁극적 승리
를 확정한, 아인슈타인의 브라운
운동에 관한 첫 논문이 발표된 지
딱 1년 후 일어난 일이다.

볼츠만 당시의 버클리 캠퍼스

스테판Josef Stefan과 **로슈미트**Josef Loschmidt는 비엔나 대학 물리학과
를 반석에 올리며 원자론atomism을 주창했다. 19세기 당시 프랑스와 독
일 지역에서 원자론을 수용하는 주류학자들은 거의 없었다. 데모크리토
스 이후 거의 2,500년 만에 처음으로 로슈미트가 원자론을 내세워 원자
의 크기를 측정하겠다고 나섰다.[40]

볼츠만은 스테판 지도교수로부터 1866년 '기체의 운동론'으로 박사
학위를 받았다. 글자조차 모르는 농부의 자식이던 스테판은 헬름홀츠
Helmholts와 함께 맥스웰의 전자기론의 길을 앞서 닦은 전령사였다. 볼츠
만에게 맥스웰을 알려준 것도 스테판 교수였다.

1869년, 25세이던 볼츠만은 그라즈Graz 대학 수리물리학 정교수로
발탁된다. 1871년에 그는 베를린의 키르히호프, 헬름홀츠와 함께 연구
하고, 1873년 비엔나 대학 수학과 교수 3년, 다시 그라즈에 돌아가 실험
물리학 석좌교수로 14년간 재직했다. 이 기간 그는 그라즈의 열성적 수
학/물리학 교사(Henriette von Aigentler)였던 여성이 처음 대학 강의에 청강
토록 하는 청원절차를 도우면서 결혼에 이른다. 볼츠만은 뮌헨 대학 3년
재직 후 1893년 스테판 지도교수의 후임으로 비엔나 대학으로 돌아갔다.

이 기간 동안 그는 100여 년간 잊고 있던 베르누이의 입자 운동론을 신중하게 등장시켰다. 그는 입자 특성을 떠나서 열역학 제2법칙 이론을 수립하는 것은 불가능한 것으로 파악하였다. 그러나 입자설을 반대하는 반원자론 파들과 전투가 벌어졌다. 반대 세력에 **오스트발트**가 앞장서고 뒤를 버텨주는 반원자론의 골수는 원로학자 **마흐**Ernst Mach(1838-1916)(음속 2배 = '2마하'의 Mach와 동일인이다)인데, 이들 모두 같은 비엔나 대학에 재직한다는 것이 볼츠만에게 더욱 괴로웠을 법하다. 볼츠만에 대한 마흐의 반론이 이렇다.

"자가발전하고, 조삼모사하고, 그저 임기응변의 편리한 도구일 뿐, 분자니 원자니 하는 것들은 아무것도 아니다. 그것으로 현상 뒤의 실체를 보겠다는 발상 말이야, 그건 물리학이 될 수가 없다. 원자란 그저 편리한 (화학적) 도구 그 이상도 이하도 아니야. 수학의 기능이 다 그렇듯이."

오스트발트는 1895년 독일학회에서 이렇게 발언했다.

"모든 자연현상이 종국에는 기계론적 공식으로 환원된다는 정리는 전혀 쓸모없는 가설일 뿐이다. 가설이 엉터리임은 다음 사실들을 봐도 알 수 있는 일이다. 모든 역학방정식은 시간이 거꾸로 감을 수용한다는 것이다. 즉 이론상 완벽한 역학과정이 미래로 가든 과거로 가든 똑같이 가능하다는 것이다. 즉, 우리가 겪은 과거와 앞에 놓인 장래가 역학 세계에서는 거짓말이라니? 고목이 새파란 싹으로 바뀌고, 나비가 다시 애벌레로 돌아가고, 어른이 다시 아이가 된다고? 역학의 원리로는 이런 일이 불가능하다니 그게 도대체 무슨 역학의 진리냐?"

20여 년 전 로슈미트와의 논쟁 내용과 다를 게 없었다. 볼츠만이 기계적 역학(베르누이와 비슷한 기체 운동론)의 토대에서 열역학 제2법칙, 즉 엔트로피 법칙을 유도하려고 노력한 것은 1866년부터다. 당시 로슈미트는 '결국 **우주가 열로 파멸**하는 결론eventual heat death of the universe'에 못

마땅하여 볼츠만의 논리적 결함을 찾았다. 1876년 논문에서 로슈미트는 중력을 고려한 실험 상황에서는 수직으로 분포한 시료의 온도가 균일하지 않다는 결점을 지적하며 서로 논쟁하였다. 로슈미트는 또 다른 반대론을 폈는데, '**가역성 패러독스**reversibility paradox'였다.

격리된 시스템이 처음 상태에서 진행한다고 가정하자. 하지만 미시적 역학은 시간의 역행에 무관하게 불변이므로 엔트로피(S)가 감소하는 상황도 존재한다. 이것은 바로 열역학 제2법칙을 위배하는 것이다. 1874년 켈빈도 비슷한 반론을 제기했다. 이러한 논쟁과정을 겪은 끝에 나온 결론이 유명한 볼츠만의 엔트로피 공식이다.

$S = k \ln W$

W는 거시적 열역학과 부합하는 미시적 상태의 변형들number of microstates이다. 로슈미트와의 논쟁에서 볼츠만은 (변화의) 통계적 요동fluctuation의 중요성을 깨닫고, 확인할 수 없는 분자의 미시세계에서 엔트로피이라는 '미인'을 찾아 헤맨 것이다. 그는 마침내 엔트로피와 상태의 변형률(W) 사이의 자연대수 관계를 파악하기에 이른다.

볼츠만의 비엔나 무덤의 대리석 묘비명에는 고등학생들도 다 읽을 수 있게 공식이 새겨져 있으니, k는 사후에 플랑크가 처음 이름을 붙여주었다는 '볼츠만 상수'이다.

1895년 학회에서 볼츠만이 감내해야 했던 논박들은 대개 이런 내용의 반복이었다. 반원자론자들의 주장은 '에너제틱Energetik'이란 개념인데, 우주 만물은 무엇이든지 모두 '에너지'로만 완벽하게 표시할 수 있다며 원자들은 단지 편의적 발상일 뿐이라는 주장이었다.

당시 젊은 수학자들은 모두 볼츠만 편이었다. 하지만 원자, 분자의 실체적 존재는 1905년 아인슈타인의 브라운운동 규명과 1908-1909년 페랭Perrin의 실험, X레이 분석 등으로 차근차근 밝혀졌다.

오래전 베르누이가 제안했던 운동론이 백설 공주처럼 수십 년 만에 잠에서 깨어났다. 기체의 운동론kinetic theory 학자들은 원자론 신봉자들이었다.

열역학의 대부 **루돌프 클라우지우스**Rudolf Julius Emanuel Clausius(1822-1888)가 1857년에 쓴 〈우리가 열이라고 하는 것의 운동〉이란 논문에서 그는 고체, 액체, 기체를 종류가 다른 분자들의 운동이라고 보았다.

'지구의 역사에서, 천재지변들이 일어나고 우주/하늘에도 일어날 수도 있고, 그리하는 동안에 오래된 체계들은 무너지고 그 폐허는 새로운 체계로 진보를 거듭한다. 이러한 지구 및 태양계 전부의 체계를 만들어내는 분자들(즉 원자들!) 즉, 물질 우주material universe를 만드는 그 바탕돌들 foundation stones은 깨지지도 닳지도 않는다. 그것들은 오늘 이 시각까지도 그들이 창조된 대로 그대로이고 숫자, 크기, 무게도⋯.'

클라우지우스가 1857년 평균자유행로(MFP)라는 용어를 지어냈음을 로슈미트에서 보았다. 깨지지 않는 입자들이 서로 부딪치는 사이에 내닫는 거리를 MFP라고 한 것이다.

고3을 졸업하고 대학에 가면 배우게 될 전자기파의 맥스웰 방정식(커피가 아님)을 만든, 19세기 최대의 천재학자 **맥스웰**J. C. Maxwell이 영국에 있었다. 그가 위의 논문을 읽고 1859년 분자들의 평균적 속도 분포를 나타내는 맥스웰 분포함수를 최초로 만든다. 이후 약 10여 년간 볼츠만이 스테판에게서 배웠던 맥스웰의 전자기 지식을 되살려 맥스웰의 확률분포함수 개념을 다시 확장하니, **고전적인 맥스웰-볼츠만 분포함수**Maxwell-Boltzmann distribution가 마침내 태어났다.

열역학은 열과 기계에너지, 전기에너지 등등의 다른 에너지들과의 관계를 구축한다. 그리고 이 과정은 계측기를 보며 눈으로 확인할 수 있다. 그러나 통계역학으로서 입자의 운동론kinetic theory는 눈에 보이지 않고 오감으로 직접 느껴볼 수 없는 원자 및 분자들을 상상하니 얼핏 뜬구름 잡는 학문처럼 보인다.

위의 공식이 갖는 주요 의미는 우리가 볼 수 없는 미시세계(W: 분자들의 모습 같은 미시적 변형률)와 거시세계(S: 온도 압력과 같이 잴 수 있는 큰 변수)를 이어주는 주요한 다리라는 사실이다. 즉 통계역학과 열역학의 다리이기도 하다.

분자 운동론에서 이상기체의 개념이 추출되고(클라우지우스), 운동하는 분자들의 밀도가 높을수록, 온도가 높을수록 충돌이 많아지고 빨라지니 압력이 증가한다는, 베르누이가 개척한 개념이 이렇게 고전적 분포함수로 다시 연결된다. 나아가서 볼츠만은 **균배법칙**equipartition law을 제안하여, 입자들이 평형상태에서는 에너지를 고르게 가진다는 주장을 제기하였다.

그런데 물질의 열용량(비열) 거동이 이상하다는 문제가 불거졌다. 위의 고전적 분포함수 및 균배법칙으로 열용량을 해석하는 것이 들어맞지 않았다. 반원자론자들이 볼츠만을 신랄하게 공격하며 기승을 부린 역사가 이렇게 전개되었다.

볼츠만은 그 원인을 전자기파를 전달하는 가상 매체인 에테르와의 상호작용 때문일 것이라고 추측했다. 켈빈은 균배법칙을 의심하였다. 레일리는 균배법칙과 실험적 평형상태가 다 옳지만 새로운 원리의 탈출구가 필요하다고 생각했다.

아인슈타인이 균배법칙의 실패 대안으로 양자론의 필요성을 제기한 것이 탈출구가 되었다. 1910년 네른스트가 저온에서 측정한 열용량 결과가 아인슈타인이 옳다는 것을 증명했다. 아인슈타인의 양자론은 나중에 살펴지만, 이 사건이 양자론의 급속한 파급효과를 가져왔다. 아인슈타인의 브라운운동 논문이 볼츠만을 살렸을 수 있다고 앞에서 말했다. 1905년에 나온 양자론 논문도 학자들이 수용하는 데 오랜 시간이 걸렸지만, 이 양자론 역시 볼츠만을 살렸다.

과학탐구 아레니우스와 이온화 화학반응 원리

1887년 그라즈 대학 때 볼츠만의 제자로 지냈던 연구소 멤버들 중 네른스트W. Nernst(1920)와 아레니우스S. Arrhenius(1903)는 나중 노벨 화학상을 받는다. 사교적인 네른스트가 로렌츠를 도와서 아인슈타인, 보어 등 이 참여한 1911년 솔베이학회를 주관한다. 아레니우스Svante August Arrhenius(1859-1927)는 웁살라 대학에서 상관(클레브Per Teodor Cleve)과 관계가 불편하여 스웨덴과학원으로 가서 연구했다. 1884년 웁살라 대학에 학위논문을 제출하니 처음 낙제점인 4등급 판정을 받았다. 그러나 직접 디펜스하면서 3등급이 되었다.

그는 자기 논문을 외부의 유명 학자들에게 보냈다. 클라우지우스R. Clausius, 오스트발트W. Ostwald, 반트홉프J. H. van't Hoff 같은 진보적인 학자들이 논문의 가치를 알아보았다. 오스트발트는 그를 유치하려고도 시도했다.

논문의 핵심 아이디어는 순수 물과 순 소금은 둘 다 부도체이나 섞어버린 소금물은 전도체라는 데에서 착상했다. 아레니우스는 양와 음의 대전입자(훨씬 전에 패러데이가 명명한 양/음 이온ion)들이 전해질 용액 속에 존재한다고 믿었다. 전기가 없어도 용액은 양과 음의 이온들로 존재한다. 용액 속의 화학반응은 이온들의 반응이라는 결론이다. 결국 그의 이온론ionic theory은 더욱 확장되어 산acid과 알칼리base도 이온으로 정의하게 되었다. 산은 이온화시 수소이온hydrogen ion을 가진다. 알

칼리는 OH기를 가진다. 그의 연구가 화학반응들까지 폭넓게 확장되면
서 1903년 노벨 화학상을 받는다. 온도에 의존하는 화학반응의 아레니
우스 활성화 에너지activation energy(Ea) 모델은 아래와 같다. C가 화학
반응 속도의 상수이며, R은 기체상수이다.

$$C = Ae^{-Ea/RT}$$

위의 아레니우스 방정식은 1884년 반트호프가 처음 제안했는데 5년
후 아레니우스가 이를 증명하고 정확하게 정형화하였다. 아레니우스는
빙하기에 관한 이론도 개발하였는데, 대기중의 탄산가스 축적이 지구상
의 온도에 큰 영향을 줄 것이라는 온실효과Greenhouse effect를 예측하였
다. (푸리에가 적외선 에너지 영향의 온실효과를 예측한 것을 앞에서 보
았다.)

왼쪽부터 볼츠만, 클라우지우스, 맥스웰

반 데 발스의 상태방정식과 라이덴 사람들

반 데 발스 상태 방정식은 기체와 액체에 공히 잘 들어맞는 보편적 공식이다. 이것은 기체와 액체 사이가 연속이라는 뜻으로, 완전히 새로운 생각이었다. 이 보편성에 의해 당시 액화되어 있지 않았던 수소나 헬륨의 상태방정식을 예언할 수 있게 되면서 저온 물리학으로 가는 길이 열릴 수 있었다.

네덜란드의 라이덴Leiden 지명에서 나온 라이덴 병은 정전기 실험에 나오는 약방의 감초 같은 것이다. **반 데 발스**Johannes Diderik van der Waals (1837-1923)는 라이덴의 목수 집 10남매 맏이로 태어나 과학을 독학으로 배웠다. 고전어 성적이 나빠서 라이덴 대학에서 청강하는 비정규학생이 되었다. 1864년 데베타 중학교에 부임하여, 중학교 교장도 되었지만 곧 법이 개정되어 고전어 시험이 면제되면서 라이덴 대학에 입학했다. 1873년 그는 〈액체와 기체의 연속성에 대해On the Continuity of the Liquid and Gaseous States〉라는 제목의 박사 논문을 발표한다.

"반 데 발스란 이름은 곧 분자 과학의 최첨단에 기록될 것이다."

"이 논문은 네덜란드어 학습 유행을 일으키게 할 것이다."

맥스웰이 〈네이처〉지에서 위처럼 극찬한 '반 데 발스 상태방정식van

der Waals equation of state['] 논문은 클라우지우스가 정리한 이상기체의 상
태방정식,

$$pV = nRT \text{ (n=몰 농도, R=기체상수, T=절대온도)}$$

를 확장한 것이었다. 즉 분자 간의 인력(반 데 발스 힘)[an²/V²]을 압력 항에
추가하였고, 일정 크기 분자의 존재만큼 운동 공간이 배제된 정도[-nb]
도 부피 항에서 보정하였다(|과탐| 참조). 이렇게 아래처럼 변형된 '반 데 발
스 상태방정식'은 실험 결과와 멋지게 들어맞았다.

반 데 발스는 1876년 신설된 암스테르담 대학교의 물리학 교수로 임
명되고, 그의 상태방정식을 응용하여, 1890년에 미국의 **깁스**Josiah Willard
Gibbs(1839-1903)가 혼합기체 이론을 발표하였다.

반 데 발스는 1893년에 표면장력 논문도 발표한다. 1910년 액체 및
기체의 물리학적 상태에 관한 연구의 공로로 노벨상을 받았으며, 한편
오너스에게는 1913년에 초저온 연구 및 헬륨액화로 노벨상이 주어졌다.

오너스 관련 에피소드 하나를 덧붙인다. 그의 제자 중 **제만**Pieter
Zeeman(1865-1943)이 연구소장의 허가 없이 시료에 강한 자기장을 걸고
광스펙트럼을 측정했다. 이 불복종으로 연구소장은 그를 추방했다. 하지
만 실험 과정에서 이상스럽게 여러 줄로 갈라진 스펙트럼이 나온 것을
오너스가 라이덴 대학 동료 **로렌츠**Hendrik Antoon Lorentz(1853-1928) 물리
학 교수에게 전하였다.

로렌츠는 당장 제만을 불러 스펙트럼 분석을 설명해주었는데, 이것이
광스펙트럼에 자기장으로 연구하는 측정법으로 양자론에서는 '제만 효
과'라고 하며 보어의 원자 모형 출현 후 10여 년간 '원자론'이 발전하는 기
초 자료가 된다. 이 업적으로 1902년 제만과 로렌츠에게 노벨상이 주어
진다.

제만으로서는 허가 없이 해본 자기의 실험으로 면직된 것이 새옹지마

로 스승보다 10여 년 앞질러 노벨리스트가 된다. 로렌츠는 특수상대성
이론 관련 '로렌츠 변환공식'이 더 유명한 이론물리학자이며, 훗날 그의
후임으로 라이덴 대학 교수로 선택된 아인슈타인이 사양한 후 에른페스
트가 천거된다.

과학 탐구 | 반 데 발스 상태방정식과 초전도체

$$(p + a\frac{n^2}{V^2})(V - nb) = nRT$$

(고3생의 공부를 살짝 벗어나지만 어렵지 않다.)

윗식은 압력(p)이 액체 전체 부피(V)의 3승 방정식으로 될 수 있음을
암시한다. 3승 관계식이므로 임계온도 아래 공존영역의 일정구간에서
양의 dp/dV 기울기를 가지는 불안정 영역이 수식 상으로 존재한다. 맥
스웰은 반 데 발스 상태방정식을 극찬하면서도, 실존하지 않는 불안정
구간에 음과 양의 면적을 상쇄한 수평선(dp/dV=0)으로 대치했다. 이
를 맥스웰의 'equal area rule'이라 하며 실제 기체와 액체의 공존구간
이 된다. (아래 그림 참조: 이 그림은 pV가 p-V 평면상에서 서로 반비례
관계인 보일의 법칙 영역을 벗어난 임계점 부근이다. 보통 고3생이 배
우는 증기압력곡선이 임계점까지 닿은 커브는 이에 해당하지만 p-T평
면상의 그림이므로 위처럼 공존곡선이 나타나지 못한다. 3차원 p-V-T
공간에서 공존곡선의 끝인 임계점을 비켜 돌아가는 길이 초임계 경로가
된다.)

윗식에서 a=N_A^2a'는 1몰의 분자들 인력이다(a'=분자당 인력). 마찬
가지로 b=N_Ab'는 1몰의 분자들만 차지하는 부피가 배제된 양excluded
volume이다(nN_A는 실험상의 총 분자개수). 한편 부피(V)는 길이의 3승
이다. 그러므로 1/V^2은 길이의 6승에 반비례함을 나타낸다. 이렇게 인력

이 6승인 것은 나중 쌍극자 유도효과로도 밝혀지고, 이를 반 데 발스 힘이라고 하며 앞에서 로슈미트가 빠뜨린 부분에 해당한다.

반 데 발스의 상태방정식이 실험과 잘 맞는다는 것은 분자들의 개념이 사실로 확인된다는 중요한 의미이다. 공통의 방정식에서 기체나 액체의 성질이 함께 나타난다는 새로운 결론에 의하여 **듀워**Sir James Dewar (1842-1923)는 자기가 발명한 듀워 (진공)보온병으로 수소액화에 성공하고, 라이덴 대학 오너스Heike K. Onnes는 헬륨을 액화하였으며, 극저온 연구를 확대하여 처음으로 초전도 현상도 발견하였다.

아래에서 P^1, V^1, T^1은 임계값들로 나눈 값들이다. 뒤에 기술하는 〈아인슈타인의 박사학위 논문 및 임계단백광〉과 〈반 데 발스가 단두대에 오르다〉 챕터에서 임계값 예가 나온다.

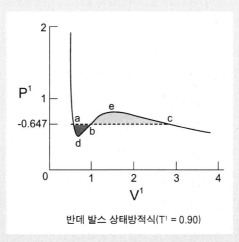

반데 발스 상태방적식(T^1 = 0.90)

맥스웰 전자기 세우기에 바친 헤르츠의 목숨

19세기 과학의 고전이론 가운데 가장 아름다운 장르는 전자기라 하겠다. 전계(E='전기장'으로도 씀)와 자계(H='자기장')를 선형적인 영역에서 완벽하게 밝힌 이론이 요절한 **맥스웰**James Clerk Maxwell(1831-1879)의 방정식이다. 맥스웰은 전자기의 관계인 선형 미분방정식을 만들었는데, **암페어**Ampere의 법칙, **파라데이의 법칙, 가우스의 법칙** 등 전계와 자계의 관계들이 맥스웰 방정식으로 정리되니, 이 방정식을 미분 또는 적분을 통해 모든 전자기의 관계식들이 유도된다.

여기서 먼저 맥스웰 방정식의 쟁점을 진위 여부를 확인하는 연구를 하며 짧은 생을 바친 **헤르츠**Heinrich Rudolph Hertz(1857-1894. 1. 1)를 중심으로 살펴보는 것이 의미 있는 선택인 듯하다.

함부르크의 유복한 가정에서 태어난 헤르츠는 과학과 인문에 모두 우수한 수재였다. 그림, 조각, 공작 등의 손재주도 출중하여 검류계galvanometer나 볼타전지voltaic cell 등을 잘 다루고 만들었다. 처음 공학을 하다가 물리를 선택하여 1878년 베를린 대학의 헬름홀츠Hermann von Helmholtz와 키르히호프Gustav R. Kirchhoff에게서 배웠다.[41]

헬름홀츠는 '도선을 흐르는 전하가 관성질량을 갖는가' 하는 문제에 현상금을 걸었는데, 헤르츠가 이 해답을 내놓으면서 일찍이 두각을 나타냈다. 1879년 헤르츠는 '대전된 회전구의 유도자계'의 이론 연구를 학위 주제로 삼고 1880년 1월 박사학위를 이수했다. 1년이 채 안 걸린 박사학위 습득이었다. 그는 헬름홀츠 연구실에서는 드물게 총 3학기 만에 우등 magna cum laude으로 졸업했다. 헤르츠는 연구실에서 3년 더 체류하며 13편의 논문을 쓰고, 1883년에 키엘Kiel 대학으로, 1885년에는 칼스루에Karlsruhe 대학에 교수로 초빙되었다. 다시 1889-1893년 기간 본Bonn에 클라우지우스R. Clausius 후임으로 갔는데, 원래 체질이 약골이던 헤르츠는 고생스런 나날을 보냈다. 치아, 턱, 코, 눈을 계속 앓으며 1894년 1월 1일 결국 만성 패혈증으로 쓰러졌다.

8개월 후에는 헤르츠에게 맥스웰의 전자기를 가르친 스승 헬름홀츠도 생을 마감했다. 헬름홀츠는 당시 유럽대륙에서 맥스웰의 전자기를 알고 드물게 중시하던 두어 명의 학자 중 한사람이었다. 당시 대부분의 독일학자들은 **베버**W. Weber 및 **노이만**F. Neumann의 **원격작용**action-at-a distance 이론을 믿었고, 전자기력은 (당시 중력도 그렇다고 믿었던 것처럼) 먼 곳의 물체에 즉시 영향을 준다는 전위론potential theory이 대세였다.

헤르츠는 중도적 입장이어서 진공에서는 원격작용이 옳고, 유전체 매질에서는 매질의 편광이 전파한다는 맥스웰 이론을 따랐다. 그는 1983-1984년 키엘에 머무는 동안 학문을 논할 동료도 실험할 기구도 없는 외로운 나날을 보내게 되었는데, 그래서 그는 헬름홀츠가 개조한 맥스웰 이론을 파고들었다. 스승의 논리가 이상한 걸 발견하면서 헤르츠는 제1원리에서 출발하여 맥스웰 방정식을 다시 유도하였다.

아래는 그가 1884년 발표하였던 논문이다. 원래 헤르츠는 맥스웰이 의존하였던 기계론적 접근법이나 변위전류displacement current를 사용하지 않았던 만큼, 맥스웰 이론과는 떨어져 있었다. 그가 유도한 방정식에는 스칼라나 벡터 전위가 나타나지 않으면서 전기장(E)과 자기장(H벡터)이 대칭형으로 정리되었는데, 오늘날 우리가 쓰는 아름답고 매끈한 형태의 맥스웰 방정식이 바로 이 논문에 나타난 방정식이다.

과학 탐구 | 맥스웰 방정식과 헤비사이드

$$\nabla \times H = J + \epsilon(\partial E/\partial t)$$
$$\nabla \times E = -\mu(\partial H/\partial t)$$
$$\nabla \times (\epsilon E) = \rho$$
$$\nabla \times (\mu H) = 0$$

전자기는 대학의 일반물리 및 전자기로 배우는 내용으로 더 이상 거론하지 않고 정의도 생략하겠다(아래 사이트 참조).

http://en.wikipedia.org/wiki/Maxwell's_equations

전자기와 얽힌 영국 런던 태생의 **헤비사이드**Oliver Heaviside(1850-1925)를 여기 넣는다. ('헤비사이드 함수'라는 소위 계단함수step function를 사용할 때 외에는 대개 그를 모른다.) 그는 어릴 적 성홍열을 앓아 귀가 조금 먹었던 거 외에는 모범학생이었다. 기존 학자들과는 대개 교통이 없는 삶을 산 독신이었다. 전신기의 공동발명으로 유명한 **휘트스톤**Charles Wheatstone(1802-1875)이 그의 이모부였다. 그는 성장 후에 집에서 교육을 받았는데 조카를 사랑한 이모부의 공이 컸다.

헤비사이드가 남긴 맥스웰 방정식의 업적은 아래처럼 시작했다. 1873년 유명한 2권짜리 맥스웰의 전자기 책을 그가 만났던 경험이다.

"젊은 시절 그걸 보며, 최고의 천재적 능력임을 알아챘다. 나는 그걸 마스터해야 했다. 그런데 난 무식했다. 학교에서 대수와 삼각함수만 배웠고 배운 것마저 거의 까먹었던 만큼 나는 수학지식이 전혀 없었다. 내

176

능력껏 이해할 정도가 되기까지 몇 년이 흘렀다. 그런 후에 난 맥스웰을 옆에 밀어두고 나만의 방식으로 갔는데, 진도가 더 빨라졌다. 맥스웰에 관한 나의 해석 방식으로 복음을 가르친다고나 해두자."

헤비사이드는 전신국에서 몇 년 일한 후 집에 돌아왔다. 그때부터 맥스웰 방정식을 연구했다. 원래 20개의 미지수에 20개의 복잡한 맥스웰 방정식이었는데, 그는 1884년 2개의 미지수를 가진 4개의 미분방정식 세트의 오늘날의 형태로 만들었다.

그는 전신기술의 송전이론도 개발했는데, 오늘날 'telegrapher's equations'이라고 전해온다. 지구의 대류권 밖 전리층 중 90-120Km 영역의 E층의 이름(Kennelly-Heaviside Layer층)에 헤비사이드가 남아 있다. E층은 무선 전자파가 반사되는 층으로 자외선 및 소프트 X선이 분자들을 해리시켜 전자와 양이온 상태의 플라즈마를 만들고 이것이 반사층 역할을 한다.

20세기 초에는 이 방정식을 '헤르츠-헤비사이드 형'의 맥스웰 방정식이라고 불렀다. 오늘날 전자기는 모두 이 방정식을 중심으로 출발하는 고전학문이며 상대론적 전기 동력학으로 확장되기도 한다. 그런데 오늘날 많은 전자기 책들 어디에든 '헤르츠-헤비사이드 형'이란 접두사는 모두 사라졌다. 예로써 1940년대에 스트라튼Stratton이 쓴 책만 아직 유용한 참고문헌으로 '헤르츠'를 중히 쓰고, 20세기 후반 물리학도의 최고고전이 된 잭슨Jackson의 전기 동력학 책 같은 고전은 헤르츠를 쓰지 않는다. [42]

근래에 CERN(유럽연합입자가속기센터)은 놀라운 과학뉴스를 자주 내놓는다. 각주에 자세히 소개한 것처럼 잭슨의 지도교수 바이스코프는 미국으로 피신하여 맨해튼 프로젝트에 참가하기 전, (이 책 후반에서 살펴볼) 보어

연구소에서 하이젠베르크, 슈뢰딩거, 파울리 등과 연구하였고, 전후에 다년간 CERN의 지도자로 봉사하였다.

헤르츠는 능숙한 실험 솜씨로 전자파 실험을 끝낸 후, 1890년에 주요한 이론논문을 2편을 더 발표하였다. 하나는 〈정지한 물체의 기본 전자기 방정식〉인데, 헤르츠 실험 후에도 독일학자들이 버리지 않던 맥스웰 이론에 대한 반감을 해소해주기 위한 것이었다.

좀머펠트는 이 논문을 보고 이렇게 말했다.

"내 눈에서 그림자가 사라졌다."

좀머펠트는 비로소 전자기를 이해하였다고 고백했다. 헤르츠 이후 비로소 독일은 물론 전 세계에서 전자기 및 광학 연구의 체계가 구축되었다. 노이만 및 베버와 맥스웰이 다름을 드러내는 것은 전자기력과 유전편광으로 할 것이 아니라, 맥스웰 이론의 예측처럼 **장파장의 전자파가 광속과 같은지를 확인하는 것**이라고 헤르츠는 확신했다. 즉 전자파 스피드는

$$\frac{1}{\sqrt{\varepsilon\mu}} = c \text{ (광속)}$$

인지를 확인하는 것이다[ε=유전율誘電率permittivity; μ=투자율透磁率permeability]. 헤르츠가 1885년 우수 학생들이 없는 칼스루에 대학 교수직을 받아들인 것은 위처럼 전자파 속도를 실험할 만한 장비 및 시설 여건들을 그곳에서 보았기 때문이다. 그는 구리 도선으로 굴렁쇠처럼 루프를 만들어 작은 갭의 양끝이 마주보게 한 유도코일 송신단에 전압을 걸어서 불꽃spark이 튀게 하였다. 일정 거리에 비슷하게 만든 코일 수신단을 위치시키고 유도전기로 불꽃이 튀도록 만들었다. 실험한 유도거리와 신호강도의 관계를 측정하였다.

1889년 9월 헤르츠가 독일의 자연과학 학회[43] 키노트에서 강연한 제

목은 '빛과 전기의 상관성'이다. 그는 0.01mm의 갭에서 1백만 분의 1초의 짧은 펄스 불꽃을 암실에서 확인할 수 있었다고 전했다. 오늘의 물리학자들은 헤르츠의 실험을 재현하려고 노력하면서 찬탄을 금치 못한다. 그러한 원시적 실험장비로 결과를 얻어낸 헤르츠의 세심한 실험 능력에 탄복하였다. 헤르츠는 후에 더욱 정교한 실험을 속개하고 송신코일의 유도계수inductance(L)와 정전용량capacitance(C)를 낮추면 신호를 감지하는 거리가 뚜렷이 증가함을 알아냈다. (복사에너지가 주파수(f)의 4제곱에 비례하여 증가한다.)

송신단의 등가회로에서는

$$f = \frac{1}{2\pi\sqrt{LC}}$$

이므로 LC가 감소하면 주파수 값과 복사에너지의 증가는 당연하다. 헤르츠는 유도코일 불꽃 측정시 갭 사이즈를 조정한 수치로서 정상파standing wave의 마디와 배의 위치를 파악하니 복사파의 파장(λ)을 산출할 수 있었다. 이렇게 하여 전자파의 속도(=파장×주파수), 즉 v=λf의 값을 찾았다. 반사파와 회절 잡음 등이 방해하지만, 장파장의 전자파는 무한대의 속력이 결코 아니고 v=c(광속), 즉 전자파의 속도는 광속에 가까운 것임을 추정할 수가 있었다.

이 실험으로 헤르츠는 1888년 맥스웰이 이론으로 예측한 것을 처음으로 확인하였다.

영국의 '맥스웰주의자'에 속하는 **피츠제럴드**G. F. FitzGerald(1851-1901)는 1888년 6월 22일 헤르츠에게 편지를 보냈다.

'이 실험은 금세기 최고의 실험들 중의 하나로 꼽힐 수 있는 것.'

헤르츠는 포물선 단면을 가진 원주형 거울의 초점 선에 선형 쌍극dipole(안테나)을 위치시켜 송신단이 되고 수신단도 비슷하게 만들었다. 송신단에서 66Cm인 마이크로파가 발생하고, 그 전자파가 반사되고, 굴절하고, 극성화polarize함을 증명하니 최초의 마이크로파 실험이었다. 굴절실험을 위하여 높이 1.5m이며 양변이 1.2m씩인 2등변 삼각주 프리즘을 만들었다. 꼭지각이 30도인 프리즘 속은 1천 톤의 아스팔트pitch로 채웠다.

편극 실험을 위하여 2m가 넘는 8각형 프레임에 도선들을 (방문 앞에 거는) 발처럼 평행하게 드리우고 고정시켰다. 프레임 전체가 임의의 각도로 회전이 가능하여, 통과하는 복사선량이 각도에 따라 변하며 선형의 극성을 가지고 변하는 것을 확인했다. 이로써 헤르츠는 **복사선의 횡파 특성을 수립**했다.

처음부터 예상하였던 연구결과는 아니었지만 이렇게 여러 가지 고생스런 실험들을 수행하여 맥스웰 이론의 예측들을 완벽하게 증명하고, 노이만-베버-헬름홀츠의 이론이 틀렸음을 가려냈다. 그는 하이델베르크 강연 끝에 말했다.

"추측과 의심 그리고 예언들로 점철되었던 빛과 전자파의 관계성이 이제 수립되었다. 이제 광학은 1mm보다 훨씬 작은 에테르 파동의 범주에 더 이상 국한되지 않는다. 그 영역은 이제 수십Cm, 수십m, 수Km까지 확장되었다. 그렇게 대폭 확장되었음에도 불구하고 전자기의 거대한 도메인의 한 구석에 지나지 않음을 느낀다. 이제 우리는 전자기의 강력한 왕국을 직시하기에 이르렀다."

오늘날 전자기나 마이크로파 연구에서 쓰는 정상파 분석기술은 헤르츠의 실험이 그 기원이다. 1970년대 라디오파 혹은 마이크로파에서 가시광선으로 복귀하여 정상파로 광속을 재려고 하던 것도 헤르츠의 실험과 유사한 방법이다. **타운즈**C. Townes(레이저 공진기 이론으로 1964년 노벨상 수상)가 정격의 레이저에서 파장과 주파수를 측정함으로써 광속을 가장 정확히 재는 방법을 개시한 것도 헤르츠의 방법과 아주 흡사한 경우이다. 한편 헤르츠의 실험은 수신단이 송신단에 튜닝되는 공진현상을 처음으로 얻기도 하였다. 현대의 라디오 및 마이크로파의 무선 통신기술은 헤르츠의 실험을 바탕으로 마르코니 등의 노력을 통해서 실현된 것이다. [44]

피조의 광속측정과 아인슈타인

광속은 물리적인 양들 중 가장 정밀하게 측정된 양들 중 하나이다. 이제는 광속이 매우 정확해서 '1m 자의 길이'가 광속으로 정의될 지경이다. 하지만 17세기 전에는 데카르트 외에 심지어 케플러까지도 광속은 무한대이기에, 어떤 거리이든지 순간적으로 간다고 믿었다.

정말 광속이 무한할 것인지 처음으로 측정하려고 했던 사람은 앞에 나왔던 갈릴레오이다. 이미 요약하였던 것처럼 1638년 갈릴레오가 시도한 방식은 광속을 측정하기엔 너무 엉성하다.

'[만일 광속이] 순간적이instantaneous 아니라면, 대단히 빠른 것인 듯하다.'

그러면서 그는 빛은 최소한 음속보다 10배 이상 빠르다고 결론지었다.

광속 측정에 최초로 의미 깊은 노력을 한 사람은 네덜란드 천문학자 **뢰머**Ole Roemer인데, 1676년 그는 목성의 달들이 이그러지는 시각이 달라지는 것에 유의하였다. 즉 목성과 지구 사이의 거리가 멀어진 경우, 목성의 위성들이 일그러지는 시각이 늦고 빨라지는 이유를 깨달았다. 그것은 목성의 달의 궤도가 변해서가 아니라, 멀어진 때 빛이 도달하는 거리가 길어져서 그렇다고 판단했다. 그는 당시 알려진 지구의 공전궤도 직경을 사용했다. 그러한 추정으로 빛의 초속이 24만Km라고 결론지었다. 뢰머의 측정값은 정밀하다고 할 수 없지만 장래 측정실험들이 참고할 만한 값을 처음 제공한 셈이다.

영국의 브래들리James Bradley는 1728년 별빛의 광학적 수차를 이용하여 새로운 측정값을 얻었다. 진공에서 빛은 초속 301,000Km가 되었다. 그 후 100년이 경과하여 지구상에서 실험으로 광속을 측정한 것은 프랑스 과학자 **피조**A. H. Louis Fizeau(1819-1896)이다.

피조의 아버지는 물리학자이며 의학교수로 상당한 재산을 아들에게 물려주었다. 생계 걱정을 하지 않아도 된 그는 아버지를 따라 의사가 되려다가 진로를 물리학으로 바꿔서 아라고F. Arago와 함께 파리천문대에서 별보기를 시작했다.

처음 특수사진술에 매료되어 1845년 푸코Jean-Bernard-Leon Foucault와 함께 10일이 걸려 태양표면의 세부사진을 찍어냈다. 이후 피조는 스스로 광속을 측정하여보기로 마음을 먹었다. 그는 톱니바퀴 장치를 만들었다. 8Km 떨어진 곳에 거울을 설치하여서, 빛의 펄스를 보내서 되돌아오게 했다. 그리고 장치를 돌리면서 돌아온 빛이 톱니 사이로 빠져나오는 걸 확인하고, 더 빨리 회전시키면 톱니에 빛이 걸리는 것을 관찰하였다. 피조는 장치의 회전 속도를 알고, 톱니의 너비도 알아서 빛의 속도를 계산할 수 있었는데, 그가 측정한 값은 초속 313,300Km로 5%만큼 벗어났다.

푸코가 피조의 장치를 개조하여 실험을 다시 했다. 이번엔 톱니바퀴 장치에 거울을 장착하였다(피조-푸코 장치로 불린다). 회전속도가 달라짐에 출발하는 빛의 펄스가 각각 다른 각도로 도달하게 되어 그 각도 차이를 계산하면서 더욱 정확한 값을 얻었는데 초속 299,796Km였다.

피조의 과학 업적은 광속측정만이 아니다. 그 후 피조는 흐르는 물처럼 액체를 통과한 빛의 속도를 측정하여 놀라운 결과를 얻었다. 움직이는 매질을 통과한 빛의 속도가 기대한 것과는 달리 변하지 않았다!

피조의 광속불변과 아인슈타인

학자들은 매질이 달라짐에 따라 광속이 달라짐을 이미 측정했다(굴절법칙). 그러므로 피조의 실험이 있기 전까지는, 매질이 운동한다면 음파의 경우처럼 그 매질 속도 v가 광속 c에 추가될 것이라고 믿었었다.

즉, $\omega_+ = c/n + v$

실험을 통해 얻은 결과는 위에 따라 변하지 않는, 놀라운 결과였다. 즉 움직이는 매질을 통과한 빛의 속도가 변하지 않았다! 피조가 발견한 것은 아래와 같이 변한다는 사실이었다.

$$\omega_+ = \frac{c}{n} + (1 - \frac{1}{n^2})v$$

이것은 나중에 볼 아인슈타인의 특수상대성 이론과 일치하는 것이다. 즉 좌표계상 O점에서 X축 방향으로 OA의 속력이 u, A에 대한 AB의 속력이 v일 때 O에 대한 OB의 상대속력 S는

$$s = \frac{v+u}{1+(vu/c^2)} \qquad (c: 광속)$$

위에서 만약 AB의 속력 v는 그대로 두고 OA의 속력이 $u = c/n$ 광속일 때 OB의 속력 $S = \omega$는

$$\omega = \frac{c/n+v}{1+(c/n)v/c^2} = \frac{c/n+v}{1+v/nc}$$

$$\approx (c/n+v)(1-v/nc)$$
$$= c/n(1-(v/c)^2) + v(1-1/n^2)$$

즉 $(v/c)^2$이 아주 작을 때 $[v \langle\langle c]$, 위는 피조의 발견과 일치한다. 아인슈타인이 피조의 실험에서 자극을 받았던 것을 증명한다(상대론 일본 강연 기록 참조).

마이컬슨-몰리 실험 결과를 아인슈타인이 논문을 쓰기 전에 알았을 것의 논란도 올랐었다(상대론 일본 강연 기록 참조).

헤르츠와 초기 광전효과 실험의 씨앗들

헤르츠의 또 다른 족적은 다른 학자의 업적이 된 광전효과 실험이다. 진공을 뺄 수 있는 유리종bell jar 안에 넣은 금속 전극봉 재료로 구리 외 7가지, 광원으로는 태양광, 가스 불꽃들, 전기 아크 등, 중간소재로 금속, 유리, 파라핀 등 12가지를 써보았다. 햇빛을 프리즘으로 분산시킨 광원들로 실험한 후 스파크를 강화하는 빛은 자외선UV임을 알았다. 중간 결과는 1887년 독일물리학연보(Annalen der Physik)에 발표한 16쪽짜리 논문이다.

6개월을 보낸 후 광전효과 실험은 중단하였다. 헤르츠가 광전실험을 구축하였지만 미완성 결과는 후속들이 완성하였다.[45] 1888년 라이프치히의 할박스W. Hallwachs가 헤르츠의 광전효과를 확장한 논문을 발표하였다. 이 실험 결과가 아인슈타인의 광전효과 방정식을 정당화하며 양자물리의 수립에 일조한다.

일찍이 헬름홀츠는 골드스타인Eugen Goldstein에게 기체의 전도성을 연구하도록 하였다. 이 실험을 하던 골드스타인이 붙인 독일어 이름 '카토덴스트랄렌Kathodenstrahlen'이 '음극선cathode rays'이란 용어로 정착되기도 하였다. 원래 유리관 제작술을 가진 독일 물리학자 가이슬러Geissler

가 가이슬러 튜브를 1857년 만들었는데, 진공관 속에 붙인 고전압 방전 전극 사이에 여러 가지 기체들을 삽입하여 그 분자들이 여러 가지 색으로 발광케 하였다. 이것을 영국 물리학자 크룩스Crookes가 진공을 더 빼서 광선이 직진토록 개조하였고, '흥미거리'였던 가이슬러관은 원자 및 분자의 이온화 현상과 분광분석의 연구대상이 된다.

이 기술이 독일로 역수입되어 골드스타인 손에서 다시 태어나는 동안, 기체 중 가속된 자연산 이온들이 주변 입자들과 충돌하여 생긴 양이온들의 눈사태가 음극 표면을 때릴 때 튀어나오는 '음극선' 현상에 더욱 주목하게 된다. 한편 레일리 팀이 불활성 기체 아르곤을 발견하고 네온 헬륨 등을 발견한 얼마 뒤, 프랑스의 클로드Claude가 1902년 공기액화 사업 부산물로서 네온을 대량생산하고, 최초의 네온관 디스플레이를 1910년 파리 자동차 쇼에 내걸면서 **네온사인 시대**가 오게 된다.

헤르츠는 연구소 동료 골드스타인에게서 음극선 실험을 배웠다. 전자파 실험에 열중하던 헤르츠는 1889년 본으로 오면서 변화를 꾀하였다. 1891년 4월 레나르트가 그의 조수가 되면서 가스 방전 연구를 시작하게 되었다.

그는 음극선이 금속박막을 통과하는 것을 관찰했다. 1892년 12월 레나르트는 이 박막을 진공방전관 윈도우로 삼아서 관 밖으로 음극선을 끄집어낼 수 있었고 방전관을 나온 음극선을 자세히 분석할 수 있었다. 레나르트 외에 톰슨J. J. Thomson 등이 이러한 연구에 착수했다. 1905년에는 레나르트가 음극선 연구로, 1906년에는 톰슨이 음극선 전자의 운동 연구로 노벨상을 수상하였는데, 헤르츠가 요절하지 않았다면 분명히 레나르트 대신 또는 둘 중의 누구와 공동수상의 영예를 누렸을 것이다.

1901년 첫 노벨 물리학상이 수여된 **뢴트겐**Roentgen도 1896년의 X레이 논문에서 헤르츠와 레나르트 논문을 인용하였다. 즉, 음극선은 자계를 가하면 휘어진다는 헤르츠의 연구결과에 반하여 X레이는 그런 자계 현상이 없으므로 음극선과 구별되어야 할 새로운 빔이란 결론을 내리게 되었다.

한편 **제만**P. Zeeman 효과의 설명과 전자이론의 업적으로 제만과 함께 물리학상을 받은 **로렌츠**Hendrik Lorentz는 1902년 노벨상 수상기념 강연에서 말했다.

"맥스웰 전자기 이론의 기초를 확립한 거인들로서, 맥스웰 다음은 바로 독일 물리학자 헤르츠인데, 그가 우리 곁을 너무 일찍 떠나지 않았다면 노벨위원회 여러분이 매년 선정하는 대상들 중 제일 먼저 고려하였으리라 확신합니다."

쌍극 진동자dipole oscillator들이 에너지를 복사하거나 흡수하는 양을 헤르츠가 계산한 결과는 플랑크의 흑체복사 이론에서 진동자 모델로 활용되기도 했기 때문에, 1918년 플랑크는 노벨 수상강연에서 그에게 감사의 말을 전하기도 하였다.

헤르츠는 루터교를 신봉했지만 부계가 가톨릭으로 개종한 유대인계로, 그가 죽은 지 40년쯤 후 나치 시절 함부르크 시는 그의 초상을 제거하였다가 나중 복원하였다. 훗날 그를 기념하기 위하여 독일 우표가 제작되었고, 칼스루 대학에는 그의 토르소가 있다.

제5부

아인슈타인
박사학위논문
& 통계역학

에테르가 아닌 톰슨의 전자와 오리 논법

19세기 말 음극선cathode rays은 음으로 대전된 입자들이라는 주장과 에테르를 흔들어놓은 것뿐이라는 상반된 의견이 충돌했다. 당시만 해도 진공 상태에서는 에테르밖에 없다고 생각했다. 하지만 장 페랭Jean Perrin은 음극선에 자석(자기장)을 접근시키자 검출되던 전하가 검출기 구멍을 벗어나서 없어지는 것을 발견했다. 그러나 이런 발견에도 에테르 신봉자들은 고집을 꺾지 않았다.

이 문제를 해결하려던 **톰슨**Joseph J. Thomson(1856-1940)은 음극선 실험 방식을 바꾸었다. 그는 자기장을 가하지 않을 때 음극선이 그냥 직진하여 방전관(Cookes tube) 유리벽에서 형광이 빛나도록 하여 궤적을 볼 수 있게 만들었다. 이때는 전하의 검출이 아주 적음을 확인했다. 반면 강한 자기장을 가하였을 때는 음극선이 많이 휨을 보이면서 전하가 폭증하여 검출되는 현상을 발견했다. 헤르츠가 전기장을 가하여도 휨이 없었던 것을 톰슨은 방전관의 압력을 줄임으로써 휘어짐을 시연했다. 그리하여 전기장과 자기장의 실체를 확인하고 다음과 같이 덧붙였다.

"입자들이 음의 전하를 지녔다는 사실을 부인하며 이제 더 도망할 곳이 없습니다." [유명한 '오리논쟁duck argument'이 뒤따른다.]

'그것이 오리처럼 생겼고, 오리처럼 꽥꽥 하고, 오리처럼 뒤뚱뒤뚱 걸으면, 그걸 오리라고 부를 만한 충분한 이유가 되죠. If it looks like a duck, quacks like a duck and waddles like a duck, then we have good reason to believe it is a duck."[46]

음극선은 음전하 입자라는 것을 증명한 후였다. 톰슨은 그것들이 원자인지, 분자인지, 아니면 더욱 작은 어떤 물질인지 알고자 했다. 그는 새로운 방전관으로 음극선과 전기장 및 자기장이 서로 수직이 되도록 하고 음극선을 직진시키는 방법을 사용하여 음극선 속도를 쟀다. 그는 자기장을 없애고 전기장으로만 휘게 하면서, **결국 질량/전하의 비, 즉 m/e비를 추출**했다.

m/e비 = 1.3×10^{-8} [현재 값 = 0.56857×10^{-8}][gram/Coul.]

이 m/e비는 음극 재질이나 방전관의 기체를 바꾸어도 값이 불변이었다. 즉 음극선은 여러 가지 원자들이 공통으로 가지고 있다는 것을 뜻했다. 그것은 크기 또한 매우 작아서, 전해질인 수소이온보다도 1,000분의 1로 작았다. 톰슨은 그것을 '알갱이corpuscles'라고 불렀고, 원자를 구성하는 성분이라고 주장했다.

후대 과학자들은 이를 '전자electron'라 불렀다. 이것은 아일랜드 학자 스토니George J. Stoney가 20년간 원자의 전기적 성질을 연구하며 기본적 대전입자를 1891년 '일렉트론electron'이라고 부른 것에서 유래한다. 1912년 톰슨은 Ne의 경우 두 개의 동위원소로 나눠진다는 것을 확인하고 원소마다 다른 궤적들을 갖는 것을 알게 되었다. 그는 연구조교였던 애스턴F. W. Aston과 질량분석기mass spectrometer를 발명한다. 이것은 오늘날 모든 화학과의 필수 연구 장비이다.

레일리Lord Rayleigh의 제자이기도 한 톰슨은 많은 후학들을 거느렸다. 몇 명만 열거하면 러더퍼드Ernest Rutherford, 애스턴Francis William Aston,

맨해튼 프로젝트의 오펜하이머J. Robert Oppenheimer, 회절공식의 브래그 Willliam Henry Bragg, 보른Max Born, 랑주뱅Paul Langevin, 반 데 폴B. van der Pol 등이 있다.

불변하지 않은 원자 및 퀴리 가계 사랑과 연금술

물리학자 로슈미트Loschmidt가 최초로 입자 크기를 근접하게 추산하였다. 그는 입자가 천방지축 부딪치고 다니는 동적인 공간을 입자들이 채울 수 있는 최대 유효공간을 추정한 두 가지 연립방정식을 통해, 분자의 크기와 밀도라는 두 가지 미지수를 계산해냈다.

맥스웰 같은 물리학자들은 대부분 원자의 실체를 믿기 시작했다. 맥스웰은《열이론Theory of Heat》[이것은 열역학thermodynamics 분야가 된다]이라는 책에 썼다.

"그것들은 … 처음 존재한 상태에서 전혀 변하지 않은 채로 있는 유일한 것들이다."

이들 물리학자들은 이해하기 힘든 원자스펙트럼들을 설명하자면 원자 내부에 무언가가 또 있을 것이라는 생각까지 했다. 원자도 내부구조가 있다는 밑그림이 필요했지만 그렇다고 당시 기술로는 원자를 분리할 수 없었다. 하지만 원자론자(혹은 원자론자가 아니더라도!) 물리학자와 화학자 모두가 한 가지 사실에는 동의했다.

'설령 원자가 존재한다고 하더라도 너무나 작아서 볼 수 없다.'

이 사실을 반 데 발스보다 더 우아하게 표현한 사람은 아마 없으리라.

그는 1873년 박사학위논문에서 이렇게 끝을 맺고 있다.

"보이지 않는 원자들의 궤도로 수놓아 하늘거리는 망사 커튼의 아름다움에 도취되어 한동안 저 행성들의 운행과 그 둥근 공들의 음악은 잊은바 되리라."

원자들의 이미지를 필드 이온 현미경으로 직접 본 것은 약 80년 후이다. 하지만 반 데 발스는 20세기 벽두에 아연황 건판을 두드릴 때마다 반짝이던 알파입자들을 본 것이다.

우리가 아주 잘 아는 마담 퀴리의 방사능 연구도 원자에 관한 연구이다.

"방사능 원자들은 화학적으로는 불가능하나, 분리가 가능하다."

1900년 **마리 퀴리**Marie Skłodowska Curie(1867-1934)가 그렇게 썼다. 방사능을 아원자 입자들의 방출로 해석하는 것은 화학 원리를 심각하게 뒤집는 것이라고도 부연하였다. 1902년 러더퍼드E. Rutherford는 방사능물질은 불안정한 원자들을 포함하며, 일정량의 부분이 붕괴하고 있다는 변형론을 제안했다. 40여 년 후 그는 당시의 분위기를 다음처럼 증언하였다.

"당시 변형론은 당돌한 것으로 여겨져 전통 원자론자들이 쉽게 수용하지 않았다. 하지만 젊은 물리학자, 화학자들은 오히려 전통 원자론자들을 이해하기 어려웠다."

원자의 분리 불가능성을 믿던 전통 원자론자들은 20세기 벽두 급격히 몰락했다. 원자 자체를 부정하던 오스트발트 및 마흐 진영은 급속히 힘이 빠져 소수집단으로 쇄락하였다. 한편 톰슨 · 퀴리 · 러더퍼드 등을 필두로 한 새 그룹이 등장했는데, 그들은 입자물리학은 화학의 종착역이 아니라고 인식했다. 그들에게 고대 그리스 철학자들이 상상해온 원자들이 현실이 되었고 변이론transmutation 신봉자들의 꿈은 현실로 다가올 것

195

이라고 믿었다.

폴란드인 마담 퀴리는 남편 피에르 퀴리와 방사능 발견 연구로 1903년 노벨 물리학상을 베크렐과 공동수상했다. 안타깝게 그녀의 남편은 1906년 마차에 치여 숨지고 만다. 하지만 슬픔을 이겨내고 연구를 계속한 마담 퀴리는 다시 1911년 노벨화학상을 수상하며, 프랑스가 라디움 연구소를 세우는 계기를 만들었다.

그녀는 물리, 화학 및 방사능의 의학적 이용 연구 길도 열었다. 두 번 노벨상을 수상한 학자로는 **마담 퀴리 이후 100여 년간 라이너스 폴링, 존 바딘**뿐이다.

1902년 마담 퀴리의 남편이었던 피에르 퀴리에게서 학위를 받고 1904년 교수가 된 랑주뱅은 결혼생활이 파국을 맞는다. 그와 가까워진 마담 퀴리가 1911년 노벨화학상 수상 시 파리 여론은 마담 퀴리에게 '가정파괴범home-wrecker'이란 딱지를 붙여 뭇매를 때리기도 했다. 그는 딸 **이렌느 퀴리**Irene Joliot-Curie(1897-1956)를 데리고 1915년 전후 X레이 시설을 갖춘 이동병원차들을 조직하여 전쟁터를 찾으며 수많은 골절 부상자들을 치료하였다. 이때 조악한 시설로 방사능에 피폭되어 본인은 물론 딸도 영향을 받게 된다.

이렌느 퀴리는 1924년 박사학위를 받을 즈음 X레이 의료기술 교육을 시켜준 화공학도 졸리에Frederic Joliet와 결혼한다. 그들은 원자핵 연구에 매진하여 양전자positron 및 중성자neutron를 발견하는 큰일을 했으나 분석 미비로 상은 앤더슨C. D. Anderson(1936년 수상)과 채드윅James Chadwick(1935년 수상)에게 돌아갔다. (위의 양전자는 디랙이 상대론적 양자역학을 풀며 예측한 반전자이다. 나중에 다룰 것이다.)

이렌느 부부는 방사성 원소를 인공으로 처음 탄생시키는 일을 하여 1935년 노벨화학상을 공동수상했다. 그 내용을 보면, 예를 들어 알파선

같은 방사선을 쪼여서 마그네슘에서 실리콘을, 보론boron에서 방사성 질소를, 알루미늄에서 인(P: phosphorus)의 방사성 동위원소를 만드는 것이었다. 수천 년 동안 인간의 염원이었던 연금술이 최초로 성공한 것이다.

이렌느 부부는 딸 헬렌Helene Langevin-Joliet을 낳고(1927) 아들 피에르Pierre Joliet(1932)를 낳았다. 이제 마담 퀴리의 손녀딸이 랑주뱅의 손자 미셸 랑주뱅Michel Langevin과 결혼하여 딸 이름이 위처럼 바뀌었으니, 마담 퀴리와 랑주뱅의 사랑은 2대 아래에 가서 이루어진 셈이다.

한편 이렌느는 제2차 대전 중 결핵에 감염되어 스위스 요양원에 격리되었는데, 가족이 보고 싶어 몰래 파리에 다녀가기도 하였다. 만년에 파리로 이송되어 백혈병을 치료받다가 숨졌다(1956). 방사능 연구에 바친 모녀의 귀한 생애였다.

브라운에서 아인슈타인으로

이제 아인슈타인 세계에 처음 접근하며, 타임머신 여행을 하여 고전과학 브라운운동으로 잠시 돌아간다.

스코틀랜드의 브라운R. Brown(1773-1858)은 애버딘과 에든버러에서 의학을 공부하고 1795년 영국군에 지원하여 외과보조의사가 되었다. 1801년 호주해안 탐사선에 박물학자로 승선한다. 브라운은 이때 약 3,900종의 식물을 채집했다.

이 중 우선 호주의 꽃들을 정리하여 1810년 출판하여 최초의 호주식물도감으로 식물학자들의 찬사를 받았다. 하지만 250부를 인쇄하여 겨우 24부가 팔리는 데 그쳤기에 실망이 큰 나머지 자료들은 정리하지 않았다.

그동안 그는 도서관 사서로 일하다가 1810년 뱅크스Banks의 사서로 들어갔다. 10년 후, 뱅크스는 죽으면서 자신의 도서관에 소장하고 있던 모든 장서와 컬렉션을 브라운에게 주되 브라운이 사망하면 대영박물관에 기증하도록 유언을 남겼다. 유언대로 브라운은 기증하면서, 박물관을 설득하여 뱅크스 컬렉션을 따로 관리하는 식물부서가 만들어졌다. 브라운은 죽을 때까지 식물부서를 맡아 영국 국민에게 처음으로 식물자료를 공개하는 전통을 남겼다.

호주 식물을 집대성하는 일에 시들해진 브라운은 1827년 현미경으로 식물들을 관찰하다가 일생 최대의 발견을 한다. 그는 현미경으로 꽃들의 수정 기관을 조사하다가 물에 묻은 꽃가루들이 제멋대로 움직이는 걸 보았다. [그의 긴 논문제목: A Brief Account of Microscopical Observations Made in the Months of June, July and August, 1827, on the Particles Contained in the Pollen of Plants]

처음 그는 꽃가루들에 생명력이 있는 거라 여겼다. 그런데 런던에서 흔히 몸에 묻는 먼지나 검댕가루, 스핑크스의 돌가루 등으로 실험해도 무작위 운동이 일어나는 것을 발견하고 이 현상을 이듬해에 보고하였다. 이 발견이 '브라운운동'으로 훗날 기체 운동론이 나올 때까지는 그 원인을 알 수 없었다.

오늘날 우리는 브라운이 둥둥 떠다니는 입자를 밀어대는, 물 분자들의 액션을 본 것이라고 자신 있게 말할 것이다. 이런 이론적 해석을 준 사람이 바로 알베르트 아인슈타인이다.

브라운은 꽃가루들이 생명을 가진 것은 아닐까, 하는 생각을 접었다. 그럼 무엇이 꽃가루를 움직이게 하나? 온도변이와는 무관하였다. 주위의 기계적 흔듦도 아니었다. 모세관 효과도 관계되지 않았다. 온도를 급변시키지 않는 한, 빛을 비추어도 변하지 않았다. 용액 전체의 대류운동도 무관하였다. 여기까지 정리되는 오랜 과정에서 시비들이 오고갔다.

1860년대에 드디어 용액 내부의 운동에서 이유를 찾을 생각까지 이르렀다. 이후 꽃가루의 지그재그 무작위 춤은 액체 분자들과의 충돌에서 비롯되었다는 제안까지 나왔다. 이태리 파비아Pavia의 칸토니Giovanni Cantoni 및 두 명의 벨기에 예수회 수사들인 델사울스Joseph Delsaulx와 카보넬리Ignace Carbonelle 등이 제안자들이었는데, 물론 추측일 뿐 증명을 한 것이 아니다.

그런데 이 제안은 강한 반대에 부닥쳤다. 소위 두 사람 이름을 붙인 네글리-램지Naegeli-Ramsey 반론이다. 이 반론은 꽃가루가 지그재그 춤추는 것에서 지그 또는 재그 한 번씩의 춤사위마다 분자 한 개씩 충돌한다는 주장이었다. '한 개씩'이란 잘못된 가정으로 잘못된 반론을 제기하였지만 '분자의 충돌'이란 생각은 남았다.

구이L. G. Gouy는 액체 속의 분자들이 한 다발씩 묶음으로 움직일 수 있다고 보았다. 많은 분자들이 동시적으로 쳐서 꽃가루가 한 번씩의 지그 또는 재그를 한다는 해석이 가능해졌다. 또 그는 열역학적으로는 브라운운동을 쉽게 이해하기 곤란하다고 토를 달았다. 하지만 원리상으로는 끊임없는 브라운운동으로써 영구기계를 만드는 것이 가능하다고 생각했다. 이렇게 현미경으로만 관측되는 1미크론[μ] 정도의 영역에서는, '영구기계는 없다'는 카르노Carnot 원리가 어긋나는 것을 발견한 것이다.

1900년 파리 국제물리학회를 여는 개회강연에서 물리학 전반에 관한 총평을 요청받은 대학자 푸앵카레H. Poincare는 구이의 아이디어를 인용하여 말했다.

"맥스웰의 데몬demon이 일하는 걸 본다고 믿게 될 것 같다."

전자기의 아버지 맥스웰이 열역학 제2법칙을 교란하는 비현실에 미지의 데몬이 개입하는 사고실험 예를 의미하는 것으로서 불가사의함을 토로하였다. 즉 열역학 제2법칙의 카르노 원리는 운동 에너지가 마찰을 매개로 하여 열로 변화하며 소진되는 것을 가리킨다. 그런데 액체 속의 분자들 운동 즉, 열이 거꾸로 꽃가루의 운동을 일으킨다고 하는 것은 결국 제2법칙 카르노 원리를 위배하는, 비현실적인 사실이라고 지적한 것이다.

반트호프 법칙과 아인슈타인의 인기 높은 논문

$$\pi V = nRT = (w / M)RT$$

위는 고3의 '반트호프Van't Hoff 법칙'이다. (1914년 아인슈타인은 베를린 왕립 학술원의 반트호프 후임으로 옮겨간다.) 반트호프는 이것을 이용하여 분자량(M)도 얻을 수 있다고 소개된다.

π는 삼투압이다. 어머니가 소금으로 배추를 절이면 숨이 죽는다. 짠 소금 성분[+와 − 이온 두 개] 원자들이 배추 속까지 스며들지 못하고 대신 배추 속의 용매(물)가 흥건하게 빠져나와 소금물 용액에 합류하며 숨이 죽는다.

소금물 속의 소금 성분들인 용질이 표면막에 무수히 부딪치는 것이 삼투압 π이다. 그런데 이것은 앞에서 살펴본 이상기체 공식과 똑같다. 즉 p 대신 π일 뿐, '반트호프'의 법칙은 이상기체와 같다는 뜻이다. 이것이 바로 반트호프의 천재적 영감이다.

그는 암스테르담 대학 화학과 교수였다. 그는 화학적 평형을 연구하던 중 불현듯 묽은 용액 속의 용질이 이상기체 역할을 하고 있다는 생각이 들었다. 이것이 화학과 물리학의 의미 깊은 첫 만남이다. 분자의 존재를 완강히 무시하던 화학자들이 점점 분자의 물리적 특성을 의식하기 시작한 것이다.

반트호프는 페퍼Pfeffer의 실험치를 분석하여 삼투압을 명쾌히 해석해낸 것으로 1901년 첫 번째 노벨 화학상을 수상하였다.

'그는 기체압력과 삼투압이 같다는 것을 증명하였다. 따라서 분자는 기체 상태나 액체 상태에서 동일하다. 결과적으로 화학에서 분자개념이 확립되었고, 이것은 이제까지 몰랐던 여러 경우에 장차 널리 적용될 것이다.'

반트호프의 이론을 뒷받침한 페퍼는 유약을 바르지 않은 도자기형 용기를 이용하여 정교한 실험을 하였다. 그의 의심은 삼투압과 용질 분자의 크기와 농도와의 관계였다.

삼투압은 실험을 통해 쉽게 계량화할 수 있다. 1%의 설탕물은 2/3기압의 삼투압을 발생시킨다. 반트호프의 법칙 이후 기체상수(R)를 액체로서도 구할 수 있는 길이 열렸고, 결과적으로 아보가드로 수 N을 결정할 수도 있었다.

이것이 반트호프의 법칙을 아인슈타인이 학위논문으로 다룬 이유이다. 그의 학위논문에서는 이 문제의 통계적 물성을 분석한 것 못지않게 그 법칙을 활용한 것이 더욱 중요하다. 아보가드로 상수 N을 구한 것 외에 분자의 크기도 함께 구하는 새로운 방법을 제시한 것이다. 아인슈타인은 최종 방정식들에 설탕물 데이터를 넣어서 $N = 2.1 \times 10^{23}$을 얻어냈다.

그는 박사학위논문을 절친한 사이였던 대학 친구 그로스만Marcel Grossman에게 헌정하였다. 1905년 7월 24일 취리히 대학 학장은 그의 논문을 클라이너 및 부르크하르트 교수에게 심사를 의뢰했고 아인슈타인은 드디어 'Herr Doktor'가 되었다.

사실 많은 사람들은 학위논문이 아인슈타인의 가장 주요한 논문 중 하나라는 것을 잘 알지 못한다. 역사학자들과 자서전 작가들은 1905년을 기적 같은 해라고 이구동성으로 말한다. 상대론, 광양자론, 브라운운동에 관한 3편의 논문이 쏟아진 중요한 해이기 때문이다.

그의 학위논문은 브라운운동 논문만큼 주요업적이다. 〈물리학연보〉 Annalen der Physik(AdP)가 브라운운동 논문을 접수한 5월 11일은 4월 30일에 완성된 학위논문에 추가된 특수한 경우였다. 학위논문이 통과된 지 3주 후 위의 〈물리학연보〉에 헌정사를 뺀 학위논문을 접수시킨다(이것은 1906년 게재 논문).

이 논문에는 확산diffusion과 점성viscosity 계수를 연결하는 중요한 공식이 등장한다. 게재된 순서로 보면 흔히 이것이 그 앞에 게재된 브라운운동론 후편으로 나온 것처럼 짐작하지만, 사실은 학위논문으로 먼저 얻었던 공식이다.

동료들은 그의 앞선 논문이 브라운운동 실험 결과와 제법 잘 맞는다고 용기를 북돋았다. 1905년 12월, 그는 [1] 중력효과에 따른 서스펜션 밀도의 수직분포도, [2] 돌고 도는 강체구rigid sphere의 회전운동을 다루는 논문을 다시 〈물리학연보〉[AdP 19, 371(1906)]에 발표한다. 이렇게 하여 N값을 결정할 수 있는 두 가지 방정식이 추가로 발견되었다.

용기를 얻은 아인슈타인은 이듬해에도 브라운운동을 풀었다. 단, 이번에는 전해질과 관련된 양극과 음극 사이 전압이 걸려 있는 상태에서 온도에 민감해지는 [거리]^{2}의 평균값[분산값] 문제를 풀고자 했다. 전해질 문제는 나중에 **온사거**Onsager를 논할 때에 이어진다.

현미경을 통해 얼마 동안 꽃가루들의 꿈적거린 분산값 등을 재면 분자의 N값을 얻는데, 그 공식은 짧은 시간에 평균속도가 무한대로 발산하기 때문에 유효하지 않다고 지적했다. 후학은(R. Furth) 1922년 자세한 이유를 달았다.

"이렇게 되는 이유는…. 임의의 시간 동안에 꽃가루운동이 과거에 있었던 것과 무관하다고 암묵적인 가정을 달기 때문이다. 시간이 짧을수록 이 가정은 점점 어긋난다."

1906년의 학위논문은 아인슈타인의 논문들 중 가장 폭넓게 활용된 논문이기도 하다! 그의 논문인용지수에 대한 놀라운 사례가 있다. 1912 년 이전에 출판된 세계의 모든 논문 중 1961-1975년 사이에 가장 많이 인용된 11개의 논문을 선정하였는데, 그중 4개가 아인슈타인의 논문이 었다. 이는 아인슈타인이 20세기 과학에 얼마나 큰 영향을 끼쳤는지 보 여주는 예이다.

이 4개의 논문 중에 그의 1906년 논문이 최다 인용 논문이다. 2번째 가 이 논문의 속편으로 썼던 1911년 논문이다. 브라운운동 논문은 3등이 고, 4번째가 임계단백광臨界蛋白光critical opalescence 논문이다. 아인슈타 인 논문 리스트에서 1970-1974년 사이의 최다 인용 논문 역시 1906년 논문이다. 그가 일반상대성 이론에 대한 서베이 논문으로 쓴 1916년 논 문의 4배, 그가 1905년에 쓴 광양자 논문의 8배나 많이 인용되었다.

인용빈도가 높다고 반드시 더 중요한 논문이라 말할 수는 없다. 하지 만 아인슈타인 학위논문의 인기에는 뭔가 이유가 있다. 그의 학위논문은 입자들의 서스펜션 덩어리의 유변학적rheological 특성을 다루었는데, 오 늘날 굉장히 다양하게 응용되는 결과들을 담고 있기 때문이다. 아인슈타 인의 논문을 응용한 예를 두어 가지만 나열하면, 건설산업—레미콘에서 시멘트 반죽 속의 모래입자들의 운동, 낙농업—암소의 우유 속 커세인 마이셀casein micelles(=교질입자) 운동, 생태학—구름 속의 에어로졸 입자 들의 운동 그리고 반도체에서 전자들의 운동 등이다.

고속도로 폭주차와 PS볼의 꽃가루운동

고속도로에서 작은 승용차들이 몇 개의 차선으로 나뉘어 고속으로 서로 편안하게 달린다고 하자. 그 흐름을 높은 산에서 내려다보면 몇 줄이 사이좋게 움직일 뿐 속도감이 느껴지지 않고 줄지은 개미들 흐름처럼 대열도 질서정연하다. 시냇물의 흐름이 이렇게 편안할 경우를 층류laminar flow라고 한다. 홍수 때의 난류turbulent flow와는 반대이다.

그때 미친 폭주 (대형) 차량이 전후좌우로 부딪치며 고속도로에는 난리가 난다. 먼저 폭주 차량 주위의 승용차들이 폭주 차량에게서 멀어지기 위해 대열이 흔들리고 곧 대열은 뒤죽박죽, 혼동의 난류사태가 온다.

그러나 이렇게 혼란스럽던 대열에서 누군가 기지를 발휘한다. 미친 폭주 차량에게 운전자에게 "네 엄마를 생각해!" 또는 "네 처자식을 생각해!" 그 말을 들은 폭주 차량 운전자는 제정신을 차린다. 곧 평정을 찾은 고속도로는 차량들의 속도가 비슷해지며 다시 층류를 이룬다.

그런데 문제가 생긴다. 그동안 폭주 차량에게 당했던 작은 승용차 운전자들 중 일부가 이성을 잃고 집단폭주족으로 돌변한다. 내 예쁜 차가 엉망이 되었어! 폭주 차량 너도 당해보라는 심산으로 망가진 작은 차들이 합세하여 돌진한다. 그러자 폭주 차량도 저 멀리 튕겨서 나뒹그러진다.

206

이상과 같은 마지막 상황이 브라운운동이다. 작지만 훨씬 빠르고 수많은 차들이 함께 돌진하니 폭주 차량도 이리저리 튕긴다. 동서남북으로 무작위 춤을 추는 꽃가루 허수아비들이다. 그러나 작은 분자들의 움직임은 현미경 아래 전혀 보이지 않는 바람과 같고, 허수아비 꽃가루만 무작위 춤을 추는 듯이 보일 뿐이다.

최근 나의 연구실 학생은 스티렌수지 PS(=polystyrene)볼을 마이크로 수영장에 넣고 거동을 현미경으로 살펴본다. 그 수영장 바닥에는 조명등 대신 우리 연구실이 발명한 반도체 신광원인 **양자테**(PQR=photonic quantum ring)의 마이크로레이저들이 바둑판처럼 깔려서 PS볼들을 비춘다. PQR레이저 소자는 대개 직경이 10μ(마이크론) 이내이다. PS볼의 직경이 1μ이면 브라운운동 즉 꽃가루 춤이 활발하여 그 잽싼 속도가 눈을 어지럽힌다. 그중 가까이 온 볼들을 PQR레이저 빔들이 순식간에 잡아챈다. 소위 맥스웰 압력으로 볼들이 공중 부양 상태로 빔 속으로 빨려드는 것이다. 이제 건전지로 약한 전기장을 가하면 싱크로 수영선수들의 군무처럼 모든 볼이 전기장 방향으로 쏜살같이 달려간다.

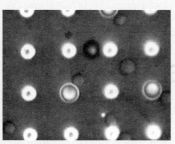

Brownian motion

왼쪽은 1μ PS볼들이 떼를 지어 브라운운동 중이다. 오른쪽은 10μW급 직경 10μ PQR(광양자테) 화합물반도체 레이저들이 2차원 격자의 규칙적 배열로 보이고 10μ 정도의 PS볼들은 불규칙하게 몇 개 보인다. 그중 두세 군데 10μ PS볼들이 잡혀 있다. 10μ PS볼의 움직임은 굼벵이처럼 되고, 더 잽싼 공중부양은 더 강한 파워를 요구한다. 물론 앞의 작은 승용차들은 안 보이는 물 분자이며 폭주차는 1마이크론 PS볼인 셈인데, 10μ PS볼로 대체되면 그 부피는 1,000배가 된다. 대형 트럭이 아무리 큰들 승용차의 1,000배는 전혀 못 되니 산사태로 길이 아예 막혀버리듯 거의 정지한 듯 슬로모션이다.

아인슈타인의 박사학위논문 및 임계단백광

앞에 쓴 것처럼 과학자들에게 가장 인기가 높은 아인슈타인의 박사학위
논문을 복잡한 수학공식 없이 살펴본다. [아래의 아인슈타인 공식은 너
무 유명하므로 |**과탐**|에 넣는다.]

**과학
탐구** **아인슈타인 관계식 – 확산 공식**

꽃가루들이 반트호프 법칙대로 이상기체처럼 작용하되 압력변위와 점
성(도)viscosity 계수(η)를 연결시키는 한편 꽃가루들의 농도변위를 확산
diffusion 계수(D)와 연결하면 마침내 두 계수가 상관된다. 그 결과 분자
크기(a) 및 아보가드로 상수 N(=N_A)이 드러나는 유명한 아인슈타인 공
식이 등장한다.[47]

$$[D = (\frac{RT}{N})(\frac{1}{6\pi\eta a})]$$

$$[D = \frac{kT}{e}\mu] = (\frac{RT}{N})(\frac{\mu}{e})$$

끝의 괄호 항이 조금 달라진 두 번 째의 공식은 오늘날 반도체에서 전자의 확산(D)과 이동도mobility(μ) 사이에 사용하는 아인슈타인 관계식 Einstein relation으로 쓰인다.

아인슈타인 학위논문인 1906년 논문은 발표 후 5년간 조용했다. 아무도 인용하지 않았다. 그런데 갑자기 장 페랭J. B. Perrin의 지도를 받던 바세린Bacelin이란 학생이 연락하기를, 아인슈타인이 말한 '증가된 점성계수' η가 실제보다는 너무 크다고 했다. 즉 아인슈타인 논문을 써서 N 값을 구한 것이 맞지 않는 것까지 페랭 그룹이 파악한 상태란 의미이다. 이에 아인슈타인은 당시 자기 학생에게 이를 조사케 하여 실수를 수정하였다(1911).

수정된 공식으로 계산하여 N=6.6×10²³을 얻으니 이는 아주 근접한 수치가 되었다. 아인슈타인의 1905년 5월 11일 논문은 그가 두어 달 기간에 아보가드로 상수를 결정하려던 3번째 경우로서 결국 주요 발견에 이르렀다. 원래는 흑체복사이론의 장파장 영역을 이용한 것으로 3월 18일 이미 〈물리학연보〉에 접수하였는데 N=6.17×10²³을 얻었으니 가장 정밀한 N값에 접근했다.

N값을 결정하는 새로운 방법으로 1905년 12월 연말에 그는 두 가지의 방법을 제시한다. 1907년에는 전압요동voltage fluctuations을 측정하여 N값을 결정할 수도 있다고 제안한다.

1910년에는 다시 한 번 다른 방법을 제안하니 이번에는 **임계단백광**臨界蛋白光critical opalescence 방법이다. 여기서 임계단백광은 다음 장에 설명할 임계현상의 일종이다. 간단히 설명하면, 밀봉된 고압용기에 물을 반쯤 채워 가열하면 기압이 오른다. 섭씨 374도까지 오르면 수증기압이 217기압에 이르고 용기 속의 물과 수증기 밀도가 중간에 만나 하나가 되면서 임계점에 다다른 것이라 한다(나중 다시 논의). 이 용기를 앞뒤로 투시해보면, 투명하던 물과 수증기가 임계점 부근에서 갑자기 혼탁해지다가 아예 오팔(=단백석蛋白石)처럼 불투명하며 우윳빛을 내기 시작한다. 동시에 물과 수증기의 선명한 경계면은 온데간데없고 한 덩어리의 오팔 보석처럼 된다. 물만 그런 것이 아니고 모든 액상, 기상의 질료가 공존하는 상황에서 그 임계점을 찾아가면 갑자기 이런 임계단백광critical opalescence 현상이 발생한다. 아인슈타인은 이 현상으로 N값과 입자의 크기를 결정하자고 제안했다.

아인슈타인이 그렇게 오래도록 집착하였던 원자-분자의 실체 규명이 가시화한 것은 1900년 벽두 10년간에 이루어진 일이다. 한편 그가 고심하며 획기적인 브라운운동 논문을 쓰고 N값의 정밀한 규명에 힘쓴 것은 사실이지만 그 때문에 입자 실체가 완성된 것은 아니다. 그보다는 방사능 실험, 브라운운동 실험, 하늘이 푸른 이유 등등 12가지 상호 다른 방법들로 파악한 N값들이 1909년경에는 모두 $N = 6 \sim 9 \times 10^{23}$ 범위 안에 들어왔다.

장 페랭은 1909년에 관련 보고서에서 이렇게 밝혔다.

"온갖 다양한 현상이 모두 한 점의 결론으로 수렴한다는 이 사실을 강렬한 감동이 없이 무덤덤하게 생각할 수는 없을 것이다. 이제 분자가설에 대한 적대적 태도를 계속 옹호하는 것은 더 이상 불가능할 것이다."

백수 온사거의 노벨상과 김순경

라르스 온사거Lars Onsager(1903-1976)는 노르웨이 오슬로에서 태어났다. 그가 혼자서 전해질 속의 브라운운동을 풀면서 디바이P. Debye의 해를 수정했다(디바이는 열용량specific heat이 저온에서 온도에 3제곱 의존성을 보이는 문제를 풀었던 학자. 고온에서 둘롱-프티 값으로 접근하는 것은 아인슈타인이 풀었음). 온사거는 1926년 취리히의 디바이를 찾아가 틀린 점을 과감히 지적하였다. 디바이는 이 청년을 기특하게 여겨 당장 조수로 채용하였다.

온사거는 1928년 다시 미국으로 건너가 존스 홉킨스 대학에서 학부 1학년생에게 일반화학을 가르쳤다. 그러나 그는 첫 학기에 해고되었다. 연구의 천재였지만 가르치는 것은 엉망이었기 때문이다. 그는 브라운 대학에서 다시 대학원의 통계역학을 가르쳤다. 하지만 대학원생을 가르치는 것도 형편없었다. 대공황시대에 결국 그 직장마저 날아갔다.

그 후 예일 대학 화학과가 그를 박사후연구원Postdoc으로 채용했다. 그러나 그가 박사학위가 없음을 알고 난처하였다. 연구는 출중하니 논문을 하나 써보라 했다. 하지만 화학과 교수들은 그의 논문을 이해할 수가 없었다. 수학과에 논문을 넘기며 문의하니 수학과에서 깜짝 놀라 그를 데려가겠다고 했다. 화학과는 엉거주춤 얼버무리고 그를 수용했다. 그것은 아주 현명한 결정이었다. 그의 논문은 매튜함수Mathieu function라는 새로운 함수에 관한 논문이었다.

그는 1968년에 노벨화학상을 받는데, 대상이 된 논문은 〈Onsager reciprocal relation〉이라는 그의 1929년 논문이다. 그가 브라운 대학과 예일 대학을 오가던 백수 시절에 쓴 논문으로(화학반응의 가역-비가역을 논하는 비평형 통계의 핵심논문) 노벨상을 받은 셈이니 백수 생활도 값질 수 있다. 상을 비교적 늦게 받은 것은 그가 노르웨이 출신이기 때문이다. 노벨상은 바로 옆 나라 스웨덴에서 준다. 한국인이 일본에서 심사하고 주는 상을 받는 게 까다롭겠다는 걸 추측해보자. 그는 제자를 두지 않았지만 한국인 학생만은 두 명이나 길러냈다.

필자가 코넬 대학에서 연구 중이던 어느 날 그룹의 위돔B. Widom(1928-) 교수가 준 책을 보니 미 템플 대학 김순경 교수의 회갑논문집이었다. 김 교수가 보내주었는데, 자기는 한글을 모르니 필자에게 가지라며 웃었다. 논문집에는 그가 온사거 교수의 첫 한국인 학생으로, 전해질 이온의 통계역학을 푼 논문이 실려 있었다. 김순경 교수는 재미과학기술자협회(KSEA: Korean Scientists and Engineers Association)를 발족시켜 이끈 장본인으로 초대 KSEA회장이었다. (김 순경 교수 이후 문탁영 박사가 온사거의 두 번째 한국인 제자가 되며, 나중 다우연구소에서 그를 만났다.)

5공화국 초기 필라델피아에서 김순경 교수를 만날 기회가 있었다. 그 후에 안 일이지만 그때 김 교수는 KSEA의 모국방문학회 학회 중 전두환의 청와대 초청만찬을 서둘러 끝내고, 출국 후 동경에서 바로 북경 경유 평양으로 북한에 입국하였던 일이 있었다. 옛 서울대 동료가 당시 김일성대 총장이 되어 그를 초빙한 것인데 아마 과학자로서는 처음 북한을 방문하였을 것이다.

이휘소(Benjamin Lee) 박사 다음으로, 또 KSEA 초대 회장으로서 가장

비중 있는 학자였기에 그의 북한 방문 사실은 당시 한인과학자들 간에 설왕설래하였다. 그러나 김순경 교수 자신은 이와 관련 미 한인사회 매체들과 어떤 인터뷰도 없이 침묵하였다. 그는 80년대 말 포항공대도 방문하고, 또 화학과 김동한 교수(은퇴)의 초빙으로 한 학기 동안 방문한 적도 있었다. 그가 수년 전 타계하였을 때에는 포항공대 화학과에서 그를 추모하였다.

과학탐구 온사거와 아이징 모델의 무한전쟁

이 과탐박스는 수준이 좀 높지만, 요약만을 정리하여 고3생들이 훗날 학자가 되었을 때 깊은 연구가 무엇인지 스스로 느껴볼 수 있도록 정리하였다.

2차원 아이징 모델은 바둑판에 흑백의 돌들이 어지럽게 깔리는 형국의 통계 모형이다. 철, 니켈, 코발트 등 여러 가지 자성체 모델로서, 물과 같은 일반 질료의 임계현상에도 해답을 주는 기준 모델이다.

2차원 바둑 묘수가 복잡한데 3차원 바둑은 얼마나 더 복잡할까? 여하튼 이 모델로 유명한 아이징E. Ising(1900-1998) 자신은 제2차 세계대전 중 유럽에서 행방불명이었는데, 전쟁 직후 이민, 미 교원 초급대를 거쳐 브래들리 대학에서 조용히 가르치고 있던 것이 알려졌다.

온사거가 통계물리의 아인슈타인이라고 할 만한 것은, 노벨상을 받은 앞의 논문보다는 아래처럼 또 하나의 명품논문magnum opus을 낸 것 때문이다. 제2차 세계대전 중이던 1944년, 온사거는 2차원 아이징Ising 모델을 푼 43쪽짜리 긴 논문을 썼다.

'고체나 액체의 상전이 현상 통계이론은 가공할 만한 수학적 골칫거리가 된다.'

그의 논문은 첫머리부터 이렇게 시작한다. 당시 그 해답을 이해한 학자는 세계에서 몇 명이 안 될 것이다. 그는 난해하고 새로운 대수학을 대담하게 구사하며 결정격자의 비열, 배치함수partition function, 임계온도 등을 계산해냈다. 그 논문의 요약 정도는 현대의 통계물리나 상전이 임계현상 책에서 발견할 수 있다.

이전까지 란다우의 평균장이론mean field theory이 존재했지만, 온사거의 계산에 의한 2차원 상전이 현상은 란다우 이론이 만족시킬 수 없었다. 평균장이론은 후에 3차원 경우도 빗나가는 것으로 판명 났다. 그렇지만 평균장이론은 상전이 이론의 한 정형으로 아주 중요한 입문서라 볼 수 있다.

밝혀지지 않은 3차원 아이징 모델을 향한 이론가들의 노력이 계속되었다.

온사거는 1949년 자성체 경우의 해답을 제안하였는데, 1952년 중국계 물리학자 양진영C. N. Yang(1922-)이 태클하였다. 그의 말대로 6개월 동안 일생 최장의 계산을 거치고 얻어낸 해답은 그의 방정식 96번 식이다.

$$M = (1 - T^2)^{1/8}$$

질서매개변수order parameter라고 하는 M은 자화율이고 여기서의 T는 무차원의 절대온도이다.

[양진영은 리정도T. D. Lee(1926-)와 1945년의 비슷한 시기에 배를 타고 국비장학생(Boxer기금)으로 미 시카고 대학에 간다. 양은 텔러E. Teller, 리는 페르미E. Fermi를 지도교수로 박사학위를 받는다. 그 후 바로 대칭성에 관한 양과 리의 공동연구가 1957년 노벨 물리학상으로 이어졌다. 특히 리는 30세에 받은 것으로 브래그W. L. Bragg 25세 다음인 하이젠베르크 30세와 같이 최연소 노벨리스트이다.]

반 데 발스 방정식이 지난 수십 년 동안 골치 아프게 한 문제를 돌파하는 해법이 나오면서 1982년 코넬 대학의 윌슨이 노벨 물리학상을 수상하고는 통계물리 분야가 정체상태에 이른다. 하지만 21세기 들어서

면서 다시 통계물리 분야가 활발해지고 있다.

3차원 아이징 모델 연구도 그랬다. 15년간의 연구 끝에 백스터Rodney Baxter가 카이럴 팟츠chiral Potts 모델 해답을 2005년 발표하였다. 2차원 아이징 모델이 바둑판에 깔린 흑백 알들의 모형이라면, 팟츠 모델 경우 흑백의 알들이 여러 가지 농도의 그레이 스케일들이나 다양한 컬러의 N개 알들로 바뀌어서 마치 평판TV 흑백그림이 3D TV 컬러로 바뀐 일종의 3차원 아이징 모델이라고 상상하면 족하다.

카이럴 팟츠는 그런 N개 알들이 DNA처럼 나선형으로 돌아가는 염주가 되어 바둑판에 치렁치렁 달린 모습이다. 이렇게 복잡하게 확장된 모델을 1952년 영국의 돔Cyril Domb 교수가 자기 대학원생 팟츠Renfrew Potts에게 풀어보라 했다. 팟츠는 이런 고약한 문제를 N=2, 3, 4까지 도전했지만 일반적 해는 구할 수 없었다.

N=2인 2차원 팟츠 모델에 컬러 알들만 매단 것 같은 카이럴 변형 모델을 1982년 코넬 대학 피셔M. E. Fisher 교수(현재 매릴랜드 대학) 및 휴즈D. Huse 등이, 그리고 1983년 또 다른 유사변형 모델을 시카고 대학 카다노프L. Kadanoff 교수 그룹이 도전하여

$M = (1 - T^2)^{1/9}$을 얻었다.

이에 동참한 뉴욕 주립대학 SUNY Stony Brook 그룹은 이론이 산으로 치달았다. 아인슈타인의 일반상대성 이론처럼 리만Riemann 기하학으로 넘어가니, 적분 가능한 카이럴 팟츠 모델에 이르렀다. 이곳은 리만의 표면차원[genus]이 아찔하게 g=10이다. g=0이면 단순 삼각함수로 할 게 없다. g=1이면 타원함수로 복잡하나 아벨Abel, 자코비Jacobi 등 선구자들이 150년 전 해놓고 간 것에 좀 기댈 수 있다. 그런데 g=10이라니!

1987년 백스터가 뉴욕 그룹 중 아우양Helen Au-Yang과 퍼크J. Perk를 캔버라의 호주국립대Australian National University로 초청하여 1년간 문제를 도전하여 공동업적을 쌓았다. 돌아간 뉴욕 그룹도 분발하여 코넬과 시카고 그룹처럼 시리즈형 결과가 나왔다.

$M = (1 - T^2)^{\beta}$

여기서 $\beta=n(N-n)/2N^2$, n는 1과 N-1 사이의 정수이다. 그래서 N=4 차원이다 하고, n=2라고 하면 $\beta=1/8$이 되어 C. N. 양이 얻었던 첫 번째 결과가 된다.

한편 1993년 교도대학 그룹(M. Jimbo 등)은 1970년대 백스터가 시험했던 '8-꼭지점' 모델을 푸는 법을 개발했다. 이 결과를 응용한 백스터는 일반화 함수에 도달하고는 멈추어야 했다. 백스터는 11년을 더 매달렸지만 성과 없이 2002년에 호주국립대를 은퇴하였다.

그 후 2004년 12월, 앞을 가리던 장애물을 넘었다. g=10 방식을 따르지 않고 g=10 문제 하나를 풀어냈다. 그 결과를 2005년 〈피지컬 리뷰 레터즈Phys. Rev. Lett.〉에 발표하고 통계물리 저널에 게재할 기나긴 속편을 아직도 쓰고 있다.[48]

그러자 학사 학자 겸 물리학자 드레스덴Max Dresden이 독백을 쏟아냈다. '통계물리의 모델은 에튜드Etudes(습작) 같아. 모델은 자신의 기술을 향상시키는 손가락풀기에 그치기도 하고… 때로는 그것이 쇼팽의 에튜드처럼 생명을 얻어 스스로의 아름다움을 일구어내지.'

분명한 것은 여전히 3차원 아이징 모델을 향한 이론가들의 노력은 계속된다는 것이다.

왼쪽에서 두 번째 양진영, 네 번째 리정도(1960)

반 데 발스가 단두대에 오르다

반 데 발스 상태방정식은 분자의 존재 외에 무엇을 더 의미하나? 일례로 주사액의 앰플ampoule처럼, 그러나 유리벽이 더 두껍고 단단히 닫힌 시료 용기에 시료, 예를 들어 물(증류수)을 넣고 조사한다. 상온보다 높게 온도를 올리면 압력이 오르면서 공존상태에 있는 물-수증기의 경계인 수면 아래 물의 밀도와 위의 수증기의 밀도도 변한다. 이때 물과 수증기의 밀도들을 자주 측정하면서 온도를 섭씨 100도 이상으로 올리면 용기 속 압력이 상당히 오를 것이다. 밀폐된 용기가 217기압에 이르고 용기 속의 온도도 임계온도인 374도까지 오르면 공존하는 기체와 액체의 밀도 중간에 위치한 임계밀도에 다다를 것이다. 이렇게 기압-온도-밀도 3가지 조건이 맞아떨어지는 유일한 점을 임계점critical point이라 한다.

모든 분자는 단 한 개의 임계점을 가진다. 혼합질료에는 더 많은 임계점multi-critical points들이 나타날 수 있다(이 분야는 위돔B. Widom 교수가 독보적으로 개척함).

[이런 높은 기압을 견딜 만큼 단단한 용기여야 한다. 유학생 시절 두 군데 실험실을 거치던 얘기이다. 한 곳은 양자전자, 즉 레이저 실험실인데 처음 보는 여러 가지 레이저들을 혼자 터득해야 했다. 이 실험실은 양

자화학을 하는 그룹 학생들과 나눠썼는데 그 그룹 교수는 일주일에 한두 번 이상 자주 와서 실험을 같이 했다. 그 교수(R. Curl)는 지난 1996년 탄소 나노튜브 연구로 스몰리Smalley, 크로토Kroto와 노벨 화학상을 공동수상하였다. 필자의 지도교수는 한 학기가 다 가도록 겨우 두세 번 실험실에 왔다.

또 다른 실험실은 레이저 산란실험을 하는데 옆방 친구가 탄산가스를 압축한 시료의 용기가 터져―커버막이 상당히 막아주었지만―연구실 사방으로 용기의 파편들이 총알처럼 발사되었다. 그 시료가 임계점 부근에서 변하는 것을 지켜보기도 했는데 사고 당시 누구라도 그때 거기 있었다면 실명할 수도 있는 큰 사고가 있을 뻔한 아찔한 일이었다(나중 미 NBS의 Sengers 그룹 사진 참조).]

1905년 12월 아인슈타인은 브라운운동 논의 중 중력효과에 따른 서스펜션 밀도의 수직분포를 논했다고 말했다. 위의 반 데 발스 상태방정식을 상상하며 물과 수증기의 공존상태가 끝나는 임계점에 접근하자, 이 임계점에 이를 때의 평형상태를 관찰하면 아인슈타인이 서스펜션에서 논한 수직분포도가 나타난다.

임계점에 접근하면서 평형상태를 운운함은 사실 모순이다. 평형이란 더 이상 표면적 변화가 없는 상태이다. 그런데 임계점에 접근하다니?

이때 접근과정은 거북이보다도 더욱 느리게, '정중동', 즉 온도를 올린다면 프렌치 레스토랑이 개구리를 서서히 삶는 것보다 훨씬 더 서서히, 올리는 듯 마는 듯 아주 미세하게 온도를 올려가며 도달하는 준-평형상태이다. 어떤 때는 24시간이 넘어가도록 조심스럽게 온도를 조정한다. 사실 임계온도 부근에서는 '임계느림critical slowing down'이란 자연적인 거북이현상도 나타나며, 0.001도 이하의 세심한 온도안정성이 요구되는 시간들이다. 그러므로 보온장치는 세네 겹의 보호막과 피드백 기술을 쓴다.

이미 설명한 물은 우리에게 익숙하다. 물이 임계점에 접근할 때는 물과 수증기가 공존하는 영역을 거친다. 즉 부엌에서는 주전자의 물이 100도로 뜨거워지면서 끓는데, 그 후는 부글부글 끓으며 수증기는 넘치지만 온도는 거기서 멈춘다. 그러나 그 주전자가 닫혀 있고 높은 기압을 견디는 특수 용기라면 온도는 계속 올라 앞에 설명했던 것처럼 임계점에 다가갈 것이다.

그러면 주전자 속의 수증기가 그대로 갇히고 수증기압도 점차 증가하여 물과 수증기가 공존한다. 임계점에 접근하면 서서히 물과 수증기의 경계면이 사라지기 시작한다.

20세기 초 분자의 존재를 반영한 반 데 발스 상태방정식은 문제가 없었다. 하지만 약 50년 후 위처럼 반 데 발스 임계점에 조심조심 접근해보니 수직분포도가 나타난다. 방정식에 그런 것이 없다는 것은 별 문제가 아니다. 사실은 중력장을 추가하여 수직분포도까지 나타나는 방정식을 세울 수도 있다. 내가 유학 중 석사논문으로 발표한 것도 그런 계산이었다. 그런 실험도 가능하다. 임계점에서 물-수증기의 경계가 사라지고 밀도 차이가 감소하는데, 바로 이때 임계밀도가 무한대로 민감해지면서 상하의 미세한 밀도 차이가 중력에 의한 수직분포도로 결과한다.

물이라는 액상과 수증기라는 기상의 경계면이 사라지고 한 덩어리가 되는 상전이 임계점 전까지는 액상과 기상이 공존하는 관계가 유지된다. 이렇게 물-수증기 지대를 구획 짓는 공존곡선이 생기는데, 임계점이란 특이점으로 접근할 때 이 곡선의 지수가 반 데 발스 방정식에서는 1/2로 주어진다. 이에 반하여 공존곡선들을 임계점에 접근할 때 측정한 결과 지수값이 실제로는 1/2이 아닌 1/3에 가깝다는 것이 밝혀지면서 판도라의 상자가 터진 것이다.

좀 다르지만 앞의 3차원 아이징 모델에서는 본 $M = (1 - T^2)^\beta$ 식이 $M \sim T^{2\beta}$로 간단히 해서 온도변수의 지수가 1/3 같다는 말과 동등하다. 많은 물질들을 시험해봐도 1/3이지 반 데 발스의 1/2은 나타나지 않았다. 무기물 및 유기물들의 수많은 혼합물 임계현상도 실험하는데, 그 모든 가이드가 되는 반 데 발스 이론에 탈이 난 것이다.

코넬 대학이 금을 쏘고 21세기로 가는가?

고전 통계역학에서는 평균장이론mean field theory을 곧잘 쓰는데 반 데 발스와 등가의 이론이며 이것도 탈이 나니 이론의 혼란까지 생겼다. 실험은 공존곡선만 틀려나가는 것이 아니다.

임계점에 접근하면 열용량specific heat이나 압축률compressibility 같은 측정치가 무한대로 발산하고, 질서매개변수order parameter인 밀도요동 및 상관길이coherence length도 모두 발산하는 임계현상이 출현한다.

이때 발산하는 함수들의 지수 값들이 예견된 반 데 발스 지수들과 달라지면서 일대혼란에 빠진 것이다. 이런 임계현상이 갑자기 발현 emerge(창발이라는 말도 사용함)하는 현상은 자성체 및 다른 물질에서도 광범위하게 관측되는 일반현상이다.

앤더슨P. Anderson, 프리고진I. Prigogine, 카이스트 총장이었던 러플린R. B. Laughlin ─3명 모두 노벨상 수상자─등이 복잡계의 특성들을 지적하며 환원론을 탈피하는 21세기 학문으로 전망하였지만, 말 자체가 의미하듯 복잡다단하다. 이것이 어떤 21세기 학문이 될지는 아직 밑그림이 분명치 않다.

당시 이를 해석하려는 이론들은 복잡해지고 임계현상 실험들은 도처에서 활기를 띠었다. 나는 당시 통계역학 이론의 메카였던 코넬 대학에 가서 깊숙이 더 배우고 싶었는데, 학위 후 꿈같은 학문시절에만 그곳에 갈 수 있었다. 그곳에는 스케일링 이론의 위돔B. Widom이 있고, 입자물리에서 쓰는 재규격화 군론renormalization group으로 임계현상을 설명하는 논문으로 슈퍼스타가 된 **윌슨**K. Wilson이 있고, 상관함수이론 등의 수리물리학자 피셔M. E. Fisher(1931-)가 있는 통계물리 그룹이었다.

윌슨의 입자물리 강의를 들으며 파인만 도식을 살피던 것은 먼 옛날 같다. 그보다는 피셔와 위돔의 통계역학 강의가 나에게는 더욱 긴밀한 주제였다.

윌슨의 에피소드는 그냥 지나치지 말자. 그는 쿼크이론의 창시자 **겔만** Murray Gell-Mann((1929-)에게서 박사학위를 하고 코넬 대학 조교수로 왔지만 1970년경 논문 실적 부족으로 퇴출 위기에 몰렸다. 겔만의 중재로 받은 1년의 유예기간에 터진 Phys. Rev. 논문 2편이 판도를 싹 바꿨다. 당시 위돔 교수가 던져본 통계물리의 임계현상 문제를 소립자 이론가 윌슨이 재규격화 군론(RG=renormalization group)이라는 자기의 무기로 공략한 것이다. RG이론은 당장 태풍의 눈이 되었고 10여 년 후 그 논문만으로 1982년 노벨리스트가 될 수 있었다. 항상 '나 홀로' 스타일이었던 그는 '와이프 직장'까지 함께 주겠다는 오하이오 주립대로 떠났다. 그에게 코넬 대학은 유쾌한 기억만 주지는 않은 듯하다.

코넬에 가기 전엔 몰랐지만

코넬 대학 신문: 1982년 윌슨의 수상소식 보도

그곳에서는 마당발 피셔가 그룹 활동을 실제로 이끌었다. 매주 화요일 오후 세미나는 보통 30여 명 가량이 와서 듣는데 1/3은 그의 펠로우들이었다.

나는 그곳을 떠난 후 어느 날 갑자기 유명 사이언스 잡지인 〈디스커버리Discovery〉 표지에서 옛날 세미나실에서 낯익은 얼굴을 발견했다. 그는 빅뱅의 인플레이션 이론으로 유명해지면서 MIT가 교수로 초빙해간 **구스**Allan Guth였다. 지금은 아마 유력한 노벨상 후보일 그는 그곳에서 매일같이 논의하던 상전이 현상을 빅뱅우주론으로 확장했다. 그러나 세미나에선 주로 입을 다물고 지냈다.

당시의 화요일 세미나 강사들은 미국과 유럽 등 전 세계 대학에서 참석했는데, 주로 피셔가 초청하고, 위돔은 보통 정도의 활동을, 윌슨은 나홀로 스타일이었다. 매주 회람하는 프리프린트preprint 리스트는 세계의 연구실에서 활동하여 나온 주목할 논문들이 전부 망라되므로 앉아서 학문의 세상을 다 훑어 볼 수 있다.

우리나라는 아직 그런 학파가 구성되어서 독보적 학문을 개척하는 활발한 그룹이 없는 듯하다. 그러면서 노벨상을 노래 부르는 것은 요행을 바라는 우리의 생활방식인가?

1982년 여름 멤버들 중 얘기가 돌았다. 이번 가을의 노벨상은 윌슨과 피셔가 수상할 거 같다고. 그해 10월의 영광은 윌슨 혼자의 것이었다. 멀리 카유가 호수가 파랗게 내려다보이는 701/702호 세미나 실에서 보낸 그 4년은 내 젊음의 모든 혈기가 용솟음치던 시절이었다(차례에 있는 대학, 호수 사진 참조).

아인슈타인의 꽃가루(즉 브라운)운동 논문은 학위논문의 핵심 주석을 하나 첨부한 것 같기도 하다. 꽃가루들이 반트호프 법칙대로 이상기체처럼 작용하며 어떤 점성viscosity계수의 용매 속에서 아인슈타인 공식이 유도된 윤곽은 이미 앞에 소개하였으니, 이제 마지막으로 그 동력학 특성을 더 고려해보자.

꽃가루들의 움직임을 확산diffusion현상의 통계역학적 공식으로 정리하여, 점성계수(η)와 확산계수(D)가 상관되며, 마침내 아보가드로 상수 N값이 드러나는 과정이었다. 예를 들어 현미경으로 꽃가루의 크기를 가늠하고 그들이 꿈적거린 [거리]²의 평균값[이것은 고등학교 통계에서 분산값, 표준편차 등과 관련되는 값 → 즉 확산(D)] 및 경과시간을 재기만 하면, 볼 수는 없지만 분자의 N값이 나온다는 논문의 결론은 다시 읽을 때에도 탄성이 터지게 된다.

이 논문은 금방 폭넓은 주목을 받았다. 일례로 1906년 9월 아인슈타인의 특수상대론 논문 별쇄본을 신청하면서, 동시에 큰 관심을 브라운운동 논문까지 보이면서 구이Gouy(분자들이 한 다발씩 편대 행동으로 꽃가루에 충돌한다는 시각)에 대한 의견도 요청하는 편지를 받았다. 그 편지는 1901년 노벨 물리학상 첫수상자 **뢴트겐**Wilhelm Conrad Roentgen (1845-1923)이 27세의 풋풋한 새내기 학자 아인슈타인에게 보낸 것이었다.

상기 통계적 공식은 요동-소산 원리fluctuation-dissipation theorem로, 위에서 거리 평균값이라는 요동량과 점성이라는 소산량 관계를 처음으로 밝히는데 이런 개념은 요동-소산의 현대 비평형 통계이론으로도 발전한다. 한편 아인슈타인이 도입한 꽃가루 충돌의 통계적 확률은 충돌의 이력사항과 독립해서 추정하였다. 이러한 시나리오를 그해 1906년 마르코프Andrei A. Markov가 기술하였기에 후에 마르코프 프로세스라고 불리게 된다.

이 과정에서 충돌 이전 이력이 충돌 후 사건과 '무관하다'는 가정은 20세기 후반 동력학적인 환경이 좀 더 정교해지면서 '유관하다'는 식의 비非마르코프 프로세스non-Markov process라는 모델로 확장된다. 따라서 상수로 정의되던 운동[수송]계수kinetic[transport] coefficient들은 이제 시간의 '기억함수memory function'들이 된다. 이때는 점성이나 확산 등의 '동력학 계수는 모두 상수'라는 개념이 무너지고, $10^{-10} \sim 10^{-13}$초 같이 극히 짧은 순간 동안 주변 환경을 기억하는 시간함수의 인자kernel로 작동한다.

이 확장이론이 일반화유체역학generalized hydrodynamics의 차원까지 영향을 끼치므로, 분자들 간의 충돌현상 및 화학반응의 실시간 시뮬레이션 연구 같은 초단시간 현상 연구로도 확대되어왔다. 이에 따라 통계적 운동변수들도 초기의 랑주뱅Langevin방정식에서 일반화랑주뱅방정식으로 치환하여 기술된다.

코넬 대학의 연구그룹에서 4년 동안 나는 많은 걸 배웠다. 틈을 내서 여러 가지 못 들었던 강의들을 청강했다. 통계물리 분야는 물론이고 켄 윌슨의 소립자물리 강의까지 들었는데, 그가 곧 노벨리스트가 된다는 것쯤은 당시 그룹에서는 공공연한 소문이었다(1982년 수상). 한편 그룹과 느슨한 관계를 유지하던 젊은 교수의 레이저 연구실에서 산란실험 레이저 장비 조립과 설치가 초기 1년간 부여받은 일이었는데, 그와 틈틈이 폴리머 분자 모형의 운동특성을 일반화유체역학으로 분석하는 이론 연구를 병행하였다. 그가 MIT 및 프린스턴에서 학위를 할 때의 지도교수(당시 미 과학재단NSF 디렉터)와 했던 연구를 확장하는 것이었다. 우선 분자거동을 살피는 동력학 이론과 폴리머 이론을 그에게서 배우는 시간이면서, 난 어떻게 레이저 산란실험이 밝힐 소위 '기억함수'를 해결할 것인지 이것저것 계산해나갔다.

그와의 공동연구 결과도 괜찮았지만, 1년을 그렇게 보내고는 위톰 교수의 프로젝트에 매달렸다. 하지만 한 가지 정리하지 못한 것이 '기억함수' 계산이었다. 뭔가 될 듯 말 듯 함수 모형이 신기루처럼 눈앞에 어른

거려서 잊을 수가 없었다. 틈틈이 계산방식을 바꾸어도 안 되던 것이 어느 날 밤 갑자기 꿈에서 풀렸다. 나는 꿈에서 깨어나 계산을 계속했다. 풀렸다! 이것은 무한차수까지의 비선형 시리즈함수로 전개되는 역학함수에 '라플라스-푸리에Laplace-Fourier 변환법' 적용을 개발하는 것이었다(이 변환법의 기본은 학부에 진학하면 배운다).

몇 번 다시 해보아도 틀린 게 아니어서 신기했다. 케큘레가 벤젠고리를 꿈에서 보았다는 것이 거짓이란 에피소드를 앞에 언급했지만, 가끔은 개꿈이 아니라 '푸른 구름 같은 꿈'이 실현되기도 하는 것을 난 믿는다. 이렇게 해서 간단히 하나의 논문을 작성한다. 그 논문을 그룹의 피셔 교수에게 보였더니 프리고진I. Prigogine(1917-2003)의 연구를 참조하길 권하였다. [바로 옆으로 연결된 건물의 순수과학도서관은 좋았다. 대형 종합도서관으로 멀리 갈 필요가 전혀 없도록 필요한 장서가 다 구비되어 있다. 거기엔 옛날 파인만Feynman이 손으로 쓴 강의노트까지도 보관되어 있다. 이제 책에서 두 번 프리고진을 만난다. 첫 만남은 곧 나옴.]

논문들을 찾다가 프리고진이 정성들여 썼던 비평형 통계의 책(*Non-Equilibrium Statistical Mechanics*, John Wiley & Sons, New York, London, 1962)을 발견했다. 도서관에서 오랜 잠을 자고 있었다. 내가 그 백설공주의 잠을 깨운다. 그것은 유체역학의 변수들을 기초부터 쌓아올린 연구다. 그는 파인만 도식을 이곳저곳 페이지에서 휘두르고 있었다. 입자들의 다중산란 문제를 뿌리부터 태클한 것이다. 언뜻 보면 호미로 막을 구멍에 중장비를 들이댄 꼴이다. 프리고진의 학문업적이 뭐냐는 시비도 있다. 그의 연구가 이렇기 때문에 빈정댄 말인 듯하다. 볼츠만이 생각난다. 그는 포기를 모르고 끝까지 했기에 노벨리스트가 되었다.

그의 책 후반부에서 나는 깜짝 놀랐다. 내가 꿈까지 꾸면서 유도한 기억함수 공식 비슷한 것이 나오지 않는가! 몇 년 전 중력효과를 계산했던 때처럼 순간 머리가 아찔했다. (이 길을 가리킨 피셔는 참 대단해!) 그 책을 대출받아 보기 시작했다. 기억함수에 해당하는 것을 프리고진은 '분해연산자resolvent operator'라고 불렀다.

파인만의 도식이 세상에 나오자마자 1960년 전후 분자운동학에 바로 적용한 번개처럼 빠르고 깊은 통계물리학자 프리고진! 그는 분자들 차원에서 파인만 도식의 다중산란을 계산한 항들을 모두 합하였으니, 변수들의 속살이 전부 분해 또는 해체된 모습이어서 그렇게 정의한 듯하다. 거기까지 이르는데 100여 쪽가량 함수들의 정의, 변환, 유도 등이 어지럽게 전개되었다.

그 핵심 결과를 따져보니 좀 달랐다. 그의 분해연산자와 나의 기억함수의 내용에 조금 차이가 보였다. 분모에 있는 기억인자memory kernel 항으로서, 분해연산자에는 속도항이 있는 반면, 나의 기억함수에는 속도항 외에 가속도항이 더 있는 셈이었다. 속도항은 운동에너지에 해당하고 진동수를 대변한다. 가속도항은 퍼텐셜에너지에 해당하고 감쇄정수를 대변한다. 바꿔 말하면 나의 기억함수에는 감쇄정수까지 포함되어서 완성형 기억함수이다. 그의 분해연산자에는 이것이 없는 것이 흠인데, 분해항들이므로 종합하면 감쇄정수가 나타날 수는 있다. 이것은 전산모사computer simulation로 확인할 수 있을 것이다.

기억인자에 자기에너지self-energy 항이란 걸 도입하는 경우는 있다. 그렇지만 그것은 지수적인 감쇄항을 쓰는 약식이다(감쇄항이란 고3생들이 R-L-C 전기회로를 배울 때 L, C는 진동수를 정의하여주고, 저항(R)이 지수의 감쇄항에 관계하는 것과 비슷하다). 이렇게 모든 현상 관련 에너지의 사라짐을 해석해야 하는데, 나의 기억인자에는 그것이 이론적 장치로 이미 존재한 것이다.

내 논문에 프리고진을 인용하여 다시 정리한 것을 프리고진에게 우송하였다. 그에게서 깊은 관심을 보이는 편지가 오고 나는 그의 연구대리인을 학회에서 만났다. 나는 논문을 〈Phys. Rev. Lett.〉에 제출했다. 보기좋게 거절당하였다. 이유는 뻔했다. 당시 프리고진 논문을 잠재운 이가 매릴랜드 대학 물리과에 있었는데, 그가 일을 다시 저지른 것이다. 즈반직이란 학자인데 프리고진의 이론은 너무 복잡하고 어려우니, 불필요한 다중산란 항들은 다 무시하자고 주장했다. 선형화한 운동방정식에 적당한 지수 항을 끼워 만든 기억함수만을 도입하는 형식으로 변형한 일반화 랑주뱅방정식을 제안하였다. 실험가들은 쉽게 비교할 항들을 제공한 즈반직 형식Zwanzig formalism으로 우르르 몰려갔다. 지금은 그것이 거의 사라졌지만 20-30년가량 즈반직 형식이 판을 지배하였다. 그의 형식을 공격하고 프리고진을 인용한 나의 논문은 범 앞에 하룻강아지였다.

나는 코넬을 떠났고 나중 귀국한 후에 광전자 연구, 특히 새로 발명한 양자테(PQR) 레이저 개발에 파묻혀 지냈다. 1996년 여름 신문을 보고 놀랐다. 프리고진 교수가 내한하여 대한화학회 50주년 기념 대중강연을 한다는 소식이었다. 그는 세계적 명사였다. 그가 쓴 《혼돈으로부터의 질서Order out of Chaos》는 80년대 세계를 풍미한 베스트셀러였다. 어렵사리 연락이 되어 서울에서 15년 만에 뜻 깊은 만남이 이루어졌다. 80대의 노교수 부부와 한 시간을 보내며 감회에 젖으며 코넬 시절을 회상했다. 모든 걸 기억하고 있는 그가 놀라웠다. 우리는 즈반직의 장돌뱅이 학문을 비난하는 데 인색하지 않았다. 그는 내가 그 연구를 하는지 물었다. 아쉬운 대답을 할 수밖에 없었다. 목구멍이 포도청이라. 반도체 레이저 연구실에 학생들이 많다고 했다.

프리고진 교수는 내년에 포항공대를 방문하겠다고 하여 또 놀랐다. 내년에도 학회가 계획되어 다시 서울을 방문할 때 그리하자고 제안하였다. 나는 무척 기뻤다. 15년만의 첫 만남이 이렇게 이어지다니! 프리고진 교수는 벨기에 돌아간 후 자기 논문들을 한보따리 보내왔다. 죄송했다. 그 연구를 접은 지 오래인데. 석사과정 한 명이 높은 에너지 상태의 전자운동을 계산하도록 해서 낸 못난 논문이라도 보내드렸다. 정말 1997년 여름에 부부가 오셔서 2박 3일을 함께 계셨다. 대학에서는 그의 방문을 기념하여 'Chaos 심포지움'을 개최하였고, 교수들과 함께 노벨 동산에서 기념식수를 하였다. 경주를 안내한 잊지 못할 큰 에피소드가 있지만 생략한다.

229

다음해 1998년 아시아에서 처음 개최된 '제21차 국제 솔베이학회'(일본 나라 현)에 프리고진 교수가 초청해주어, 나도 기억함수 세미나를 잠시 하였다. 하지만 1997년만 해도 장수하는 집안이라고 건강을 자신했던 프리고진 교수가 대수술 후 많이 수척해진 모습으로 참석한 것이었다. 원래 계획은 그 여름에도 그가 초청된 서울의 학회가 있어 내가 모시고 갈 예정이었는데 다 취소되었다. 더욱 불행한 것은 2003년 타계한 프리고진 교수를 1998년 이후 다시 뵙지 못한 것이다. 언제든지 벨기에를 방문하라는 그분의 말씀을 지키지 못한 것은 소심한 나의 어리석음이었다. 더욱 안타까운 것은 그렇게 기대를 해주신 나의 기억함수 연구를 더 추진할 기회를 갖고 노력하지 못한 것이었다.

M. Miyamoto, H. Takanashi, H. Nakazato, G. Ordonez, H.Fujisaka, S. Sasa, H. Hasegawa, Y. Ootaki, A. Oono,
M. Gadella, A. Bohm, R. Wilox, K. Sekimoto, T. Arimitsu, K. Kaneko, D. Driebe, S. Tasaki, Y. Ichikawa,
F. Lambert, K. Gustafson, J. R. Dorfman, M. Ernst, S. Pascazio, T. Hida, B. Pavlov, Y. Aizawa, Yu, Melnikov, T. Petrosky, A. Awazu,
itahara, Ya. Sinai, I. Antoniou, L. Accardi, H. Hegerfeldt, O'Dae Kwon, P. Szepfalusy, M. Namiki, L. Boya, K. Kawasaki, H. Posch, P. Gaspard,
R. Balescu, Hao Bai-lin, H. Mori, H. Walther, J. Kondo, I. Prigogine, J. Solvay, L. Reichl, N. G. van Kampen, T. Arecchi, S. C. Tonwar .

1998년 최초 아시아(일본 나라) 솔베이학회 참석자들. 중앙 프리고진 교수 뒤 저자.

아인슈타인 수직분포도와 나의 첫 논문

수직분포도는 사실 어려운 얘기가 전혀 아니다. 우리가 과일주스를 사먹는다 가정하자. 주문하여 가져온 주스를 얘기하다가 흔들어서 마신다. 그 사이 물속의 과일알갱이들이 밑으로 가라앉았기 때문이다. 담아둔 흙탕물도 비슷하다. 모두 수직분포도이다. 전기 믹서가 없던 1905년, 아인슈타인은 수직분포도를 착상할 수 있는 무엇인가를 보았을 것이다. 그는 사소한 경험을 놓치지 않고 중시한다.

나는 라이스 대학에서 계산 논문 후 중력실험을 하게 되었는데, 과일주스 같이 쉬운 것은 아니었다. 원리만은 간단하다. 질료의 밀도가 달라지는 임계점에서 광학실험으로 중력효과에 따른 밀도변화, 즉 굴절변화를 기록하는 것과, 동시에 레이저 산란실험으로 임계단백광을 분석하는 것이다. 그런데 막상 질료의 선택에서 잘못 지도를 받아 애를 먹었다. 당시 미 표준연구소[NBS(National Bureau of Standards)라는 기관, 지금은 개명하여 NIST]의 한 그룹이 중력실험에서 선두를 달렸는데 0.0001도 수준까지 온도를 안정시킨다고 했다. 그들은 인공위성 내의 무중력 임계현상 실험까지 계획하였다(끝의 사진 참조).

후에 알게 된 사실은 이미 프리고진I. Prigogine 교수도 중력효과를 계산하였는데(첫 번째 논문의 만남), 나는 그것도 모른 채 조금 유사한 결과를 애써 유도하며 석사논문을 쓴 것이 유명학술지에 발표되었다. PC, 이메일 등이 없던 시절 여러 군데서 논문의 별쇄본reprint 리퀘스트 엽서들을 받는 기분은 괜찮았다. 한편 나는 석사논문이 박사학위로 연계될 것을 걱정했다. 그 시대에 주목받던 임계현상 관련 논문 수준들과의 큰 격차를 스스로 인식하게 되면서 암담한 생각도 들었다. 특히 지난 10여 년째 코넬 대학 그룹의 몇 교수들이 발표해온 논문들의 깊이와 비전을 생각하면, 혼자서 낑낑대는 나의 모습이 '우물 안 개구리'처럼 한심했다.

하지만 세상은 기다림도 필요했다. 석사논문을 학술지에 발표한 인연으로, 학위를 끝내자 꿈꾸던 코넬 대학 연구그룹에 합류할 수 있는 길이 열렸다. 코넬 통계물리그룹에서 시니어인 위돔B. Widom 교수에게 편지를 한 것이 물꼬를 텄다. 나중에 코넬에서 3-4년간 집중연구로 위 연구소(당시 NBS)의 한 그룹과 합작논문을 쓴 것이, 위돔 교수와 일하는 동안 내가 처음 〈Phys. Rev. Lett.〉(1982)에 게재한 논문이었다. 드젠Pierre G. de Gennes(1932-2007)은 지금 LCD TV디스플레이의 총아인 액정LC 연구를 40여 년 전에 했던 걸로 유명한 노벨리스트이지만, 그의 퍼텐셜이론이 암시했던 젖음막wetting film의 이상한 상전이 현상을 처음 실험한 것이었다(휨각도가 변하는 주름막창 같은 셀의 중간에 얇은 종이구름 같이 뜬, 그러나 그 투명한 액체막의 두께가 수nm에서 수백nm로 변하는 것을 ellipsometer로 모니터한 실험). 한편 훗날 비평형 통계역학에서까지 프리고진과의 인연이 예측하지 못한 방향의 특별한 추억으로 발전하였던 만큼 희한한 생각이 든다(앞의 |과탐| 참조).

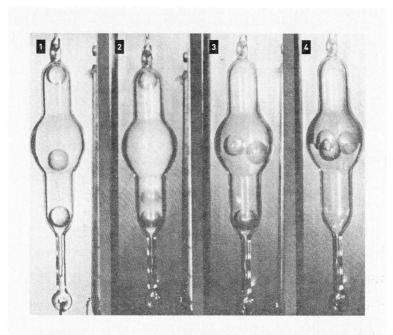

고압을 견딜 유리튜브 속에 탄산가스가 임계밀도에 아주 가까운 임계점 상태로 유지된 경우이다. 밀폐된 튜브 속에는 탄산가스 임계밀도보다 밀도가 미세하게 크고, 작고, 같은 세 개의 볼이 함께 들어 있다. 사진들은 왼쪽부터, **튜브의 온도가 높아서 초임계 상태, 임계온도보다 약간 높은 상태, 약간 낮은 상태, 많이 낮은 경우**이다. 볼들의 위치가 각각 어디인지 왜 그런지 상상해보자. 2번과 3번 사이 임계점을 지나갔다. 임계단백광 상황이 지나간 경우인데, 2번의 경우 좀 같아앉은 2번째 볼이 희미하게 보인다. 특히 튜브 중앙에 있었다면 거의 보이지 않았을 듯하다. 정확하게 임계점이 유지된다면 거의 완전히 불투명하였을 것이다. 3번도 그렇지만 4번의 경우 튜브 중앙에 기체-액체 경계면이 더욱 확실히 드러난다.

이상의 정교한 실험장치는 본문에 언급된 미 NBS 센터의 센저스 Sengers 박사 그룹이 제작한 것으로, 포항 김기문 교수의 연구소식이 보도된 경우처럼 〈C&EN(Chem. & Eng. News)〉에 1968년 보도되었다.

스몰루코프스키-아인슈타인 임계단백광과 산란

폴란드의 스몰루코프스키M. R. von Smolan_Smoluchowski는 비엔나에서 대학까지 나오고 여러 곳에서 연구한 후 1900년 렘베르크Lemberg에서 이론물리 교수로 부임했다. 1913년에는 크라코프Krakow[야기엘로니안 Jagiellonian 대학]에서 실험물리 연구소 소장을 맡은, 1917년 타계한 마담 퀴리와 동향의 동시대인이다.

원래 그는 아인슈타인과 무관하였지만 비슷한 문제들을 연구했다. 1904년에 아인슈타인은 에너지요동 문제를, 스몰루코프스키는 입자 밀도요동을, 1905년 5월에 아인슈타인은 첫 브라운운동 논문을, 그는 1906년 7월에 그 문제를 태클하였다. 실험도 하던 스몰루코프스키가 우수한 이론 개발에만 집중하였더라면 브라운운동 계산을 아마 제일 먼저 했을 것이다. 아인슈타인과 달리 그는 19세기 브라운운동 연구 활동들을 꿰고 있었다. 둘 사이에 오간 편지는 6통이 남아 있는데, 모두 서로를 정중하게 존중하고 있다.

1911년 11월 편지는 아인슈타인의 것인데 둘 다 끌렸던 주제인 **임계단백광**critical opalescence를 논의하고 있다.

1870년대에 아베나리우스M. Avenarius는 어떤 기체가 임계온도에 섭씨 1도만큼 가까운 부근에서 빛의 산란이 강렬해지는 것을 보았는데, 이 것이 아마 최초의 임계단백광 관찰이었다. 1908년 스몰루코프스키가 이 현상을 밀도요동이 원인일 것이라는 논문을 발표하며 최초로 요동의 공식을 제시하였다.[49] 공식의 분모에 압력을 부피로 편미분한 $(\partial p/\partial V)$인수가 포함되는데, 그런 1차 및 2차 편미분 항은 임계점에서 제로가 된다. 분모가 제로이면 무한대이기에 임계점에 접근하며 편미분 인수 때문에 결국 밀도요동은 무한대로 발산한다는 논리이다. 밀도 요동이 발산하면 역시 이와 관계된 굴절률의 요동도 발산하며, 이 때문에 모든 빛이 산란하므로 임계단백광 현상이 발생한다.

놀기 좋아하던 **틴달**John Tyndall(1820-1893)은 아일랜드에서 배운 제도법으로 당시 활기찼던 영국의 철도공사 사업에 중용되다가, 실험이 강한 독일로 유학을 갔다. 틴달은 공기 중 기체들이 열스펙트럼(적외선)을 흡수하는 걸 조사하며 최초로 기체의 적외선 흡수 스펙트럼을 연구하였다. 대기권이 그린하우스 효과를 내는 것이라는 짐작들은 있었지만 그는 이를 처음 확인하고 또 공기 중 수증기가 흡수의 주범이라는 것도 밝혔다.

틴달 이름이 붙은, 우리가 기억하는 연구는 빛의 산란현상이다. 서스펜션과 에어로졸 모두 산란을 보인다. 방 안의 먼지가 다 가라앉은 듯한데 그래도 광선이 보이는 것은 공기 분자들의 요동에 기인한 산란 때문이다. 왜 하늘이 푸른지 '틴달 현상'을 들어 설명한 것은 1869년이었다. 레일리Rayleigh는 이 현상을 수십 년간 생각하다가 '산란은 공기분자들 자체의 비균질성(밀도요동)이 원인'이라고 결론지었다.

스몰루코프스키는 푸른 하늘과 붉게 타는 노을뿐 아니라 임계단백광도 자신의 밀도요동 현상으로 보며 단언했다.

'세밀하게 계산을 해보면… 레일리 계산을 대폭 수정하여야 할 필요성이 대두될 것이다.' [앞서 인용한 AdP(202쪽) 논문(반트호프 법칙과 아인슈타인

1910년 아인슈타인이 발표한 논문[AdP 33, 1275(1910)]의 공식은 과연 스몰루코프스키가 예견한 대로였다. 우선 비균질 (밀도요동) 공기매질의 경우 공식에는 오래전 레일리가 얻은 산란공식처럼 빛의 파장의 4승에 반비례하는 것이 보인다. 이것으로 하늘에서는 짧은 파장의 청색이 많이 산란하여서 푸를 수밖에 없다는 것을 알겠다. 저녁에 비스듬히 누운 것처럼 무척 길어진 대기권을 통과하는 햇빛은 길어진 대기권에서 청색이 너무 많이 산란되어 도달되기도 전에 사라지므로 우리 눈에는 붉은 노을만 보인다. 이것까지 알겠다.

이 공식은 (스몰루코프스키의 ($\partial p/\partial V$) 편미분 항) × (아보가드로 N값) × (측정거리의 제곱)까지 분모에 죽 깔려 있어서, 임계점단백광현상은 물론 N값 결정 등까지 포함하여 대폭 수정된 공식이다. 아인슈타인이 스몰루코프스키의 희망을 들어주는 공식을 만들어준 것 같으니 다시 한 번 그의 천재성이 번뜩인다. 앞서 말한 페랭의 N값 측정은 아인슈타인 논문 이후 곧 실행되었다. 그는 이것으로 1926년 노벨상을 수상하였다.

1917년 스몰루코프스키가 요절하자 아인슈타인이 그의 빼어난 학문과 고매한 인격을 애달파하였다.[50] 아인슈타인의 1910년 논문은 고전적 통계물리의 마지막 논문이 되었다. 볼츠만과 대결하던 오스트발트는 1908년에 브라운운동과 전자에 대한 실험 결과들을 참조하면서 백기를 들었다.

'[실험결과들이] 조심스러운 학자들도 공간을 채우는 매질이 원자론자들의 그림대로 된 것을 증명한다고 발표하기에 충분하다.'

한편 마흐는 알파입자들이 건판을 때릴 때마다 반짝거리는 걸 비엔나에서 보며, '이제 원자를 믿는다'고 했지만 그 후 마흐가 저술한 광학 책에서는 그 말을 부정하고 있다.

경계가 사라지면 나타나는 신기한 초임계현상

[초임계현상의 응용례. |과탐| 반 데 발스 상태방정식과 초전도체 참조.]

'미강'이란 말을 들어보셨는가?

미강은 순수 우리말로 쌀겨이다. 현미를 도정하는 과정에서 나오는 쌀겨와 쌀눈이 혼합된 가루다. 명주로 만들어진 천 주머니에 미강을 넣어 얼굴을 닦으면 윤이 날 정도로 피부가 좋아진다.

예로부터 여성들이 쌀겨에 관심이 많았다. 쌀겨에 들어 있는 각종 비타민류와 기능성 배당체, 불포화지방산 등은 보습과 미백에 좋다. 불포화지방산인 올레인산과 리놀렌산도 풍부해 피부에 적당한 유분을 공급해 주는 것으로 알려져 있다.

쌀겨는 쌀이 함유하는 영양 성분의 95%를 차지하지만 아이러니하게도 이 높은 영양분이 쌀겨의 이용가치를 떨어뜨리고 있다. 그러나 그것은 이제 옛말. 최근에 불어 닥친 기능성 식품의 열풍은 버려지는 쌀겨를 새로운 식품자원으로 거듭나게 하고 있다. 그 토대가 바로 초임계유체기술이다.

서울대 화학생물공학부 이윤우 교수

이 교수는 "이산화탄소 기체의 경우, 임계 온도인 32℃ 이상에선 아무리 압력을 가해도 액화되지 않고, 이산화탄소 액체의 경우, 임계압력인 74기압 이상에선 아무리 가열을 해도 기체가 되지 않는다"고 말했다.

용매의 밀도가 증가하면 액체나 고체를 용해하는 능력이 커진다. 초임계유체는 점도와 표면장력이 작아 추출 대상으로의 침투성이 좋아 추출효율이 향상되고, 확산계수가 커(액체의 약 100배) 물질전달이 매우 빨라진다.

일찍부터 식품, 음료 혹은 향기 성분의 분리, 정제나 가공으로 널리 사용된 초임계이산화탄소 용매는 카페인과 같이 낮은 분자량을 갖는 물질은 잘 용해시키고, 커피 향과 관계있는 탄수화물 또는 펩티드 등은 제한적으로 용해시킨다. 향은 커피원두에 남겨두면서 카페인만 제거하는 것이다. 1970년대부터 활용된 이 기술로 전 세계적으로 연간 약 10만 톤 이상의 디카페인 커피가 생산되고 있다.

또한 이 기술로 밀가루, 쌀(백미)의 약점을 보완하고, 아이스크림 등 유제품의 첨가제, 식이섬유가 풍부한 빵, 과자, 발효식품(요구르트 등), 차, 음료, 우유 등의 차별화된 제품을 만들 수 있게 됐다. 또 미백, 기미, 주근깨 등의 건강팩이나 비누 제조에도 사용될 뿐 아니라 당뇨, 위장병, 감기, 고혈압 환자들의 환자식으로 활용되고 있다. [후략]

조행만 기자(《사이언스타임즈》에서)

아이징 모델의 원 주창자

2차원 아이징 모델을 푼 L. 온사거

카오스-비평형 통계역학의
I. 프리고진

프리고진을 따라간 저자
(유학생 시절)

239

제6부

아인슈타인과
양자론

빛의 달인 프라운호퍼
빛의 초인 키르히호프

1859년은 과학의 변화에 3가지 큰 요인을 제공한 해이다. 먼저 11월 24일 런던에서 **다윈**Charles Robert Darwin(1809-1882)이 《종의 기원》을 출판하였다. 다윈의 진화론은 중요하지만 본 글의 주제와 다르니 내려놓자.

아인슈타인의 학문에 관련된 것은 1859년의 2번, 3번째 사건으로, 우선 9월 12일 **르베리에**Urbain Jean Joseph Le Verrier(1811-1877)가 수성 Mercury의 근일점이 빨라지는 것이 해석되지 않는다고 프랑스의 학술원에 편지를 보냈다. 그는 이미 1846년 해왕성Neptune의 존재를 확인한 업적이 있다. 뉴턴 역학에 행성 간 흔들림perturbation을 계산하여 해왕성을 예측한 천문학자이다. 이와 유사한 논리로, 근일점의 이유로서 태양에 더 가까운 행성으로 인한 흔들림이란 그의 주장이 나왔으나 그런 행성은 발견되지 않았다. 이 근일점 문제는 1915년 아인슈타인의 일반상대성 논문이 발표되면서 처음 밝혀진다.

1859년의 세 번째 사건 이전에 선스펙트럼 얘기를 먼저 하자. **프라운호퍼**Joseph Fraunhofer(1787-1826)는 뮌헨의 유리공방에서 일하던, 열한 살짜리 고아 견습공이었다. 1801년 그 유리공방 주인이 화재로 죽은 곳에서 구조된 그는 교육을 받은 후 1806년 베네딕트 보이에른 수도원의 광기술소Optical Institute에 보내져서 최상의 광학유리 제조와 스펙트럼 측정법을 터득한다. 1818년에는 센터장이 되어 정밀한 광분석기구들을 만들면서 영국의 기술을 능가하여 패러데이는 경쟁상대가 되지 못할 정도였다. 두각을 보인 그는 1822년 엘랑겐Erlangen 대학에서 명예박사학위를 받고 2년 후에는 훈장을 수여받고 귀족이 된다. 얼마나 큰 영광일까? 그러나 대개의 유리공들처럼 그도 중금속 중독으로 39세에 요절한다. 하지만 그의 광학적 재능은 아무도 따르지 못하였다.

햇빛은 프리즘 통과 후 무지개 색으로 갈라진다. 같은 이치로 햇빛의 여러 가지 색은 렌즈를 통해서는 초점을 한 점에 모으지 못한다. 이것이 '색수차chromatic aberration'인데 뉴턴도 이것을 없앨 수는 없다며 손을 들었다. 뉴턴은 모든 광원이 연속적 스펙트럼을 보인다 믿었다. 위의 두 가지 경우 뉴턴은 다 틀렸다. 뉴턴 이후 150년 만에, **커다란 프리즘으로 태양의 선스펙트럼(dark lines)들**이 여러 개로 갈라진 불연속임을 밝히고, 또 색수차도 없애는 재주를 발휘한 사람이 프라운호퍼이다. 그는 유리 재질이 달라 초점이 다른 두 가지 렌즈를 만들어 조합하여 '색수차'를 해소하였다. 오늘날 쌍안경이나 카메라도 이러한 렌즈들의 조합으로 '색수차'를 없앤다.

오늘날의 **회절격자**diffraction grating도 프라운호퍼의 발명이었다. 나중 사람 키르히호프의 회절적분이란 이론이 있지만 그것은 프라운호퍼에서 비롯된 것이다. 편평한 유리 표면에 수 마이크론 폭의 평행선들을 촘촘히 그은 회절격자를 경유하여서 다른 파장마다 다르게 회절하여 꺾이는 것을 확대하여 스펙트럼이 분석된다. 그는 회절격자로써 태양의 선스펙트럼을 574개까지 밝혀내고 모두 분석해서 정리하였다. 선들 중 제일 뚜렷한 8개의 라인을 A[심홍색], D[명황색], H[보라색] 등으로 명명했다. 그는 태양의 D라인이 589nm 및 589.6nm의 쌍으로 된 것도 알아냈다.

이제 1859년의 마지막 3번째 사건이다. 10월 20일 하이델베르크의 **구스타프 키르히호프**Gustav Robert Kirchhoff(1824-1887)는 태양의 스펙트럼에서 '어두운 D라인'이 나트륨 불꽃을 중간에 놓자 더욱 어두워진다는 보고를 제출하였다. 키르히호프와 분젠Robert Bunsen의 스펙트럼 연구는 위처럼 프라운호퍼가 남긴 기술과 스펙트럼 자료들을 이어받아 연구하였다고 할 수 있다.

이듬해 그는 복사선(radiation: 빛)의 초당 에너지밀도 $E(v,T)$는 주파수 (v)와 절대온도(T)의 함수라는 키르히호프 정리를 내놓았다. 이때 복사에너지 물체는 완벽한 흑체blackbody인 경우라고 했다. 흑체는 차단된 화덕같이 아무런 빛도 새어들지 못하고, 내부의 빛은 흑체에서 내놓는 것과 흡수하는 것이 동일하여 모두 상쇄되고, 흑체의 내부온도 특성만으로 내놓는 순수 에너지[스펙트럼]이며, 그와 관련된 빛만 작은 구멍으로 나오는 것이 '흑체복사' 형태이다.

"이 함수를 찾는 것이 무엇보다 중요하다. 함수는 간단하다"면서 키르히호프는 실험가들과 이론가들 모두 도전해보기를 원했다. 그러나 너무 막연하여 각각의 흑체마다 달라지는 않는 무엇으로 추측할 뿐이었다. 20여 년이 지난 후 온도가 내려가면 이 함수의 최고점도 낮은 주파수로 이동한다는 정도를 알아냈다.

플렁크 상태의 무급강사 플랑크

플랑크Max Planck(1858-1947)[51]도 아인슈타인도 뮌헨에서 자랐다. 아버지가 실패한 영세업자로 'nobody'인 아인슈타인의 얘기는 나중 몰아서 하자. 플랑크의 아버지는 대학교수로 'somebody'였다. 당시 독일에서 교수는 고관의 계급이어서 부인은 'Frau Professor'라는 칭호까지 있었다. 교수 부인이 상점에 들어가면 점원은 하던 일을 멈출 정도다. 교수 부인이 '커피 한 잔' 사교클럽에 나타나면 나이가 더 많은 부인일지라도 당장 일어나서 자리를 양보했다.

프러시아의 전통에 젖은 플랑크 가문의 이상은 높았고 국가를 향한 애국심도 깊었다. 중고등학교 격인 '김나지움Gymnasium'에서 아인슈타인은 엄한 규율에 질렸지만, 플랑크는 오히려 기가 펄펄 났다. 17세 플랑크가 이론물리를 하기 위해 물리학과 주임교수를 만났다.

"물리는 지식이 거의 완성된 학문인데 하려고? 주요한 것들은 이미 다 밝혀졌어."

주임교수의 말은 따분했다. 그렇다고 플랑크를 막을 수는 없었다. 게다가 그는 열역학을 목표로 했다. 아무도 관심을 갖지 않는 학문이었고 다들 열역학은 끝났다고 생각했다. 플랑크는 뮌헨 대학에 진학했다. 그의 아버지가 법대 교수로 재직하고 있었다.

플랑크에게 또 한 번의 실망이 찾아왔다. 그는 이론물리를 전공하고 싶었지만 학과가 없었다. 수학과에서 수학을 배워서 써먹을 수는 있겠지만, 물리학과 학생들은 모두 실험을 배워서 큰 발견을 하려는 곳이었다. 결국 플랑크는 2-3년 후 다른 대학으로 옮기게 된다.

당시 학생들은 이 대학 저 대학으로 자주 옮겨 다녔다. 김나지움을 졸업한 이후에는 자유가 주어졌다. 대학은 과목을 정해주지 않고, 반드시 수강해야 하는 것도 아니었다. 파이널 외에는 시험도 없었다(대부분의 유럽 대학들은 학사나 석사 학위 과정이 없었고, 파이널은 박사자격시험이었다). 기숙사란 것도 없었다. 어디에 저명한 교수가 있다든가, 훌륭한 연구소가 있으면 학생들은 자유롭게 옮겨갔다.

플랑크는 독일 수도 베를린으로 전학하기로 작정했다. 거기는 학생뿐 아니라 군대 장교나 정부 관리들도 이름난 교수들의 강의를 들을 수 있었다. 베를린 대학은 독일과학의 최고봉이었다. 플랑크뿐 아니라 다른 유럽국가 또는 미국에서도 유학을 왔다. 이 높은 산의 최고봉은 물리학과의 헬름홀츠Hermann Helmholtz였다. 플랑크가 학생시절 가장 깊은 영향을 받은 법칙을 수립하는 데 혁혁한 공을 세운 대학자이다.

에너지 보존법칙! 교수를 우대하는 독일에서도 가장 위대했다. 당시 회자되기를, 비스마르크와 죽은 황제 다음에 독일제국에서 가장 돋보이는 사람. 그 모두가 우러러보는 타이틀 '엑셀런스Exzellenz'를 가졌으며, 동료교수들이 고개를 숙이며 그를 맞았다. 헬름홀츠의 위엄이 지대하게 높아, 그의 큰 머리, 주름진 이마, 핏줄이 튀어나온 모습에 경탄이 절로 나왔다.

하지만 플랑크는 그 위대한 물리학자의 강의가 따분하였다. 헬름홀츠는 아주 천천히 말하고, 목소리는 힘이 없어 모기소리 같았다. 헬름홀츠는 노트를 보기 위해 자주 강의를 멈추었다. 흑판에 쓴 숫자들은 너무 작아서 가끔 뭔지 알 수가 없었고, 자주 틀렸다. 위대한 헬름홀츠는 분명히 다른 생각들로 꽉차 있었다.

하루는 키가 큰 육군장교가 시거를 입에 물고 헬름홀츠의 사무실이 있는 건물로 들어갔다. 그는 피우던 시거를 던져버리고 들어가더니 한 시간 이상을 머물렀다. 그는 황태자 프레더릭Frederick으로 독일 육군과 해군을 총괄하고 있었다. 군 문제 관련 자문을 구하러 왔던 것이다. 하지만 선생으로서 헬름홀츠는 실망이었다.

베를린 대학 물리학교수로 저명한, 전자파 복사의 이론가 키르히호프도 마찬가지였다. 그는 강의 준비를 잘못한 게 아니었다. 정반대였다.

"모든 어귀들이 균형 잡히고 제자리에 있으며, 한 단어도 빠지거나 더하지 않고… 메마르고 단조로웠지."

단조롭거나 모기소리 같았지만 플랑크는 둘 다 빠지지 않고 들었다. 수강생들이 하나둘 빠지면서 마지막에 플랑크 외에 두 명이 더 있을 뿐일 때까지 들었다. 하지만 플랑크가 베를린에서 배웠던 것은 홀로 공부한 것들이었다. '스스로 읽었던 것'인데 대부분 열역학이었다. 이 학문은 열과 기계적 액션[일]과 관련되어 있다. 열이란 모든 종류의 물리적 체계의 공통인수로서 특정 경우만 상관하는 전하 같은 것과는 판이하여 열역학의 범위는 이루 말할 수 없이 다양했다. 엔진의 원리만 따지는 것이 아니라 기후, 화학, 지질학, 심지어는 생명과학까지도 연역해 들어간다. 바로 '절대적이고 가장 근본적인 진리'였다.

플랑크는 열역학에 매달려 원자료들을 독파해갔는데, 단초가 되는 문헌들 대부분이 키르히호프와 헬름홀츠가 쓴 것들이었다. 그는 그 문헌들에 고무되고 분발하는데 그들 스스로는―당시 다른 학자들처럼―열역학에 관심을 두지 않았다.

다양한 것들에서 연역한 결과로 심플해진 초석들은 완벽했다. 하지만 만약 현재의 우주에서 배울 것이 있다면, 그것은 오히려 이론을 벗어난 실험결과에서, 또 논리가 이상한 이론부터 집착하는 것과 같았다. 즉 열역학 원리는 아름다우나, 더할 것이 없다. 그러나 플랑크가 보기엔 그건 뼈대로 된 열쇠일 뿐이며, 그 열쇠는 수없이 많은 문을 열고 미지의 것들을 밝혀낼 것이라고 믿었다.

그가 홀로 탐구해오며 깨닫는 열쇠는 '엔트로피entropy'라는 것에 관한 것이었다. 이것이 그에게 전환점을 제공했다. 양자론을 이해하는 데 엔트로피를 꼭 이해할 필요는 없지만 플랑크가 어떤 학자이며 어떻게 자기 이론에 이르렀는지 아는 데 필수적인 것이다(|과탐| 열역학 법칙 요약 참조).

열역학 제1법칙은 에너지는 항상 보존된다는 것이며 그것은 생길 수도 파괴될 수도 없다는 원론적 법칙이다. 제2법칙은 그렇지 않다. 그것은 엔진연구에서 발견된 것으로, 처음 실제적인 의문에서 출발했다.

'얼마나 많은 열을 얼마의 일에서 얻을 수 있을까?'

전체 에너지란 결코 잃어버리지 않지만 다른 형태의 에너지로 변환하는 경우 열에너지를 몽땅 일로 변환할 수는 없다. 즉 일부분의 에너지는 더 이상 사용할 수 없게 된다. 플랑크는 베를린에서 클라우지우스의 논문을 파고들면서 더욱 깊은 의미를 깨닫고, 클라우지우스의 제2법칙은 색다른 것임을 발견했다. 그의 제2법칙은 열을 전부 일로 바꿀 수 없는 경우들의 관측 결과를 감안한 것으로, 이를 측정할 표준이 '엔트로피'로서 순전히 수학적인 양이다. 엔트로피는 측정치들 사이에 결정되는 비ratio이다.

'자연적인 변화가 생길 때, 엔트로피는 증가할 것이며 기껏해야 변화가 없을 뿐이다.'

이상이 제2법칙의 클라우지우스 버전이다. 플랑크는 이것이 제일 나은 버전이라고 판단했다. 다른 학자들은 이를 지나쳤고, 수학적 엔트로피는 금방 손에 잡히는 무엇이 없었다. 그런대로 괜찮은 제2법칙을 새로 건드릴 것이 없는데 불편한 엔트로피 언어로 더 고생할 일이 뭔가? 이렇게 생각했다.

여하튼 열역학에 냉담하고, 그걸 '개선한다'는 것에는 더욱 냉담했다. 이런 인식은 오랜 기간에 걸쳐 변화를 겪게 된다.

클라우지우스가 한 일을 발견하고 플랑크는 이를 '개선하고 다시 정의한' 첫 논문을 쓴다. 그것은 멋져 보이고, 알찬 연구로서 땀흘려가며 '신이 나서' 썼다. 그는 그것을 박사학위논문으로 제출하고 학술지에 발표했다.

훗날 플랑크가 그 논문의 과학적 임팩트는 '제로nil'였다고 언급했다. 그는 자신이 논문을 쓰도록 분발케 한 논문저자들은 우호적인 반응을 보이리라 예상했다. 하지만 키르히호프는 잘못된 점을 지적했고, 아마 읽지도 않았을 헬름홀츠는 코멘트도 없었다. 심지어 클라우지우스마저 침묵했다. 다시 편지를 썼지만 역시 묵묵부답이었다. 플랑크는 본Bonn으로 클라우지우스 교수를 직접 찾아갔다. 교수는 '부재중'이었다. 그 일은 플랑크가 학계에서 상승할 기회가 거의 없다는 걸 의미했다. 그의 연구 결과가 알려지지 않으면 교수 자리를 얻을 곳은 없었다. 당시 이론물리학자는 가르쳐야만 먹고살았다. 연구는 돈이 되지 않았다.

학위를 마친 지 얼마 지나지 않아 그는 모교 뮌헨 대학에 포스트닥터Privatdozent가 되었다. 이는 견습 교수apprentice professor로 통상의 유급 강사보다도 못한 무급강사였다. 강의를 수강하는 학생들이 주는 소액의 수고료가 전부였다. 수많은 무급강사들 중에 2-3명이 부교수associate professor가 될 수 있었는데, 그렇게 되려면 우선 강의가 학생들에게 인기높고, 연구논문들이 학술지에 속속 발표되면서 관심을 끌어야 했다.

그 당시 무급강사들은 목 빠지게 기다린 교수 자리를 얻는 데에 10년,

250

15년, 혹은 더 이상 기다려야 했다. 플랑크에게는 핸디캡이 하나 더 있었다. 이론물리학자들을 받아들이는 대학은 서너 군데밖에 없었던 것이다.

5년이 지났지만 플랑크는 무급강사였다. 그는 부모에게 얹혀 살면서 '독립하는 날'을 손꼽아 기다렸다. 그는 혼자였다. 그의 아이디어가 흥미롭다며 대화를 하자는 학자도 없었다. 그가 다른 학자들에게 보낸 편지들은 대부분 함흥차사였다. 지난 몇 년간 그는 베를린에서 하던 대로, 그 후로도 일생 동안 하던 대로 똑같은 길을 갔다. 열역학 법칙을, 특히 '엔트로피 증가'를 연구하고, 그 지식으로 물리와 화학의 지식들을 일부 도출하는 논문들을 썼지만 그의 첫 논문들과 같은 운명을 맞았다.

플랑크는 믿음을 잃지 않았다. 언젠가는 쥐구멍에도 햇볕이 들 것이라고. 클라우지우스 업적의 중요성을 사람들이 주목할 때는 자기의 진가도 알려질 것이라고 믿었다. 그는 단 한 가지만 빼면 옳았다. 미국의 예일 대학 이론가 깁스J. W. Gibbs가 자신과 똑같은 생각을 따라가고 있었던 것을 몰랐다.

깁스의 논문들은 플랑크보다 조금 더 일찍 발표되었다. 그래서 엔트로피 아이디어가 주목을 받기 시작했을 때 때늦은 크레딧을 받은 사람은 깁스였다.

플랑크가 무급강사로 일한 몇 년간은 그의 인생의 최저점 중 하나였음이 확실하다. 그는 키엘Kiel 대학에서 부교수 제의를 받았을 때가 '해방의 날' 같았다고 훗날 술회하였다. 하지만 그 제안은 그의 능력을 인정해서가 아니다. 그 대학 물리과 교수가 아버지와 친한 친구였다(플랑크처럼 헤르츠도 키르히호프와 헬름홀츠의 강의로 공부하고 키엘 대학으로 갔던 것이 앞에 나왔다). 북부 독일의 키엘 대학으로 옮긴 지 얼마 지나지 않았을 때 마침내 플랑크의 논문을 주목하는 사람이 나타났다. 다름 아닌 헬름홀츠교수였다!

우스꽝스럽게도 이 일은 플랑크가 논문 콘테스트에 응모하였다가 낙선한 일에서 비롯되었다. 그래도 그는 주목을 좀 받아보려고, 괴팅겐 대학 자연과학 교수들에게 논문을 제출하였다. 선정결과가 발표되었을 때 그는 2등상을 받았는데, 도합 3개의 논문이 응모하였고, 그 외에 아무도 입상자가 없다는 사실을 알게 되었다. 그가 1등 상을 받지 못한 것은 논문에서 에너지의 특성을 기술하던 중 이전에 심한 논쟁이 붙었던 대목에서 헬름홀츠 편을 들었기 때문이었다. 헬름홀츠와 대척점에 있던 학자가 그 대학 교수였다.

새옹지마! 바로 그 일로 플랑크는 큰 덕을 보았다. 헬름홀츠는 피라미 같은 무명의 젊은 학자가 쟁점 이슈에서 자기편이 된 사실을 알게 되었다. 그는 플랑크의 논문들을 읽고 논문의 가치를 알게 되었다. 확실히 이 때문에 2~3년 후, 플랑크는 (키르히호프의 후임으로) 베를린 대학 교수라는 학계의 노른자위 제안을 받았다. 플랑크는 나이 31세에 수염이 덥수룩한 노교수들 틈에 끼게 되었다. 홀쭉하고, 얌전스러우며, 구레나룻도 없는 그는 영 특별교수 같이 보이지 않았다(특별교수extra-ordinary prof. 보통교수 ordinary prof.를 알아 모시는 보조교수. 우리나라 같으면 '특자를 좋아할 듯함).

플랑크의 마지막 에피소드이다. 그는 부임한 지 얼마 지나지 않아, 배정받은 강의실을 잊어버려 입구에 서 있던 나이 지긋한 수위에게 물었다.

"오늘 플랑크 교수가 강의하는 강의실이 어딘지요?"

수위가 그의 어깨를 툭툭 치며 말했다.

"젊은이, 거긴 가지 말게나. 우리의 석학 플랑크 교수님의 강의를 알아 듣기엔 아직 너무 어리네."

대학의 모든 동료가 유일한 이론 교수, 젊은 플랑크를 환영한 건 아니다. 실험 물리학자 몇 명은 연구소에 들어가 본 적이 없는 젊은 동료에게 의심을 거두지 않았다(아인슈타인도 나중 비슷한 경험을 한다). 하지만 한 사람과 생긴 우정은 다른 이들의 냉랭한 태도를 극복하고도 남았다. 그는

Exzellenz von Helmholtz의 측근 서클에 가입한 것이다. 그와의 교류를 통해 이전 교육기간에 배웠던 것보다 더 많이 배웠다. 젊은 교수는 노교수를 경배하듯 했다. 두세 번 헬름홀츠의 칭찬을 받았을 때 플랑크는 '흥분하여 나는 기분thrilling moments'이었다.

"토론 중 그가 조용하게 음미하듯 폐부를 뚫을 듯, 그러나 그렇게 자애로운 시선으로 나를 볼 때, 자식처럼filial 믿는 것 같이 한없는 신뢰와 경건함에 휩싸였다."

아버지와 같은 어르신으로서 헬름홀츠가 수립한 과학체계에 대한 플랑크의 헌신에도 불구하고, 머지않아 반석 같은 물리 이론의 결정적 흠을 발견하게 되니 '자외선 재난'이 그것이다. 이 '재난' 중 새 차원의 돌파구를 발견해내는 길에서, 그가 '엔트로피'에 지녔던 일편단심은 결국 헛되지 않았다.

양자론의 아버지 플랑크

하이델베르크에서 베를린의 이론물리 석좌교수로 간 키르히호프가 사망하자 대학에서는 볼츠만에게 교수를 맡아달라고 했지만 사양하였다. 그 후 헤르츠도 그 자리를 사양하자 플랑크가 부교수로 부임 후 곧 정교수가 되었다. 이렇게 해서 플랑크는 아래와 같은 주요 실험들이 이루어진 베를린의 물리기술연구소 현장에 가까이 있게 되었다.

1879년 스테판Josef Stefan —볼츠만의 지도교수— 은 실험에 근거해서 뜨거운 흑체가 내놓는 전체 에너지는 절대온도의 4승에 비례한다고 추정했다. 완벽한 추정은 아니었지만 1884년 볼츠만은 흑체일 경우 4승에 비례한다고, 최초의 이론적 규명을 내놓았다. 볼츠만은 열역학과 맥스웰의 전자기 이론을 동원하였다. 이론대로라면 고전적 통계역학의 균배이론equipartition을 주파수들 각각의 모드마다 적용할 때, 자외선 쪽의 고주파로 가면서 에너지가 무한대로 높아지기에 세상이 파멸로 간다는 '**자외선 파멸**Ultraviolet Catastrophe' 문제가 등장해서 낭패다. 그러나 실제로는 그런 종말은 없기에 고전 통계역학의 적용이 한계를 드러낸 것이다.

1896년에는 빈w. Wien이 열역학과 전자기이론에 의존하여 새로운 공식을 얻었다. 스펙트럼[에너지] 밀도를 주파수 3승(ν^3)과 지수함수가 곱해진 공식으로 발표한 것이 주목을 받은 것이다. ν^3이 커져도 곱해진 지수함수가 ν^3 성장을 꺾어버리기 때문에 주파수가 높아도 실험값과 잘 맞았으며, 자외선 파멸문제도 해소되었다.

얼마 동안 빈의 법칙은 굳어지는 듯했다. 하지만 1900년에 그것은 성급한 결론임이 판명되고, 두 가지 새로운 문제가 대두되었다. 하나는 원적외선 실험에 기술혁신이 일어났고, 다른 하나는 플랑크의 고집과 새로운 비전이었다. 당시 베를린 물리기술연구소는 세계 최고 수준을 자랑했다. 연구소에서는 두 개의 팀이 독자적인 연구를 수행하였는데, 룸메르 Otto Lummer 및 프링스하임Pringsheim은 장파장으로 확장하여 λ=12-18 μ(마이크론=10-6m), T=400~1600K 영역으로 실험하고, 1900년 2월 결론적으로 빈의 법칙이 확장대역에서 틀려진다고 발표했다. 2번째 팀 루벤스H. Rubens와 쿠를바움F. Kurlbaum은 파장대역을 위보다 훨씬 원적외선 쪽에서 λ=30-60μ, T=473~1500K 영역까지 실험한 결과 데이터는 또다시 빈의 법칙을 비껴갔다.

2개 팀의 연구는 20세기 양자론이 태어나는 순간의 실험연구로서 빛나는 업적이 되었다. 오늘날에는 레이저 파장영역이 다양하지만 19세기 중반까지 인류가 근접할 수 있는 파장의 상한은 1.5μ이었다. 이후 40여 년간 파장 상한을 확장하려는 노력은 허사였다. 그런 까닭에 랭글리 Samuel P. Langley는 1885년 미시건 주 앤아버 학회에서 포기선언까지 하였다.

'대기권이 통과시키는 2.7μ까지가 지구에서 현실적으로 가능한 파장의 상한선이 아니겠는가?'

그러나 8년 후 물리학 저명학술지인 〈피지컬 리뷰Physical Review〉 창간호 제1 논문의 첫줄이 다음과 같았다.

'적외선 분산률을 단계적으로 탐색한 결과, 2-3년 내에 희미하던 미세 복사선 연구가 장족의 발전을 이루어냈다.'

이것이 1893년 발표된 코넬 대학 박사과정 대학원생 **니콜스**Earnest Fox Nichols(1869-1924)의 논문이었다. [그는 나중에 다트마우스 칼리지 총장(1909-1916), MIT 총장(1921-1923)을 지냄.] 위처럼 1890년대에 '**잔여광**Reststrahlen(residual ray)'이란 **신기술**이 **등장**했다. 루벤스와 니콜스가 개발한 방식으로 복사선 빔을 석영quartz 같은 결정의 표면에서 여러 번 반사시키면서 단파장들은 걸러내고 남는 빛살의 장파장들을 격리하여 모아내는 것이다. 이러한 실험법으로 흑체복사를 규명한 양자론이 세상의 빛을 보았다.

위의 제2팀 루벤스와 쿠를바움이 1900년 10월 25일 발표한 커브는 암염결정의 잔여광 법으로 추출한 λ=51.2μ 원적외선을 쏘아서 얻은 데이터들로 빈 공식의 커브를 아주 멀리 벗어났다.

이 커브는 레일리Rayleigh 등에 의한 커브들과는 딱 들어맞지 않은 반면 플랑크A. N. Planck의 커브는 오차 범위 내에서 정확히 일치하였다. [플랑크는 1900년 10월 7일 일요일 루벤스가 다녀가며 스펙트럼 밀도가 '저주파수(원적외선)' 영역에서 온도에 비례하는 거 같다는 말을 들었다. 플랑크는 이것이 빈의 법칙과 연관됨을 깨닫고, 바로 그날 저녁에 만든 공식을 엽서에 적어서 루벤스에게 보냈다.]

과학 탐구 플랑크의 분포함수에 숨은 양자

[이 내용은 분포함수 및 엔트로피에 관련된 열통계 물리가 개입되는 까다로움이 있다. 그러나 플랑크-아인슈타인이 땀 흘린 양자론을 위하여 채운 첫 단추이다. 수학은 고등학생 수준이다.]

플랑크가 확인한 것은,

[1] 스펙트럼[혹은 에너지] 밀도 $\rho(v, T)$ [혹은 $E(v, T)$]의 플랑크 공식 (1)이 아래 [2]와 [3]을 함께 만족하도록 만들어졌다.

$$\rho(v, T) = (8\pi v^3 / c^3)[\frac{1}{e^{hv/kT} - 1}] \qquad (1)$$

[2] 위에서 지수 $hv/kT = x$라고 놓으면, 루벤스가 말한 것처럼 스펙트럼밀도가 '저주파수[원적외선]'대의 작은 v 영역이고, 분모의 온도(T)가 보통 상온이상이면 분수 x는 1보다 작을 경우가 된다. 즉 $x \ll 1$일 때 $e^x \sim [1+x]$가 된다. 그러면 식 (1)의 대괄호는 $\sim kT/hv$. 그러므로

$$\rho(v, T) = (8\pi v^3 / c^3)kT / hv = (8\pi v^2 / hc^3)kT$$
$$= (8\pi v^2 / hc^3)U(v, T) \qquad (1')$$

결국 루벤스 말처럼 작은 v에서는 kT/hv처럼 온도에 비례한다.

[3] 높은 v에서는 스펙트럼 밀도가 옛날 고전적 빈의 공식 (2)로 돌아간다. 이 경우는 $x = hv/kT \gg 1$, 바로 '양자영역quantum regime'에 해당한다. 이때 대괄호는

$$[1/(e^x - 1)] \sim 1/e^x = e^{-hv/kT}$$

즉 양자영역에서는 아래처럼 높은 v 영역이 되어서, 고전적 흑체이론과 같아진다. (빈의 추측)

$$\rho(v, T) = (8\pi v^3 / c^3)e^{-hv/kT} \qquad (2)$$

플랑크의 양자화 3단계를 요약하면 다음과 같다.

[1] 전하가 e인(질량 m) 입자에 진동수 ω인 모드로 흔들 경우의 표준적 뉴턴역학으로 해석한다. [고전 역학]

[2] 열역학 내부에너지(U)와 중첩하는 진동자 스펙트럼 밀도(ρ)의 관계를 도출한다. [고전역학]

[3] N개의 '식별가능'한distinguishable 진동자들에게 P개의 '식별불가능'한indistinguishable 에너지소energy element(ε)들이 분포하는 경우의 엔트로피entropy[S]를 구한다.

$$S = k[(1 + U/h\nu) \times \ln(1 + U/h\nu) - (U/h\nu) \times \ln(U/h\nu)] \qquad (3)$$

플랑크는 이렇게 (3)식이 유도됨을 1900년 12월 14일 발표하였고, 이것으로 20세기 양자론이 탄생하였다. (3)식의 유도과정을 3-4줄만 요약하면, NS=k×lnW의 볼츠만 공식에서 W는 열역학 확률이다.

W = (P+N-1)! / P! (N-1)!

lnW을 취하고, P도 N도 큰 수이므로 Stirling 공식을 쓴다.

예: $\ln(P + N - 1)! \approx (P + N - 1)\ln(P + N - 1) - (P + N - 1)$

그러면 위의 lnW는

~(P+N)ln(P+N) - PlnP - NlnN

~N{(1+P/N)ln(1+P/N) - P/Nln(P/N)}

이제 U_N=Pε, P/N=U/ε, ε=hν 등의 관계식들을 써서 위의 (3)식을 얻는다. ('계승(!)factorial': N! =1×2×3⋯×(n-1)×n이다.)

아주 이상한 사실은 위처럼 (양자론적) 공식이 양자영역이 아닌 고전적 원적외선 영역에서 벌어진 차이를 추정하면서 양자론이 태어났다는 사실이다. 그렇다고 단지 점근선 확장 및 연계 과정에서 플랑크가 양자론을 발견하였던 것은 아니다. 어쨌든 루벤스의 말을 듣고 그가 금방 답을 찾아낸 것보다도 더욱 중요한 것은 그 답이 아주 정확했다는 사실이다.

아인슈타인이 1905년 시작한 '3월 논문'과 '광양자light quanta 가설'에 관한 반응들을 이해하려면, 플랑크가 먼저 1900년 10-12월 기간에 어떤 큰 걸음을 내딛었는지 알 필요가 있다. 만약 플랑크가 10월 19일 밤에 그 공식을 만든 후 그냥 있었다면 그는 '복사의 법칙' 발견자로 기억될 것이다. 그러나 거기서 멈추지 않고 미지의 숲을 탐색하며 헤쳐 나갔던 것이 그의 진정한 위대성이다. 그는 물리적 해석을 찾으려고 노력하였다. '식별가능'한 진동자들에게 '식별불가능'(나중 논의함)한 에너지소(ε)들을 들이대고, 그의 엔트로피(S) 철학을 고수한 것이다. 이것으로 그는 '양자론'의 발견자로 영원히 부각될 수 있었다.

즉 전자기론과 열역학을 사용한 고전역학 논리는 흠이 없었으나, 최후 단계의 통계역학에 모순적 논리가 끼어들었다. 1931년 플랑크는 이것을 '절망적 행위act of desperation'였다고 회고하였다.

'어떤 상황이든지, 무슨 희생을 감수하더라도, 나는 이 긍정적 결론을 얻어야만 했다.'

사실은 여기에 두 가지 '절망적 행위'가 있었다. 하나는, 유한한 '에너지소'라는 것에 듣도 보도 못한 물리적 의미를 부여한 것이다. 다른 하나는, 유도과정에 정의된 '열역학 확률'로서 이것 역시 듣도 보도 못한 통계 방식이다. 이와 관련하여 아인슈타인의 '고전적 균배법칙' 해법을 나중 주목하기로 한다. 플랑크는 이것을 볼츠만 고전통계에서 생각난 영감inspiration에 기인한다고 했다. 그러나 볼츠만의 통계에는 플랑크의 '식별불가능'한 에너지소(ε)들이 정당화될 구석이 전혀 없었다. 오히려 25년 후의 보제-아인슈타인Bose-Einstein의 양자통계론quantum statistics으로 가야 만날 수 있으니, 이것은 〈미래에서 온 과거Back to the Future〉의 영화 같은 상황이 실제로 일어난 20세기의 기적이다! 이 기적을 플랑크는 이렇게 말하였다.

"이 가설이 자연에서 구현될 수 있을 것인지는 경험이 증명할 것이다."

얼마나 대담한 선지자적 외침인가! 얼마나 깊은 고심의 흔적이 배인, 자신의 학문적 경륜에 뿌리를 둔 굳은 신념인가! 여하튼 그가 이렇게 절망적 결행을 한 것을 정당화시킨 것은 원하던 결과가 그 방법을 통해 얻어졌다는 데 있다. 그의 논리는 '순 억지'이다. 그런데 그의 '순 억지'는 키르히호프 문제에 신적인 경지의 대답인 셈이다. 20세기를 통틀어 현대 물리의 여러 가지 진보들이 있었지만, 플랑크와 같은 인물은 다시 나오지 않았다. 프링스하임이 1903년 강론에서 말한 내용이다.

"플랑크의 방정식은 실험데이터들과 아주 잘 일치하므로, 최고의 근사법으로서, 오래전 키르히호프가 함수로만 제안한 것의 완벽한 수학적 표현이라고 할 수 있다."

실험의 선구자들이 지금껏 이뤄낸 결과들이 다음과 같다. 1901년 플랑크가 얻었던 값, (플랑크 상수) $h=6.55 \times 10^{-27}$erg.s; 현재의 값은 $h=6.63 \times 10^{-27}$. 그가 얻은 볼츠만 상수, $k=1.34 \times 10^{-16}$; 현재의 값은 1.38×10^{-16}. 다시 k값을 기체상수(R=Nk)에 대입하여 아보가드로 N값을 구하고, 거기에 전해질의 패러데이 법칙으로 구한 전하량 $e=4.69 \times 10^{-10}$esu; 현재의 값은 4.80×10^{-10}. 전자를 발견한 톰슨J. J. Thomson이 전하량을 측정한 결과는 6.5×10^{-10}esu이었으니, 플랑크 계산을 당할 것인가!

20세기 최고 과학자 플랑크의 삶

제2차 세계대전이 끝난 뒤 48년 서독과 서(西)베를린에 있는 연구시설을 통합해 협회의 공로자이며 물리학자인 막스 플랑크의 이름을 따서 재건되었다. 그러나 막스 플랑크의 고난에 찬 삶은 이러한 영광과 거리가 멀었다.

뮌헨 은행가의 딸인 플랑크의 첫째 부인 메르크는 결혼한 지 22년 만인 1909년에 사망한다. 플랑크는 첫째 부인 사이에 두 아들과 쌍둥이 딸이 있었다. 첫 아들 카를은 1916년 전투에서 사망했다. 설상가상으로 이듬해에 두 딸 가운데 마르가르테는 출산 중에 죽었고 1919년에는 똑 같은 일이 남은 마지막 딸 에마에게도 일어난다(1918년 노벨상 수상).

2차 세계대전은 그에게 더 큰 비극을 안겨준다. 베를린에 있던 플랑크의 집은 1944년 폭탄 투하로 완전히 파괴되었다. 마지막 남은 핏줄 둘째 아들 에르빈은 1944년 7월 20일 히틀러의 목숨을 노렸다는 이유로 체포돼 전쟁 막바지에 이른 1945년 초 게슈타포에 의해 무참히 살해된다. 자식 모두가 죽은 것이다. 2차 세계대전이 끝나자 미군 장교들이 1910년 재혼한 폰 회슐린과 플랑크를 괴팅겐으로 데려가 포로수용소에 가두었다. 전쟁 중에 적국의 과학자는 아주 중요한 사찰 대상이자 요주의 인물이기 때문이다. 그는 괴팅겐에서 파란만장했던 세상을 하직한다(1947년 10월 4일).

플랑크는 히틀러의 파괴적인 인종정책에 반대해 이를 말리려고 히틀러를 직접 찾아가 설득하다가 히틀러의 눈총을 샀다. 그리고 미국이나 영국 등 여러 나라에서 망명하라고 권유하지만 생을 다할 때까지 독일에 계속 남았다. 히틀러에게 외면당한 그가 뭣 때문에 나치 치하에 남았을까? 아마도 히틀러의 독일을 지키기 위해서가 아니라 독일의 과학을 지키기 위해서였을 것이다.

"어떤 종류든 간에 과학적 작업에 열심히 종사하는 사람들은 과학의 사원寺院을 들어가는 현관에 이와 같은 말이 쓰여 있다는 걸 명심해야 한다. (과학에 대한) '신념을 가져야 한다.' 이는 과학자가 반드시 지녀야 할 성품이다."

-막스 플랑크

Albert Einstein in 1911 in Brussels at the First Solvay Conference, standing second from right. Seated (l-r) are Walther Nernst, Marcel Brilouin, Ernest Solvay, Hendrik Lorentz, Emil Warburg, Jean Perrin, Wilhelm Wien, Marie Curie, and Henri Poincaré. Standing (l-r) are R. Goldschmidt, Max Planck, Heinrich Rubens, Arnold Sommerfeld, Frederick Lindemann, Marcel De Broglie, Martin Knudsen, Fritz Hasenöhrl, G. Hostelet, Eduard Herzen, James Jeans, Ernest Rutherford, Heike Kamerlingh Onnes, Einstein, and Paul Langevin. (Photo by Benjamin Couprie, Courtesy of AIP Emilio Segré Visual Archives.)

제1회 솔베이 컨퍼런스 참석자들(1911년)
서 있는 줄에서 왼쪽 2번째가 플랑크, 오른쪽 2번째가 아인슈타인

위는 사이언스 타임즈의 막스 플랑크 연구소 소개에서 그의 삶을 잘 요약한 부분이다.[52]

플랑크 사후 이듬해의 아이슈타인의 추도사(1948)는 폭정 앞에서도 굴하지 않는 과학자들의 고귀한 진리탐구의 이상이 플랑크의 삶에서 실현되었음을 강조한다. (아인슈타인은 2차 세계대전 이후 다시 유럽을 방문하지 않았지만, 보른이 독일로 돌아가겠다고 하자 걱정하는 편지를 주고받았다.) 플랑크는 원자의 물질적 구조뿐만 아니라, 플랑크 상수 h로 원자의 에너지 구조에도 존재하는 진리를 우리에게 알려주었다. 이것이 고전역학과 전기동력학을 뛰어넘어 20세기 물리의 바탕이 되었다고 하면서, 아래처럼 지적하였다.[53]

"양자론의 발견은 과학에 새로운 태스크, 즉 모든 물리학에 새로운 개념을 찾도록 하는 일을 부여한 것이다. 부분적으로도 놀라운 업적을 얻었지만, 문제의 풀이에 만족하기는 아직 요원하다."

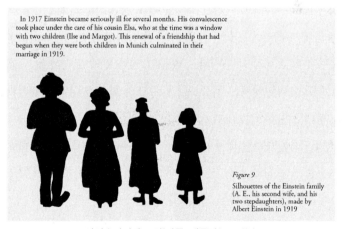

In 1917 Einstein became seriously ill for several months. His convalescence took place under the care of his cousin Elsa, who at the time was a window with two children (Ilse and Margot). This renewal of a friendship that had begun when they were both children in Munich culminated in their marriage in 1919.

Figure 9
Silhouettes of the Einstein family (A. E., his second wife, and his two stepdaughters), made by Albert Einstein in 1919

아인슈타인의 그림[가족-베를린(1919)]

플랑크 양자와 아인슈타인 양자론 혁명

"플랑크가 한 일은 활기를 불어넣은 동시에 물리학자들의 존재감을 매우 난처하게 만들었다…. [키르히호프 함수의] 제단에 바친 물리학자들의 머리 무게는 엄청날 것이다. 그리고도 이 잔혹한 희생들의 끝이 보이지 않는다!"

1913년 아인슈타인이 한 말이다. 플랑크의 1900년 12월 14일 발표로 20세기의 양자가 탄생하였다. 그 양자론을 이해하기 위하여 1900년 이후 한동안 아인슈타인 스스로 회고를 통해 물리이론의 바탕들을 이 새로운 지식에 맞춰보려고 쏟은 노력은 완전 실패였다. 그것은 마치 땅 밑이 꺼지는 듯하고 아무리 둘러봐도 발붙일 데가 전혀 보이지 않는 것과 같았다. 아인슈타인에게는 처음부터 플랑크의 결과가 영감의 원천이요 놀라움 자체였다. 1929년 아인슈타인은 플랑크를 서론하며 말했다.

"29년 전 볼츠만의 통계법을 그렇게 색다른 방법으로 응용하면서 그가 복사론의 공식을 귀신처럼 유도한 것에 큰 자극을 받았다. 당신은 상대론을 지지한 학자로서도 처음이었다."

1918년 아인슈타인은 플랑크를 노벨상 수상자로 추천하였다. 그는 플랑크를 양자론의 발견자로 추앙하였다.

플랑크의 1900년 12월 양자논문 발표 후 아인슈타인의 1905년 '3월 논문'과 이후 그의 '광양자light quanta가설'이 나올 때까지 5년간 양자론은 관심을 끌지 못했다. 복사법칙의 '플랑크 공식'이 1900년에 나왔지만 1905년까지는 그건 그냥 실험데이터들을 잘 꿰어 맞춘 것이지, 그 이상도 이하도 아니라는 인식이 지배하였다. 광양자에 관하여 아인슈타인은 '3월 논문'의 첫머리 제목은 "빛의 생성과 변환에 관한 개략적 시각[54]", 즉 논문의 양자론이 '개략적'이란 말로 잠정적인 한계를 가진다면서 신중을 기했다. 논문에서 아인슈타인은 (1)식을 '플랑크 공식'이라고 부르는데 실험 결과와 척척 잘 맞았다. 한편 고전 이론과 부합시킨 플랑크 공식은 실험 결과와 전혀 맞지 않았다. 그럼 플랑크가 유도한 공식의 의미가 도대체 무엇인지 혼란에 빠졌다.

"플랑크의 유도과정이 드러낸 불완전성들은 언뜻 보기엔 감춰져 있는 것이지만, 그렇게 된 것이 물리학의 발전에 아주 다행한 일이다."

"만약 플랑크가 이 [고전적] 결론에 묶였다면, 그는 위대한 발견을 놓쳤을 것이다."

아인슈타인이 왜 이처럼 말했을까 그 이유를 짚어본다.

아인슈타인은 1904년 논문에서도 플랑크를 가볍게 언급했으나 이후 1905년 '3월 논문'이 빛을 보기까지 1년간 잠행하였다. 1년의 기간은 그가 첫아들 한스를 낳은 신혼시기였으며 특허청 계약직에서 영구직으로 바뀌기까지 학문연구가 무뎌진 시기였다.

한편 그 기간은 열역학 제2법칙 연구로 아보가드로 N값을 결정하는 통계물리, 양자론 및 상대론 사이를 왔다 갔다 한 초인적 기간이었다. 기적의 해로 일컫는 1905년, 3월의 광양자 논문부터 9월까지 브라운운동 및 상대론 논문들 5편을 썼다. [아보가드로 수 관련, 3월 논문의 제2섹션에서 그는 N값을 결정하는 첫 번째 방법도 제시하였는데, 그의 (1')식과

장파장 복사에너지 값으로써 N=6.17×10²³을 얻었던바, 플랑크가 복사론으로 얻은 값에 조금도 손색이 없다.] 아래의 **|과탐|**에서 보듯이 '3월 논문'의 핵심인 양자론, 즉 자기 논문들 중 스스로 '혁명적'이라고 유일하게 자평한 **아인슈타인의 광양자** 개념이 탄생한다.

'[광양자가설] 단일파장의 복사가 열역학 면에서는 상호독립적인 에너지 양자energy quanta[hν]로 보이기도 한다.'

'플랑크의 유도과정의 불완전성'을 말했던 아인슈타인의 양자론 3월 논문은 "흑체복사의 법칙과 관련된 난점들에 관하여"라는 섹션으로 시작한다. 여기에서 그는 이 불완전성들에 날카로운 분석의 칼날을 들이대고 있다.

1897년 당시, 플랑크는 앞의 (1′)식을 이미 얻었다(**|과탐|** 플랑크의 분포함수에 숨은 양자). 균배의 법칙[U=kT=(R/N)T]을 쓰면, T에 비례한 고전적 식이 나오고 이는 실험값과는 다르게 된다. 그런데 플랑크는 복사의 법칙에 도달하는 중 몇 군데 실수를 범하면서, 위처럼 (1′)에 도달하지 못한 것이 오히려 역사적 의미가 크고 놀라운 일이었다. 플랑크가 고전적 공식으로 가지 않았던 실제 이유로, 볼츠만 통계역학의 한계에 대해 그가 가진 부정적 태도를 들 수 있을 것이다.

1905년 3월 아인슈타인의 치밀한 분석과 '광양자 가설'이 이렇게 등장하며 비로소 양자론의 먼동이 트기 시작하였다. 그때도 단지 두어 명의 학자만 고전물리학의 총체적 위기의 순간을 불현듯 깨달았다.

"이러한 극단적 상황에서는 고전적 균배의 법칙이 무효임을 수용해야 한다."

레일리는 일반 공식들의 실패를 이렇게 인정했다. 진스는 물질이 에테르와 평형상태에 있다는 것이 틀려나간 것이거나, 혹은 상수 h를 사용함이 잘못이니 폐기해야 한다고 주장했다. 한편 균배분배법칙이냐 비평형의 문제냐 등의 시비가 한참 계속되다가, 1911년 첫 솔베이학회에 즈음하여 균배법칙 문제로 가닥이 잡혀갔다.

이제 3월 논문이 고전 부분을 넘어 양자 섹션으로 도달한다. 아인슈타인이 스스로 '혁명적'이라고 평하였던 3월 논문의 바로 그 부분이다. 1905년 아인슈타인의 판단을 다시 요약하면, [1] 앞에서의 플랑크 공식은 실험과 부합하는데 기존 이론과는 배치된다. [2] 플랑크의 (1′)식은 기존 이론과 부합하는데 실험 결과와는 맞지 않다.

위와 같은 판단으로 아인슈타인은 새 해법을 개척하였다.

엔트로피가 부피의 변화에(V/Vo)에 대응함과 이상기체 입자들의 엔트로피 형식이 아주 유사함에 주목하여, 기상천외의 새길로 들어섰다. 이론의 이러한 급전으로써 **아인슈타인의 광양자**light-quantum **개념**이 탄생한다.

이상기체 분자들의 부분 체적 비율 논리로서 $(N/R=1/k; k\beta=h)$

$S = k \ln (V/V_0)^{NE/R\beta\nu}$

$\quad = k \ln (V/V_0)^{E/h\nu}$.

이 과정에서 그는 엔트로피 밀도라는 희한한 매개변수를 도입하여 이론을 완성함으로써, 약 20년 후 보제-아인슈타인 양자통계학의 씨앗이 되었다. 이것에 스펙트럼 밀도라는 실험양의 비율을 온도와 상관시키면서 논문 중 약 2.5쪽의 내용을 채웠다.

'[광양자가설] 단일파장의 복사가 열역학 면에서는 위처럼 상호독립적인 에너지 양자energy quanta[hν]로 보이기도 한다.'

아인슈타인의 수식 유도와 해석은 꽉 찬 이론으로 봄직도 하지만 그렇지는 않다. '**빈의 추측**'에 **근거한다**는, 뿌리증명이 없는 가설로 머물 뿐이다. 위의 발전이 1925년 수립한 보제-아인슈타인의 통계로 볼 때 에너지 양자가 항상 '통계적 독립'인 것은 아니다. 이상기체에 근거하여 고전적 볼츠만 통계를 사용한 것도 일반화한 것은 못 된다. 그러나 볼츠만 통계와 보제-아인슈타인 통계가 '빈의 추측' 한계 내에서는 동일한 답에 이르므로 결과적으로 틀린 것은 아니다. 즉 보제-아인슈타인 통계는 입자수가 보존되지 않는 가장 일반화된 앙상블이 대상이지만, 광양자 수 보존 여부도 빈 추측 영역에서는 아무런 역할을 하지 못한다.

아인슈타인의 광양자 가설은 그 출현부터 행운이었다. 아메리칸 풋볼에서는 갑옷으로 무장한 선수들이 가로막는 적들을 태클해서 함께 쓰러지면, 그 적진 가운데로 돌파된 길을 계속 전진한 쿼터백quarterback이 적에 잡히지 않고 골라인에 터치다운한다. 광양자가설이 위처럼 몇 가지의 장애물들을 극복하고 건재한 것은 고난도 기술을 겸비한 팀의 쿼터백 같이 보인다. 광양자는 이렇게 살아 있었으나 놀라운 혁명의 바람을 몰아서 세상을 바꾼 것은 아직 아니다. 1905년의 학자들에게 광양자론이란 그저 평형상태의 복사법칙이 흥미로운 트릭을 부린 것일 뿐, 물리학에 새로운 충격파를 일으킨 것은 아니었다. 찻잔 속의 태풍이었던 것이다.

아인슈타인의 광양자혁명은 '3월 논문' 3장의 3번째 논지, 그러니까 Ⓐ 이상기체 모델, Ⓑ 엔트로피 밀도, 다음의 Ⓒ 휴리스틱 원리, 즉 개략적인 이 원리가 그 광양자가설이다.

'엔트로피 밀도에 연관하여 단색광의 복사가 에너지양자energy quanta로 이루어진 불연속체discrete medium처럼 행동한다. 만약 그렇다면 빛의 생성과 변환법칙에서도 빛은 에너지양자일 것이 아닌가 하는 물음을 갖도록 한다.'

광양자가설은 전자파복사에 양자적 특성이 있다는 논지이다. 이 휴리스틱 원리로 빛의 특성은 빛과 물질의 상호작용이란 개념으로 확장된다. **10여 년 후 빛과 물질의 상호작용에 관한 제2혁명의 논문이 발표된다.**

1906년에 아인슈타인은 플랑크의 논문을 다시 해석한다. 플랑크가 (1) 전자기와 고전역학에서 스펙트럼 밀도(ρ)와 열역학적 내부에너지(U: internal energy) 관계를 만들고, (2) 다시 U를 양자화시켰음을 정리한다. 여기서 만약 고전역학과 배치되는 (2)를 수용하면 (1)을 믿을 근거가 사라진다.

플랑크의 이러한 'U 양자화'를 회피한 아인슈타인은 스펙트럼 밀도(ρ)를 양자화한다. 하지만 아인슈타인은 플랑크의 'U 양자화'도 유효하다면서 거부하지 않는다.

'우리는 다음과 같은 법칙이 플랑크의 복사이론의 바탕을 제공한다고 봐야 한다. 플랑크의 진동자Planck oscillator 에너지는 hν의 정수배에 해당하는 에너지 값만 가질 수 있다. 빛의 생성 또는 흡수과정에서 플랑크 진동자의 에너지 준위는 hν의 정수배만큼 점프하는 방식으로만 변한다.'

$$[E = (n + 1/2)h\nu, \quad n = 0, 1, 2, 3\cdots]$$

이렇게 아인슈타인은 1906년에 이미 전자기 파동의 양자화, 즉 조화 진동자harmonic oscillator체계를 추상하고 있었으며, 보어 이후 1917년 유도방출 논문을 쓴다! [다음 |**과탐**| 참조]

마이켈슨, 밀리컨과 함께(칼텍, 1930)

아인슈타인, 광전효과에서 레이저로 가다

요즘은 톰, 딕, 해리 모두가 포톤이 무엇인지 잘 안다고 한다. 그런데 모두
헛짚고 있다.

– 아인슈타인

아인슈타인의 '3월 논문'을 앞과 같이 인식하지 못하고, 일반인은 대개 '광
전효과photoelectric effect'로 노벨상을 수상한 것으로만 알고 있다. 1905
년 광전효과는 아직 미지의 학문 분야로 자외선(UV), X레이 스펙트럼을
다루며, 고체, 액체, 기체를 집중분석하는 오늘날처럼 광범위하게 발전하
기 이전이다.

20세기 현대 물리는 1900년 전후 10년간의 5가지 큰 발견이 주축이
되어 구체화한 것이라고도 한다. 즉 광전효과, X레이, 전자, 방사능, 제만
효과 등이다.

당시 학자들은 이 분야 저 분야를 오가며 폭넓게 연구하는 것이 보통
이었다. 앞에서 헤르츠Herts가 빛의 전자파 특성을 연구하여 맥스웰을 반
석에 올린 눈부신 업적을 쌓고 요절하였다는 것을 알았다. '복사하는 빛
은 발광성 에테르luminiferous ether가 요동하는 것'이라고 한 토마스 영과

같이, 그도 '빛의 파동설은 확고한 것'이라고 생각을 확장하였다. 그런 헤르츠가 2개의 금속표면 사이에 몇 볼트 전압을 걸어서 발생한 방전불꽃을 연구하던 중, '양자설'을 낳은 광전효과Der Lichtelektrische Effekt를 대기 중에서 최초로 관찰한 것은 참 아이러니한 운명 같다. 1888년 헤르츠의 학생 할박스W. Hallwachs가 자외선 빛을 쪼여서 정전하가 축적되는 것을 보았던 것이다. 엘스터Julius Elster와 가이텔Hans Guitel은 고등학교 교사들로서 진공관의 광전효과 연구의 선구자였으며 최초의 광전관phototube도 제작하였다. 톰슨J. J. Thomson은 음극선에서 전자를 발견한 걸로 잘 알려졌지만, 그 역시 광전효과에 더 정밀한 실험을 수행하였다.

광전효과와 광전자

헤르츠는 전기장에 의한 음극선의 휨을 발견하지 못했지만 톰슨은 1897년 실험 장치의 진공도를 높임으로써 전기장에 휘는 전자를 발견했다. 1899년 톰슨은 자외선 빛을 쪼인 결과 '전자가 방출된다'는 광전효과 현상을 최초로 언급하였다. 동일한 실험 장치에 이제 자기장을 더함으로써 전자의 전하/질량 비(e/m)까지 측정하는 길을 열면서 질량을 정할 수 있게 되었다.

이렇게 전기장과 자기장을 함께 이용한 분석은 최초의 질량분석기 개발로 이어졌다. 그의 제자 애스턴F. W. Aston과 뎀스터A. J. Dempster는 현대적 질량분석기를 처음 만들고 나중에는 U^{235} 동위원소를 처음 발견한다. 애스턴은 이 공로와 비방사성 동위원소들의 연구로 1922년 노벨 화학상을 받는다.

톰슨은 실험에 구름상자cloud chamber 기술을 최초로 사용했다. 과포화 된 수증기가 물방울로 액화condensation할 때, 대전된 입자들이 물방울의 핵처럼 기능한다는 걸 그의 학생 **윌슨**Charles T. R. Wilson이 발견하였다(윌슨은 구름상자 발명으로 노벨상을 수상한다. 이때 발견된 반전자는 나중 디랙Dirac에서 만난다). 톰슨은 이 방법을 써서 물방울들을 세면서 대전된 입자수를 결정할 수 있었다. 이러한 기술적 혁신으로서 얻은 전하량 e=6.8×10^{-10} esu 값은 획기적인 것이었다.

1902년 **레나르트**Philip Lenard은 탄소아크 빛으로 광전효과를 연구하였다. 그는 광원의 세기를 1천 배까지 변화시킬 수 있었다. 그는 '빛의 세기를 변화시켜도 (광)전자의 에너지는 조금도 변하지 않았다'는 이상한 현상을 보고했다. 그럼 빛의 주파수를 변화시키면 광전자 에너지phtoelectron energy는 어찌 되는가? 전자가 변하면 후자가 변한다. 1905년에는 거기까지가 알고 있는 것의 전부였다. 그 이상 아무것도 알려진 것이 없었다.

그해 아이슈타인은 자신의 휴리스틱 원리에 따라 광전효과의 간단한 원리를 제공했다. 한 개의 광양자(에너지=hν)는 한 개의 전자에게 에너지를 몽땅 준다(에너지=E). 한 개의 광양자의 이러한 에너지 전달energy transfer은 다른 광양자의 존재 여부에 상관 않는다. 물체의 내부에서 전자 하나가 표면으로 나와 방출될 때마다 일정량의 에너지[이를 W=일함수work function]를 소진한다. 그래서 아인슈타인은 다음의 간단한 관계식을 제안했다.

KE = $h\nu$ - W

여기서 ν는 입사하는 빛의 주파수인데 이에 따라 전자가 표면을 탈출하며 가지는 운동에너지(KE=kinetic energy)가 정비례한다고 말했다. 그 기울기는 보편상수가 되어서 빛에 쪼이는 물질과 무관하며, 그것은 플랑크상수 h가 된다는 특별한 의미이다.

이상과 같은 예언은 당시 전혀 알려지지 않은 것인데 모두 복사의 법칙에서 유도 결정된 것이다. 열역학으로는 hν만큼의 에너지들이 계단처럼 불연속으로 분포한 것이 빛의 양자들이며 상호독립인 모습이다. 아인슈타인은 노벨상 수상기념 논문에 다음과 같이 썼다.

'단색광monochromatic의 복사파가 hν 크기의 에너지 양자의 불연속 매질처럼 행동한다면, 빛도 이런 에너지 양자로 존재하면서 그 빛의 생성과 보존이 이루어지는지 밝힘이 마땅할 것이다.'

아인슈타인은 이러한 광양자가설을 그저 플랑크 분포함수를 위하여 수학의 신조어로 만든 것이 아니라, 물리적 측정으로 직접 확인할 수 있다고 했다.

약 4년 후 1909년 두 번째의 광전효과 논문을 발표했는데, 그때까지도 위 공식이 맞는지를 완전히 확인한 실험은 없었다.

아직 빛의 파동이론이 대세였다. 광전자들의 에너지가 입사광의 파장에 민감할 필요가 없었다. 전자가 에너지를 차곡차곡 모아서 금속표면을 탈출하겠지, [금속에 파워를 전달하는] 입사파의 세기가 증가하면 광전자 수와 그 에너지들이 증가하겠지, 만약 세기가 약하다면 탈출에 드는 에너지가 차도록 기다리면 광전자가 나올 것이라고 추측할 뿐이었다.

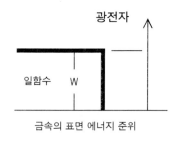

아인슈타인은 빛을 파동이 아닌 진동수 ν의 **광자**(=광양자)로 확정하고 광전효과를 해석했다. 광자가 금속의 전자에 흡수되면 그 광자 에너지 hν

가 전자로 천이한다. $h\nu$가 일함수 W보다 크면 전자는 탈출한다. 탈출한 전자의 운동에너지는 위의 에너지 보존 공식 대로이다.

공식에 따른 실험 결과는 파동이론 해석과는 판이한 결론들을 가득 담고 있다. [1] 임계값 ν_0=W/h보다 진동수가 낮으면, 입사파의 세기가 얼마든지 아무리 기다려도 이탈하는 광전자는 없다. 사랑의 대상은 오래 기다린다고 오지 않는다. 기대하는 임계치를 놓치는 자의 마음이 간절해도 진동수가 낮으면 불통이다. [2] KE=$h(\nu-\nu_0)$. 즉 광전자가 얻는 운동에너지는 금속의 종류와 무관하고, 입사파의 진동수에 비례한다. 신기하게도 광전자 효과와는 무관하던 플랑크 상수가 기울기로 등장한다. [3] 탈출하는 광전자 수는 빛의 세기에 비례하고, 전자의 에너지와는 무관하다.

톰슨의 제자인 휴즈Arthur L. Hughe가 [2]처럼 KE와 ν 사이의 정비례 관계를 발견하고, 비례상수는 $4.9-5.7 \times 10^{-27}$로서 질료에 따라 조금 변하는 듯했다. 1914년 진스Jeans가 복사이론에 관한 주요 리뷰 논문에서 위 공식이 대개 들어맞는다고 했다. 그래도 논란이 계속되었지만, 실험가들은 아인슈타인 공식에 동의하는 편으로 가닥을 잡아갔다.

미 시카고 대학의 **밀리컨**Millikan은 수년 동안 실험했다. 수은 스펙트럼의 가시광선을 이용하고 몇 가지 알칼리 금속들을 조사했다. 그는 1915년 4월에 미 물리학회에서 그동안의 결과를 발표하였다. 1916년에는 훌륭한 데이터를 정리한 장편논문을 〈피지컬 리뷰Physical Reviews〉에 실었다.

아인슈타인 공식은 정확하였고, 광전효과로 측정한 플랑크상수 값 h=6.57×10^{-27}로 0.5% 이내의 정확도를 자랑했다.

광발광Photoluminescence 및 광이온화Photoionization에서 방출되는 광에너지의 진동수는 입사에너지 $h\nu$의 진동수 ν를 초과할 수 없다는 것도 아인슈타인 이론의 한 응용이다.

1917년 유도방출 논문 및 레이저

앞에서와 같이 플랑크 진동자의 에너지 준위가 $h\nu$의 정수배만큼 점프
하는 것은 1906년 아인슈타인의 논문에서 이미 밝혀진 사실이다. 플랑
크조차 아인슈타인의 양자론을 한동안 수용하지 못하였지만, 플랑크를
재해석한 아인슈타인은 다음 차원의 양자론으로 큰 걸음들을 내디뎠다.
아인슈타인은 플랑크와 보어의 원자모형을 아울러 원자모형에서 2개의
에너지 준위 사이를 전이하는 흡수 및 발광(자발방출) 외에 전자파가
전이를 유도하는 유도방출이론을 제시하였다.

　1917년의 유도방출이론은 빛과 물질의 상호작용에 관한 제2혁명 논
문이다.[55] 이 논문은 1950년대 레이저 개발노력을 이끈 근본원리였다.
아인슈타인 타계 4-5년 후 레이저 모형 이론이 나오고 1960년 매이맨
Maiman의 첫 레이저가 등장한다.[56]

　1917년의 유도방출 논문은 통계적 접근을 포함하였는데, 이때 대칭
성의 문제가 등장한다. 이는 나중 철학 및 종교성에서 다룰 것이므로 생
략한다. 논문은 포톤의 에너지(E) 외에 운동량(p)을 대두시키기도 한
다. 운동량은 $p=E/c=h/\lambda$ 가 되는데 이것은 이후 콤프턴Compton 및 드
브로이de Broglie에게 중요한 파동개념의 단서를 제공한다.

광양자가설: 회의적 반응과 아인슈타인

1913년 아인슈타인을 프러시안 학술원Prussian Academy 회원으로 추천하면서 플랑크, 네른스트 등은 그의 업적을 높이 평가하면서 이렇게 썼다.

"요약하자면, 매우 다양한 현대 물리의 큰 문제들 중 어느 것도 아인슈타인의 놀라운 공헌이 없는 것을 찾을 수 없습니다. 그의 추정이 간혹 목표에 명중하지 못한 경우는 있습니다. 예를 들어 그의 광양자가설인데, 그렇다고 그 사실이 그를 반대할 이유는 될 수 없습니다. 정확성을 자랑하는 과학에서 가끔 모험을 하지 않고 진정 새로운 제안을 도입하기란 불가능하기 때문입니다."

아인슈타인의 과학 일생에서 양자물리는 최대 위기이자 고비의 순간이었다. 물론 아인슈타인이 광양자가설을 '잠정적provisional'이라고 한 데는 분명한 이유가 있었다. 그의 공식은 '빈의 추측' $h\nu/kT \gg 1$ 영역에 한정하여 도출하였기 때문이다. 실험적인 사실을 충분한 설명이 없이 사용한 것은 또 다른 이유가 있었다. 무엇보다도 그의 이론과 전자기의 파동론 사이에 존재하는 텐션이 당시에도, 이후에도 풀리지 않았기 때문이다. 정직했던 아인슈타인은 그의 가설에 묻어 있는 '잠정적'인 면을 강조하는 것 외에 다른 방도가 없었다. 그는 제1회 솔베이학회에서 이를 분명히 했다.

"나는 이 (광양자) 개념이 잠정적인 것임을 강조합니다. 이미 실험적으로 검증된 (전자기의) 파동이론과 합치되지 않기 때문이지요."

당시 물리학자들이 아인슈타인이 이 이론을 취소한 것으로 믿고자 했던 사례들은 꽤 흥미롭다. 그를 존경한 폰 라우에von Laue는 1907년 편지에 다음과 같이 썼다.

"당신의 광양자 가설을 포기하였다는 소식에 내가 얼마나 기뻤는지 당신에게 알려드리고 싶습니다."

[라우에von Laue는 1912년 뮌헨 학회(Bavarian Academy of Science)에서 (결정체와 같이) 주기성을 갖는 구조에서 보이는 뢴트겐 X레이의 회절에 관한 기본이론을 최초로 발표했다. 라우에 방정식이라고 불리는 유명한 관계식으로 (브랙Bragg 법칙과 등가인 공식) 결정의 구조를 알아내는 X레이의 회절분석법이 등장하며, 20세기 고체물리 학문이 열리고 반도체의 시대, DNA의 시대도 올 수 있었다.]

1912년 좀머펠트Sommerfeld는 말했다.

"아인슈타인은 플랑크가 발견한 것에서 가장 원대한 목표의 결론까지 제시하였다. 발광과 흡수현상에 관한 양자론을 공간의 광에너지로 전환시켰으며, 이것은 내가 알기로는 대담함의 극치였던 그의 처음 시각(광양자가설)을 포기하고서 이룬 결과이다."

또 광전효과 실험을 성공한 밀리컨은 말했다.

"아인슈타인은 1913년에 포기했지, 내가 알기로는 한 2년 전에. 아인슈타인 방정식(광전효과)의 완전한 표면적 성공에도 불구하고, 그저 상징적인 표현으로 계획하였던 물리적 이론(광양자가설)은 유지하기 너무 어렵지. 내가 알기로는, 아인슈타인 스스로도 거기에 너무 매달리지 않고 있다."

왜 밀리컨이 두 번씩이나 그렇게 말했는지 분명한 것은 알 수 없지만 다음 사실을 알면 이해가 된다. 밀리컨이 했던 실험은 사실 광전효과를 무력화하려던 것이었다.

"나는 10여 년간 아인슈타인의 1905년 방정식(광양자가설의 에너지 보존 공식)을 시험해왔다. 내가 예상했던 모든 기대와는 오히려 정반대로, 그 공식을 의심할 여지없이 사실이라는 것을 증명해 보일 수밖에 없었다. 말이 안 된다고 생각하면서도, 파동의 간섭이라고 알고 있는 빛에 관한 지식을 모조리 위반하는 것을 뻔히 아는데도 말이다."

사실 광양자가설에 대한 저항이 너무 거세기 때문에 아인슈타인 스스로 조심한 것을 사람들은 아인슈타인 마음도 흔들린다고 편리한 대로 해석한 것이다. 그는 논문이나 편지에서 1905년의 논지를 한 번도 번복한 적이 없다.

아인슈타인의 '3월 논문'은 1900년의 플랑크 논문처럼 혁명적 양자론이다. 두 논문이 고전이론을 조롱한 점은 똑같았지만, 플랑크는 훨씬 적은 저항을 받았다. 왜 그럴까? 플랑크는 물질의 진동자에 그의 양자화를 들이댔다. 그는 물질과 전자장의 상호작용만 착안하였는데, 이 부분은 어차피 모두가 잘 모르는 모호한 분야라서 시비가 적었다. 그의 제안 역시 복사라는, 고전적 전자장의 변화가 필요하다는 것을 모르고 있었다. 한편 아인슈타인은 광양자 개념에서, 감히 자유공간에서 맥스웰 방정식을 손보려 했다. 맥스웰 이론은 누구나가 다 잘 안다고 생각하여 시비가 많이 일었다.

이 두 가지 논쟁에 대하여 당시 선두 학자였던 플랑크는 1907년 아인슈타인에게 쓴 편지를 통해 자신의 생각을 밝히고 있다.

"나는 진공 속 액션에 대한 양자(광양자)를 추구하지는 않고, 광의 흡수와 발광이 발생하는 곳(즉 물질)에 주로 관심을 갖지요. 허공에서 일어나는 일은 맥스웰 방정식이 엄밀하게 기술하고 있다는 것이 내 생각입니다."

학자들이 상호작용의 양자론에 집중하고 전자장은 방기하자는 생각이 지배적이었다는 것은 1909년 한 물리학회에서 한 플랑크의 발언서에도 드러난다.

"곤경이 많은 양자론의 중심을 물질과 장 사이의 상호작용 부문으로 옮겨가야 한다고 봅니다."

로렌츠Lorentz도 플랑크에 동조하고 광양자가설에 대한 의심을 거두지 않았다. 익숙하고 완벽한 맥스웰 이론에는 건드릴 것이 없다고 믿은 당시 학자들의 경향은 1920년대까지 계속되었다.

다음은 1922년 아인슈타인에게 노벨상을 수여한 이유이다.

'알베르트 아인슈타인에게. 이론물리에 공헌함. 특히 광전효과를 발견한 업적을 위하여.'

이 언급은 역사적 과소평가일 뿐만 아니라 당시 물리학계가 가졌던 공감대가 어떤 것이었는지 정확하게 보이고 있다. [광양자라는 말은 없다.]

1926년 물리화학자 르위스Gilbert Lewis가 광양자를 처음 포톤photon이라 부르며 '생성되지도 소멸되지도 않는다'고 했다. 그 이론은 전혀 수용될 수 없었지만, '포톤'은 금방 학계에서 수용했다. 아시모프Isaac Asimov는 콤턴Arthur Compton이 1927년 양자 에너지를 포톤으로 정의했다고 한다.

플랑크-아인슈타인-라우에 우정과 X 레이 회절

플랑크와 아인슈타인의 학문 교류와 우정은 특이하다. 앞의 여기저기에 비췄던 것처럼, 플랑크의 1900년 논문을 가장 깊이 연구하고, 그를 바탕으로 양자론의 뼈대를 구축한 것이 아인슈타인의 1905년 3월 '광양자' 논문이다. 앞에서 '광전효과'보다 '광양자가설'이 논문의 핵심이며 정작 플랑크는 '광양자'에 동의하지 않았음을 요약했다.

플랑크의 논문은 아인슈타인이 아니었으면 제대로 인정받지 못하였을 수도 있었다. 플랑크는 독일물리학회를 이끄는 베를린 학자들의 중심이었으나, 아인슈타인이 높이 평가한 이 논문 외에 큰 업적은 없었다. 아래처럼 플랑크의 제자 라우에는 X레이로 당장 노벨리스트가 되었지만 (1914), 플랑크는 1918년에 수상하였으며 그때 아인슈타인이 플랑크를 수상자로 추천하였다.

플랑크-아인슈타인의 우정을 더 살펴보자. 1905년 아인슈타인은 6개월 사이 획기적 논문을 다섯 편 발표한 후 기다렸다. 그 해는 다른 학자로부터 반론이나 비평 등 어떤 연락도 없어 실망스러웠다. 1906년부터 아인슈타인은 고독한 특허청 구석 자리에서 햇빛 아래로 천천히 나왔다. 그 첫 방문자가 라우에였다. **막스 폰 라우에**Max T. F. von Laue(1879-1960)

는 베를린 대학에서 막스 플랑크의 지도를 받아 광파의 상호 작용에 관한 연구로 1903년 박사학위를 이수한 뒤에 플랑크의 조교로 일했다.

사실 플랑크는 1905년 발표된 아인슈타인의 특수상대성 논문의 중요성을 일찍 깨달았다(물론 그는 '광양자가설' 논문도 보았을 테지만 그 가설에는 동의하지 않았다). 플랑크는 1905-1906년 베를린의 물리세미나에서 이미 상대론을 소개했다. 1906년 세미나에서도 상대론을 주제로 삼았다. 라우에도 논문에 충격을 받고 아인슈타인을 존경하고 있던 참에 플랑크의 심부름으로 베른을 방문했다.

"내가 만난 젊은이가 준 인상은 그 위대한 상대론의 아버지라는 것이 도저히 믿어지지 않았다."

라우에도 보통은 아니었다. 아인슈타인도 라우에가 알프스 등반 중에 베른에 온 것을 알고 놀랐다.

"알프스를 걸어 돌아다니면서 여기까지 오다니 이해가 안 된다."

청춘들이었다. 1910년 세계통계를 잠시 살펴보면 제일 높은 구조물은 파리의 에펠탑이었다. 자동차 수는 8천 대였다. 포장도로는 총 200-300마일 정도였다. 최대시속은 10마일이었다. 전화는 10가구 중 1가구도 안 되었는데 물론 일부 대도시의 경우이다.

그 무렵 또 다른 젊은이가 아인슈타인을 찾아왔다. 프랑크푸르트와 뮌헨 사이의 뷔르츠부르크Wurzburg에서 라우프J. J. Laub가 편지를 보내 3개월 동안 방문해서 연구를 할 수 있는지 물었다. 그가 베른에 머물면서 낸 논문은 아인슈타인이 공동논문 형식으로 발표한 첫 논문이다.

아인슈타인 여동생 마야의 회고에 의하면 'Professor Einstein at the University of Bern'으로 편지들이 오기도 했다. 아인슈타인이 당연히 베른 대학 교수일 것이라고 생각한 것이다. 그중에는 첫 노벨리스트 뢴트겐이 젊은 아인슈타인에게 설명을 요청한 편지도 있었다. 플랑크는 아인슈타인을 직접 방문하여 베를린으로 초빙하였다. 가족은 따라가지 않았고, 결국 이 별거는 마지막 이별이 된다.

라우에는 1907년 광학에 근거하여 실험을 통해 상대성을 증명하는 등, 그의 연구는 상대성 이론의 수용에 이바지했다. 1911년에는 〈상대성원리〉를 출간했다. 이와 함께 라우에는 1909년부터 뮌헨 대학에서 광학과 열역학을 강의했으며 좀머펠트Arnold Sommerfeld와 사귄 것이 삶의 단초가 되었다. 1912년 좀머펠트가 X선 파장에 대한 도해를 제시했다. 라우에는 결정체가 결정격자crystal lattice 구조를 지니고 있다는 생각을 하게 된 뒤에 X선 회절로 어떤 결정형이 드러날지도 모른다는 가설을 세우게 된다. [벽돌쌓기식 결정구조 모형들은 18세기 광물학자mineralogist들이 이미 만들고 있었다.]

라우에는 동료들(P. Knipping; W. Friedrich)과 황산아연 결정체에 X선 빔을 쬐는 실험을 진행했다. 그러자 결정체 뒤에 놓은 감광판에 아름다운 대칭의 회절 무늬가 나타났다. 1912년 4월 21일, 라우에는 결정격자 계산을 한 뒤에 결정구조연구의 엄청난 가능성을 깨닫게 되었다. 이 실험 보고는 대단한 반향을 일으켰고, 곧 이은 **브래그**Bragg **부자**(W. 헨리 브래그와 (아들)W. 로렌스 브래그)의 회절 법칙으로 X선 결정학의 기틀을 잡았다.

모즐리H. J. Moseley는 이를 활용하여 원소의 주기율표를 개정했다. 라우에는 1914년에, 브래그 부자는 이듬해에 노벨상을 수상했다. [X선 빔을 쬐니까 아름다운 회절 무늬가 나타났다고 했지만, 사실 3차원의 회절각을 찾으려면 수없이 많은 실패를 거듭하면서 포기하지 말아야 한다. 결정체의 회절분석을 해보면 안다. 그 고생을 피하려고 결정을 가루로 부수기도 한다.]

러더퍼드의 알파입자 산란실험

원자의 존재가 수용되는 긴 과정을 앞에서 보았다. 볼츠만의 희생이 바로 연상되는 혼란기였다. 전자를 발견한 톰슨의 원자 모형은 여기서 뒷걸음질 한 모습이다. 톰슨은 전자들의 전하만큼 상쇄하는 '양전하가 유체처럼' 원자 내부에 산개한 전자들을 골고루 감싼 모형을 생각했다.

드루드Drude는 전자가 무질서하게 무거운 양이온들의 벽을 부딪치고 다니는 모습을 상상했다(1900). 드루드 모형으로 옴의 법칙인 금속의 전기저항, 전도도, 홀효과 등이 잘 설명되었다. 하지만 전자의 열용량 (및 자성체) 문제는 수수께끼로 남았다.

그것은 1920년대 나온 페르미-디랙의 양자통계에 기초하여 좀머펠트가 풀었다. 좀머펠트는 각운동양자수, 스핀양자수 등을 제안하는 등의 업적으로 여러 상을 탔고 노벨상에 81번이란 최다수 추천을 받는 진기록을 남겼지만 그 상은 비껴갔다. 하지만 그는 노벨리스트가 된 제자들을 누구보다 많이 길러냈다.

그에게서 박사학위를 받은 하이젠베르크Werner Heisenberg, 파울리 Wolfgang Pauli, 디바이Peter Debye, 베테Hans Bethe 그리고 박사학위까지 지도받지는 않았지만 폴링Linus Pauling, 라비Isidor I. Rabi, 라우에Max von

Laue 등이 그렇다. 그 외 노벨리스트에 기록되진 않았지만 브릴루앙Léon Brillouin 등의 석학 30여 명도 있다.

아인슈타인도 이에 탄복하고, 괴팅겐에서 제자를 많이 기른 막스 보른(파울리와 하이젠베르크를 PostDoc으로 받았었음)마저 혀를 내둘렀다.[57]

1910년 전까지 원자입자로 등록된 것은 전자뿐이었다. 음전하를 상쇄시키도록 양으로 대전된 입자는 뭔지 알려지지 않았다. 앞의 드루드 모형은 푸딩 속에 건포도가 여기저기 박힌 것으로도 말한다. 톰슨 모형은 실험결과로 균일한 '유체'라고 해석하였지만 양으로 대전된 실체가 과연 무엇인지 모르기는 마찬가지, 원자수프 속에 전자 알맹이들이 운동 중이다.

한편 러더퍼드는 **가이거**Hans Geiger 조교와 일하면서, 라듐에서 자연방사하는 알파입자를 다른 원자들(금박막)에 통과시킨 결과가 스크린에 혹시 어떤 흔적을 만들지 기대했다. 양으로 대전된 것이 톰슨의 '유체'형태에서 별로 생길 것이 없으면, 비정규직 19세 청년 **마스덴**Ernest Marsden이 아무것도 못 건질지 모른다. 높은 에너지의 알파입자는 강속구가 공기를 가르듯 비행할 것이니, 마치 총을 지푸라기 더미에 쏴서 혹시 그 속에 숨은 쇳조각에 맞는가 보듯이 어이없는 장난 같다.

러더퍼드와 가이거는 수천 발을 쐈다. 2-3도 이상을 벗어나는(산란하는) 것이 아무것도 없었다. 2-3도 정도는 전자의 음전하와의 상호작용을 가상할 수 있다. 그 가능성이 어느 정도일지는 확률법칙을 알아야 했다. 맨체스터 대학 물리과 학생들은 러더퍼드 선생님이 수학 수업을 같이 듣는 걸 보게 되었다. 러더퍼드는 알파입자가 가벼운 전자들을 수없이 부딪치며 45도만큼 산란하는 찬스는 정말 작겠다고 판단했다. 그래도 해야겠다고 러더퍼드는 생각했다.

마스덴은 어두컴컴한 지하연구실을 들락거렸다. 자칫하면 발아래 수도관에 걸리든가 천정의 수도관에 머리를 받힌다. 장치란 간단했다. 알파입자 빔 소스가 담긴 유리관 앞에 슬릿, 그 앞에 갖다놓은 금박, 그 뒤에 스크린이 전부다. 알파입자가 스크린을 치면 희미하고 작은 섬광이 반짝! 한다. 그 위치는 알파입자가 벗어나는 정도를 나타낸다. 현미경으로 수천 개의 점을 판독한다. 눈이 어둠에 적응토록 기다렸다가 수천 개의 점을 판독하면서 차를 마시든가 헛소리를 내지르며 지루한 시간과 싸운다. [나중 가이거는 이 섬광들을 재는 계기를 발명한다. '가이거 카운터'이다.]

몇 달이 지난 1911년 초에 마스덴은 일을 끝냈다. 의기양양한 러더퍼드가 가이거를 찾았다.

"이제 원자가 어찌 생겼는지 알아냈어!"

기대와는 달리 마스덴은 수천 개의 알파입자 중 단 2-3개가 90도 이상 꺾여서 돌아온 걸 보았다. 계산 결과 러더퍼드는 그것들이 전자들과의 무수한 충돌로 생길 수 없음을 확신했다. 무슨 일인가?

톰슨의 원자 모형은 아무런 단서를 줄 수 없었다. 마스덴이 실험을 잘 못 했을까? 원자 안에 고속의 무거운 알파입자를 퉁겨내버리는 무엇이 있다고? 믿을 수 없는 일이야! 얇은 화장지에 총을 쐈는데 그놈의 총알이 돌아와서 너를 맞히다니! 믿을 수 없어! 과연 무엇인가? [=러더퍼드의 후방산란back scattering 실험]

러더퍼드의 추산으로 알파입자는 무지 강한 전기장을 만난 것이다. 그렇게 강력한 전기장은 전하들이 아주 작은 중심공간에 집중된 경우에만 가능하다. 원자의 양전하는 톰슨의 균일한 '유체'가 아니었다.

강력한 양전하가 중심에 있다. 이미 알려진 속도로 비행하는 알파입자들이 몇 천 개 진입하면, 그 산란 무늬는 각도마다 어떻게 될까? 그가 계산한 것과 마스덴의 실험이 맞아들었다. 그래서 가이거에게 그리 말했던 것이다. 그러나 더 확인해야 해서 새로운 실험을 했다. 가이거와 마스덴은 1백만 번의 섬광을 세었다.

알파 입자들은 궤도전자(2개)를 잃은 상태의 헬륨 원자핵에 해당하니 +2가의 전하값을 갖는다. 러더퍼드는 후방산란 실험결과 놀랍게도 원자의 질량이 핵에 거의 다 몰려는 있다고 선언한다. 원자가 Z의 원자핵 전하는 +Ze이다. 원자핵의 크기가 10^{-15}m쯤이다.

러더퍼드는 1911년 5월 원자의 양전하로 대전된 중심을 '핵nucleus'이라고 부르며, 핵 발견의 첫 소식을 전했다. 이때 러더퍼드의 나이가 40, 노벨 화학상(1908)을 이미 수상한 후이다. 방사성원소가 다른 원소로 바뀌면서 저절로 붕괴한다는 것을 밝혔었는데, 이것이 원자의 구조에 비상한 관심을 불러일으켰다.

보어의 원자 모델

1986년은 보어가 태어난 지 100년이다. **닐스 보어**Niels Bohr(1885-1962)는 아인슈타인 앞에서 많이 흔들어댄 학자이다. 보어의 원자 모형은 고3생이 익숙한 텃밭이다. 보어의 탄생 100주년에 〈피직스 투데이〉는 보어 특집을 출간했다.[58]

보어는 아마 충청도 사람보다도 말이 느릿느릿한 사람 같다. 어릴 때 보어 형제를 데리고 있는 엄마를 보며 누가 '안쓰러운' 심정을 내비친 적이 있었다고 한다. 사실 커서 위대한 학자의 풍모에서 그런 것은 전혀 찾아볼 수 없지만, 어릴 때는 말을 재잘대지 못하고 비슷하게 (지진아처럼) 입을 좀 벌리고 있는 두 녀석이 엄마 주위를 쌍둥이처럼 맴돌고 있었으니, 옆에서 그 엄마를 보는 시선, 가히 이해가 간다.

어른 보어는 학자들과 토론으로 일을 마무리하고 즐긴 사람이다. 토론이 시작되면 그를 능가할 사람이 별로 없으리만큼 꽉 찬 학자 중 하나이다. 1944년 2차 세계대전 막바지 맨해튼 원자탄 프로젝트 추진 시, 그가 '개방시대와 핵의 국제정책시대의 도래'를 미 **루즈벨트**F D. Roosevelt와 장시간 깊이 논의했을 당시를 **휠러**J. A. Wheeler가 전한다.

"나 같은 사람이 전쟁 중인 초강대국의 수장과 어떻게 말했겠나? 맨투맨! 다른 방법이 뭐 있겠어?"

'맨투맨'이 보어의 삶과 보어식의 학문을 대변한다. 공개성명은 그가 하는 것이 아니다. 기자회견도 아니고 대중을 휘어잡는 미사여구도 아니다. 그가 물리를 하는 스타일, 주요한 이슈를 이끌어가는 스타일도 모두 직접적, 반론법적, 맨투맨 대화이고, 개인적 설득이었다.

처음 그가 영국의 캐번디시연구소 J. J.톰슨 그룹에 가서 나중 러더퍼드 그룹으로 옮기게 된 배경에는 물론 자국어가 아닌 영어 구사능력이 걸림돌일 수 있었겠지만, 말이 아주 느린데다 학문적 고집에서 까닭을 찾을 수 있을 것이다. 보어의 고집 뒤에는 나름의 논리가 있겠지만 그것을 시원히 또 대화채널로 쏟아내지 못한 결과였다.

톰슨이 전자를 발견한 후 20세기 벽두 혼란에 빠졌다. 맥스웰의 전자기론으로 볼 때 전자가 가속운동을 하면 복사에너지가 나온다. 원자의 전자들이 돌아가면 각가속도로 복사에너지를 잃은 전자들은 주저앉게 마련이다. 그럼 물질 자체가 뭉그러진다.

'무엇이 물질의 붕괴를 막는가?What keeps matter from collapsing?'

톰슨의 모형에도 나름대로 생각이 있었다. 전자들이 원자질량의 대부분을 차지한다고 보고 원자량 A의 원자에 전자들은 1,000A만큼 잔뜩 있다고 믿었다. 그는 X레이 산란 및 전자의 베타선 등으로 이를 정당화하려 했다. 캐번디시연구소 자체적 실험 결과는 반대였다. 원자 속의 전자 개수를 터무니없이 많다고 본 것임이 드러났다.

1910년에 캐번디시연구소의 베스트 판정으로 $n=3A$에 가깝다고 했다. 얼마 지나지 않아 러더퍼드는 알파입자 산란 실험을 분석하고서 $n=A/2$임을 밝혔다.

톰슨은 원소의 주기성을 해석하는 문제도 연구 중이었다. 전자들이 궤도상 요동이 있으면서 링을 이루어 돌면서 안정화되는 현상에 전자기력을 동원하는 문제였다. 링 한 개에 2개 내지 7개까지 허용되고, 8개째부터 2번째 링을 다시 형성한다고 했다. 이러한 설명이 멘델레프Mendeleev 원소주기율표와 아주 비슷하다고 주장했다.

톰슨의 모형은 토성 주위를 (꼬리를 제외하고 이름이 붙은 것들이 현재는 60개 정도) 위성이 돌듯이, (하지만 모형이 토성체계처럼 변하여, 가운데로 집중된) 원자의 중심을 전자들이 링을 이루어 돈다는 것이다. 톰슨의 전자들도 에너지를 복사하고 무너질 것이다.

하지만 소위 톰슨구Thomson sphere상의 평면 링coplanar ring을 함께 돌아가는 전자들이 많아질수록 에너지 손실은 무시해도 될 만큼 작아져 버린다고 계산을 들이대며 주장했다. 전자개수가 궁극적 한계로 치달으면 방사능 붕괴로 이어진다는 아주 그럴듯한 설명이다.

보어는 금속 및 자성체 관련 학위를 끝낸 후 1911-12년 사이 캐번디시의 톰슨과 연구하려고 캠브리지로 갔을 당시 드루드, 로렌츠, 톰슨은 그들의 푸딩이론이나 개선된 토성모형 등에 치중했다. 열용량과 자성체 특성만 제외하면, 드루드 이론으로 전자특성들이 설명되었다.

불명확한 원자 모형에서 톰슨은 핵과 전자 간의 거리 역자승의 '쿨롱의 법칙'도 포기했다. 20세기 초는 이렇게 원자구조의 혼란이 계속되었다. 당시 주력 학술지인 〈철학매거진Philosophical Magazine〉의 1910년대 논문들이 이랬다. 또는 가속운동 중인 전하의 복사에너지 공식을 폐기하자는 말까지 나왔다.

그러나 보어는 '보수적' 고집을 꺾지 않았다. 복사에너지 없이도 전자가 궤도를 돈다는 걸 믿지 않았다(물론 나중에는 믿어야 했다). 수없이 많은 검증을 거친 이론들을 낭설을 가미하여 왜곡시켜버리는 것을 동의하지 않았다.

그는 플랑크와 아인슈타인의 양자론에 뭔가 있다고 느꼈다. 하지만 톰슨은 관심을 껐다. 보어를 데리고 연구를 계속하는 것이 더 이상 흥미가 없었다.

과학탐구 보어를 아찔하게 만든 하스와 니콜슨

당시 양자 개념을 원자에 도입하려던 2-3명의 시도를 요약하자. 우선 비엔나 대학 박사과정이던 **하스**Arthur Eric Haas는 톰슨구에서 궤도(반지름=a)를 도는 전자 한 개를 주목하고, 뉴턴 역학으로서 그것이 단순한 조화진동자임과 그 진동수(ν: 주파수) 크기와 무관하게 주어짐을 계산했다.

$$\nu^2 = \frac{e^2}{4\pi^2 ma^3}$$

하스는 양자론의 정신을 도입하여 진동수와 에너지(W)의 비례관계를 플랑크 상수로 했다[$W = h\nu$]. 여기서 하스는 이것을 다시 반지름 거리에 대한 쿨롱에너지와 등가화했다. [쿨롱의 계수는 1로 규격화함.]

$h\nu = e^2 / a$

위 두 개의 식에서 진동수를 상쇄시킨 결과 [$h = 2\pi e \sqrt{ma}$]를 '플랑크의 양자 액션Planck's quantum of action'의 전기동력학적 해석이라고 불렀다. 이를 다시 제곱해서 정리하면 다음과 같다.

$$a = \frac{h^2}{4\pi^2 e^2 m}$$

고3생은 알다시피 위 공식이 바로 보어의 원자 모형에서의 소위 보어 반경이라고 하는 값이다. ['1'로 규격화하여 빼버린 쿨롱계수를 분모에 달아도 무방함.] 보어는 나중에 다른 방법으로 같은 표현을 얻는다.

로렌츠는 하스의 결과를 '모험적 가설'이라면서 금방 주목하였다. 그는 1910년 괴팅겐 강연에서 이것이 그동안 암흑에 갇혔던 '에너지 수수께끼와 양전하의 실체 및 액션 관계의 의문을 풀어준 것이라고 했다. 1911년 솔베이 컨퍼런스에서 '복사와 양자' 사이의 핵심 문제를 거론하며 플랑크 상수와 톰슨 반지름의 관계를 강조하였다. 이 내용들은 1912년 출판된 책에 기록되었다.[59]

이 책에는 또 한 사람의 저자가 영감을 불러일으켰던 논문을 싣고 있다. 존 니콜슨John W. Nicholson은 2-3개의 전자가 한 개의 평면 링을 도는 경우를 분석했다. 전자들이 평면궤도상에서 앞뒤로 흔들리는 경우는 불안정하지만, 그 전자들이 수직으로 흔들리는 것은 안정적 평면궤도를 깨지 않음을 밝혔다. 그는 수직 진동수($v_\perp$)들이 궤도전자의 개수, 전하량, 반지름 등에 따라 정해지는 것을 발견했다. 또 솔베이 학회의 요청에 따라, 원자의 전체 에너지가 E일 때 $E/v_\perp$를 계산했더니 모두가 h상수의 정수배였다. 그가 연구한 모형의 최종결론, 각운동량은 $\hbar(=h/2\pi)$의 정수배가 되어야 한다!

'시리즈로 된 "선 스펙트럼"들은 한 원자에서 그냥 나오지 않고, (양자론에 의하여) 어떤 표준 값에서 불연속으로 값이 일정하게 바뀌면서 시리즈 선들이 정해진다는 결론에 이르렀다.'

톰슨과의 관계가 식어버린 보어는 1912년 봄에 맨체스터 대학의 러더퍼드에게로 옮겼다. 좀 더 확실한 실험에 근거한 러더퍼드의 모형이 보어의 좋은 안내자가 되고 있었다. 보어는 그해 봄 발표된 러더퍼드 원자 모형에 토성이론 같은 걸 응용하려고 생각했다. 그런데 10년 전 톰슨도 그랬듯이 그도 시리즈 스펙트럼(Balmer, Rydberg 등)에 관한 분석은 고려한 것이 없었다. 보어는 아직 내놓을 것이 없는데, 가을에는 코펜하겐으로 돌아가서 강의를 해야 했다. 솔베이 참석자들은 조금씩 결과를 내고 있었다. 전혀 엉뚱한 일도 벌어졌다. 네덜란드 변호사 브뢰크Antonie van den Broek가 1913년 1월 원자번호 규칙을 발견했다.

[⑦ 전자의 개수는 대략 원자량의 반이다(=러더퍼드의 실험결과). ⑭ 주기
율표의 원소에서 다음 원소로 가면 원자량 변화의 평균은 대략 2이다. →
위 두가지 사실에서 브뤠크는 $\Delta n = 1$이라는 정확한 법칙을 세웠다. 그는
또 나아가서, n번째 원소는 내부에 n만큼의 대응하는 전하를 가져야 한
다고 공언했다. 이렇게 주요 특성이 변호사의 입에서 나왔다. 그들의 변
호사는 논리가 추상같이 발달하여 과학논리까지 통하였던 것이 우리네
에게 무척 아쉽고 부럽다.]

전자의 개수가 하나씩 증가한다. 보어는 톰슨의 양극선 실험에서 수소
원자의 전자는 1개, 러더퍼드의 알파입자 실험에서 헬륨원자의 전자는 2
개로 했다. 변호사의 가르침까지 받은 원자물리학자 보어가 1913년 2월
이 기사를 읽은 후 다음과 같이 썼다.

'내가 한 일이 새로운 것이 되려면, 정말 서두르지 않으면 안 되겠어…
아 정말 남의 속을 시커멓게 태우고 있어!'

이렇게 속이 타들어가는 와중에 1912년 말 니콜슨의 원자핵 이슈가
양자화된다고 주장한 걸 보는 것은 기름에 불씨를 던지는 격이었다. 처
음에는 자기든 니콜슨이든 둘 중 하나가 맞으면 다른 하나는 틀린 것이
라는 흑백논리로 생각했다. 1913년 1월 1일 보어가 동생에게 편지를 썼
을 때는 평정을 찾아가는 중이었다.

'나의 계산은 원자의 상태state에 대한 것이고, 니콜슨의 것은 원자가
전자파를 내쏘는 경우에 해당하는 것이지.'

[고3 과탐은 양자론을 상당히 포함한다. 슈뢰딩거 방정식을 대학처럼 배우지 않아도 되는 양자론은 많다. 이 정신으로 양자론을 풀어보자. 고3생이 고생하지 않고 보어 원자론, 전자껍질 구조 개념을 완전히 이해할 수 있다. 억지로 기억하려고 머리를 싸맬 필요 없다. 고3 양자론을 제대로 배우는 길이 있다.]

보어의 원자 모형은 원운동 중인 전자의 구심력 및 원자핵과의 쿨롱 힘의 균형에서 시작한다. [쿨롱의 계수는 1로 규격화하기로 약속하고 필요시 꺼내 쓴다. 이게 불안해서 싫으면 귀찮은 쿨롱계수를 달고 다녀도 된다.]

$e^2 / r^2 = mr\omega^2 \quad (v = r\omega)$

보어의 가설은 각운동량(l)의 양자화이다. 즉 $n = 0, 1, 2\cdots$ 식으로 $\hbar$의 정수배로만 불연속으로 띄엄띄엄 허용된다는 말이다.

$l = mvr = n\hbar \quad (\hbar = h / 2\pi)$

앞에 니콜슨이 안정적 평면궤도를 이룬다는 수직 진동수($\nu_\perp$)와 비교되는 것이겠다. 위식이 잘 안 들어온다면 뱀을 예로 들어보자. 긴 뱀이 한 마리 있어서 머리가 꼬리를 꽉 문 채 땅바닥에서 비보이 춤을 춘다고 하자. 뱀의 강강술래는 그저 얌전한 2차원 원운동이 아니라 흔들어놓은 빨랫줄처럼 아래위로 허공을 가로지른다. 매우 정교한 마디마디를 연출하는 엄밀하고 고상한 춤사위이다(이것이 파동에서 공부하는 정상파 마디들이다). 그 마디마디라는 것이 때마다 1마디, 2마디, 3마디··· 이것이 바로 위 각운동량의 $n = 0, 1, 2\cdots$와 비교된다.

위의 식에 2π를 곱해서 바꾸면 다음을 얻는다.

$(mv)(2\pi r) = nh$

뒤의 괄호는 원둘레, 즉 '보어 원자' 전자궤도 둘레이다. 그런데 앞의 괄호는 운동량(p)이니까 $p = h / \lambda$이다(앞의 |과탐| 1917년 유도방출 논

문 및 레이저를 참조). 그럼 뒤의 괄호는 자동적으로 λ의 n정수배이다. 위 뱀의 춤사위 마디의 배수가 이 배수이다. n=0이라고 이상하진 않다. 춤사위의 영원한 수준. 즉 모든 마디 요동을 멈춘 고요한 뱀의 경우이다. n이 크면 전자궤도 한 바퀴에 마디가 많아지고 그만큼 각운동량이 증가하며 마디길이 즉 파장 λ는 짧아진 경우이다.

위의 2가지 식에서 '보어 반경'을 구하면, 놀랍게도 앞에서 하스가 얻은 식과 정확히 일치한다.

$$\left[a = \frac{h^2}{4\pi^2 e^2 m} = (v = r\omega) \right]$$

즉 하스는 톰슨의 토성 모형에서 계산하고, 보어는 러더퍼드 모형에 의존하여 계산한 결과가 똑같다. 톰슨의 토성 모형보다 러더퍼드의 증명된 모형이 보어의 양자화 가설을 정당화하는 바탕이기도 하다.

전자파 복사 문제가 보어에게 이슈로 나타난 것은 1913년 2월 한센 Hans M. Hansen이 **발머**Balmer 시리즈의 공식을 설명해달라고 한 때였다.

$$\nu_n = R\left(\frac{1}{4} - \frac{1}{n^2} \right) = \frac{1}{\lambda_n}$$

[R=리드버그Rydberg 상수; c(광속)=1이라고 규격화하면 $\nu =$(파장 λ)$^{-1}$, 즉 오른쪽 등식이다.] 고3생이 공부하는 수소원자의 가시광선 영역 선 스펙트럼에 관한 발머 시리즈인데, 한센은 코펜하겐에서 분광학spectroscopy 전문가였다.

이를 보자마자 보어는 모든 안개가 걷히는 듯했다. 발머 공식의 사용자들은 흔히 진동수(ν)를 이산의(=불연속의) 차수difference로 썼다. 플랑크 상수(h)를 위 식에 곱하면 왼쪽 항은 불연속적 에너지들이 되고, 오른쪽은 Rh / n^2으로 니콜슨의 복사에너지 상태가 된다고 여긴 보어는 사실 복사 문제까지도 다 푼 셈이다.

광자가 흡수되거나 방출되는 과정도 원자 궤도 사이에서 전자가 오르내리는 것으로 간단히 정리한 것은 아래 러더퍼드의 물음에 대한 해답이 된다. 리드버그 상수 공식도 얻었으며, 원자의 구속에너지binding energy도 모두 나왔다.

(n에서 m궤도로 전이, $[E_n - E_m = h\nu_{nm}]$)

한편 $R = 2\pi^2 me^4 / h^3 \approx 13.6eV$이므로

$[E_n = -R / n^2] (= -13.6 / n^2 eV)$

포톤을 흡수하여 에너지가 n준위(궤도)에서 m준위(궤도)로 바뀔 경우[m > n]도 고려하면,

$$\nu_{nm} = R(\frac{1}{n^2} - \frac{1}{m^2})$$

위에서 원자의 구속에너지에 달린 n이나 발머 공식의 n가 모두 '주양자수principal quantum number'이다. 주양자수 n =1, 2, 3…은 K〈L〈M〈N … 등이 증가하는 에너지 준위들이며 각각의 전자껍질shell들에 해당한다.

보어의 원자에 대한 지나친 성실함이 그가 이루는 업적을 세상에서 떼어놓고 있었다. 그렇게 2주 3주 지나고 또 지나가도 보어는 발표하지 않았다. 러더퍼드의 충고가 점점 커져갔다. 보어는 항의했다.

"하지만 내가 모든 원자, 모든 분자를 설명하지 않으면 아무도 날 믿지 않을 걸요."

러더퍼드는 응수했다.

"보어, 수소를 설명해봐. 그리고 헬륨을 설명해봐. 그러면 모두가 나머지를 다 믿게 돼."

원래 러더퍼드는 이론가들을 신뢰하지 않기로 유명했다.

"젊은이 하나가 내 연구실에서 '우주universe'라는 말을 쓰는 걸 듣고, 그에게 '이제 떠날 때가 됐어!'라고 말해줬지."

우람한 그가 우렁찬 소리로 위 에피소드처럼 신출내기 이론가를 혼을 낸 것이다. 누가 다른 기회가 있어서 물었다고 한다.

"어찌하여 자넨 보어를 믿는 거지?"

"아, 그거… 걔는 축구 선수야."

1913년 3월 6일 보낸 보어의 논문 초안을 보고는 드디어 러더퍼드가 명탐정 실험가의 면모를 드러냈다.

"자네의 가설에 한 가지 중대한 것이 있네. 자네가 그걸 인식한다는 건 물론 의심할 바 없네만, 어떤 정지상태stationary state에서 다음으로 넘어갈 때 어떤 주파수로 진동할 것인지 그 전자가 어찌 결정할 것인가? 어디가서 멈출 것인지, 아마도 그 전자는 미리 안다고 가정할 듯싶은데… 또 논문이 너무 길면 독자들이 질리거든."

답변을 받고 당황한 보어가 유일한 돌파구라고 생각한 것은 당장 맨체스터로 달려가서 '맨투맨' 대화로 푸는 것이었다. 러더퍼드는 바쁜 가운데 며칠 동안 밤늦도록 저녁토론을 거치고는 마음속에 가졌던 의문을 거두었다. 자기의 논문에서 한 마디마디 그렇게 꼼꼼히 설명하며 그냥 후퇴하는 법이 없는 보어를 다시 보았다.

러더퍼드는 그의 논문을 하나도 고침이 없이 '게재'를 추천하여 당시 제일의 영국 〈철학매거진Philosophical Magazine〉에 1913년 7월 발표되었다. 보어의 논문을 접한 노먼 캠벨Norman Campbell이 훗날 이렇게 기억했다.

"처음 보는 보어의 논문에서 몇 개의 공식들이 눈에 들어왔지. 앉아서 읽기 시작했어. 30분 만에 흥분과 법열에 파묻혔지. 이전에 없었고 내 학문의 삶에서도 없었던 일이었어.

1년간 《현대전자이론Modern Electrical Theory》이란 나의 책 교정 작업을 막 끝낸 참이었어. [보어 논문의] 몇 페이지가 내가 써온 모든 것을 휴지조각으로 만들었어! 그건 좀 황당한 일이었던 게 당연하지. 하지만 그

황당함이란 새로운 각성에 이른 환희에 비하면 아무것도 아니었어."

마침내 보어의 논문 3편이 나오고 그의 원자론 소식을 들은 아인슈타인은 깜짝 놀라며 말했다.

"그럼 빛의 진동수가 전자의 진동수와 전혀 무관하네… 이는 굉장한 업적이지. 보어의 이론은 맞는 거야."

모즐리Harry Moseley는 폰 라우에의 X레이 회절 연구 소식을 듣고 어머니에게 편지했다.

'어떤 독일인이 결정에 X레이를 통과시키고 사진을 찍었답니다.'

그는 진공관 속에서 전자를 양극에 때려서 나오는 X레이가 양극의 물질에 따라 어찌 변하는지 알고 싶었다. 원자 크기에 견줄 만한 X레이파장이므로, 원자에서 생성된 X레이는 원자의 내부 구조에 관한 정보를 제공할 것이라 보았다.

그로부터 약 6개월 후 맨체스터에 연구실을 마련한 후 생성된 X레이가 꺾이는 각도들을 측정하고 계산하면 내놓는 파장들을 알 것이라고 생각했다. 효심이 지극한 모즐리는 다시 또 어머니에게 편지했다.

'백금 타겟에서 X레이가 매우 샤프한 5개 라인을 생성했어요. 내일은 우린 다른 물질로 실험할 겁니다…'

가장 강렬한 선을 K_α선이라 부르는데, 모즐리는 여러 원소들에서 나오는 K_α선들이 어떤 상관성을 갖는지 찾았다.

1912년 후 보어와의 만남 및 이론으로 모즐리는 멘델레프의 원자량 대신 원자번호와 X레이 분석에 근거해 시정된 원소주기율표를 다시 만들었다(1차 세계대전에 자원하여 1915년에 전사하지 않았으면, 이듬해 노벨상을 탔을 것이다). 원자구조가 이렇게 이론가와 실험가를 만나는 계기로 수소, 헬륨 이상의 원자 및 분자들 이론을 탐색하고 이를 위한 근사이론들도 함께 등장하며, 핵물리와 함께 실제적이고 정교한 양자화학이 출발한 셈이다.

쥐구멍에 볕들 날 있네!
물질-파동 이중성: 드브로이

콤프턴Arthur Compton은 1923년 X레이를 금속박막에 쏘였다가 이상한 걸 보았다. 라우에의 회절실험은 결정격자의 원자배열이 슬릿 역할을 하는 것에 X레이 빔이 파동으로써 회절 무늬를 발생한 것이니 파동현상이고 X레이의 파장이 그대로였다. 콤프턴의 실험도 X레이 파장의 변화가 없는 통상의 산란광을 보이지만 작은 신호가 하나 더 있었다. 그 신호의 스펙트럼 X레이 파장은 길어졌다. 외출한 X레이가 전자를 만나면서 자기 지갑이 엷어지고, 막 돌아오는 것이 아니고 게걸음으로 정방향을 피해서 살짝 사각으로 들어오는데 붙잡으니 비실비실, 즉 파장이 늘어나고 에너지가 빠졌다. 각도의 조직적 변화라 함은 운동량이 있다는 것이다. '운동량과 에너지'가 다 관계한다? 파동인 줄로만 알았는데, 에너지를 강하게 얹어주었더니 자기는 '입자'라고 실토한 것이다.

10여 년 이상 코너에 몰려 죽은 듯 조용하던 아인슈타인의 광양자설이 갑자기 힘을 쓰는 것이다. 대척점에 원자 사단을 형성하고 찬란하던 보어가 멋쩍어졌다. 그런 와중에 프랑스 전통귀족 가문의 **루이 드브로이** Louis de Broglie(1892-1987)가 수면 위로 떠오른다. 1906년 아버지를 여의고 나이 많은 형(Maurice de Broglie)이 그를 학교에 보내니, 프랑스어, 역사, 물리, 철학에 우수했고 특히 수학으로 빠져들었다. 그는 파리에서 푸엥카레의 강의들을 들었다. 그러다가 제1회 솔베이Solvay 컨퍼런스 보고서에서 양자론을 배우고는 의욕이 솟았다. 그 뒤 물리를 택하기로 맘먹었다. 하지만 1차 세계대전이 터져 강제 징집되었다. 형이 힘을 써서 파리의 에펠탑 바닥에 주둔한 무선국에 배속되었다. 종전이 되어 형의 개인 창고garage 연구소에서 X레이와 광전효과 실험을 했다.

드브로이는 훗날 이렇게 썼다.

'(1923년 당시) 혼자 명상과 성찰을 하던 중 갑자기 아이디어가 솟았다. ··· 1905년 아인슈타인이 발견한 것은 일반화되어야 한다. 모든 물질에, **특히 전자로 확장**해야 한다.'

파도와 물분자들을 보라. (조금은 어긋난다.) 모든 입자와 모든 파동은 둘 다 섞인 거야! 단지 물질파의 파장은 너무 거시 세계에 나타나지 않아. 원자세계에서만 나타나는 거지! (1916년 아인슈타인이 쓴 논문도 만난다.) 드브로이는 1924년 **파동-입자 이중성**으로 박사학위논문을 완성하여 제출한다.

논문 지도교수 랑주뱅은 앞에서 본 것처럼, 랑주뱅 운동방정식, 자성체이론 등으로 당시 프랑스의 대표학자였다. 드브로이의 논문은 무척 기발한데 너무 저돌적인 개념이라 난감해서, 가까운 친구 아인슈타인에게 사본을 보냈다.

"요지경이 된 물리의 쥐구멍에 볕들 날 있네!"

아인슈타인이 왼쪽 무릎을 탁 치며 한 말이다.

"가려둔 장막의 한쪽을 열어젖히는구나!"

아인슈타인이 오른쪽 무릎을 탁 치며 한 말이다.

그렇게 드브로이는 박사가 되었다. (학위논문이 1925년 〈물리학연보AdP〉에 100페이지 논문으로 게재된다.) 그저 모리스의 동생으로만 알려졌던 그가 일약 스타덤에 올랐다.

독립군 보제가 아인슈타인과 만든 통계

물질-파동설이 발표된 해와 같은 해(1924. 6. 4) 인도의 **보제**Satyendra N. Bose(1894-1974)가 아인슈타인에게 논문을 한편 보내왔다.

'저는 독일어로 논문을 번역할 실력이 없습니다. 만약 이 내용이 발표할 가치가 있다면, 〈Zeitschrift fur Physik〉에 발표되도록 도와주시면 은혜를 잊지 않겠습니다.

P.S. 당신께서는 저를 전혀 모르시지만, 이런 요청을 드리는 것을 전혀 주저하지 않습니다. 왜냐 하면, 우린 전부 당신의 제자들입니다. 당신의 논문으로만 당신의 배움을 얻는 제자들입니다….'[60]

보제의 논문은 플랑크 법칙을 다시 유도한 것이었는데, 당시 많이들 도전했고, 1923년 늦게 영국의 철학매거진에 보냈다가 반 년 후 거절되고 바로 다시 아인슈타인에게 보내진 것이었다.

플랑크와 아인슈타인이 통계로 고심했던 얘기는 이미 앞에 나왔다 (|과탐| 플랑크의 분포함수에 숨은 양자). N개의 '식별가능'한 진동자들에게 P개의 '식별불가능'한 에너지조각들이 분포하는 경우 $NS=k \times lnW$의 볼츠만 엔트로피 공식을 썼다는 것만 보자. P와 N들은 아주 큰 수였는데 일정하다. 보제는 이것의 한계를 오픈해버렸다. 정규앙상블을 거대정규앙상블

301

grand canonical ensemble이란 것으로 대치한 것이다. 즉 관계하는 광양자 수의 구속을 풀어버렸다.

아인슈타인은 보제 논문의 중요성을 알고, 스스로 독일어로 번역하여 희망한 학술지에 실리도록 했다. A. 파이스는 이를 초기 양자론에서 **플랑크**, **아인슈타인**, **보어** 다음의 가장 중요한 4번째 논문이라고 극찬했다.[61] 아인슈타인은 이를 응용하여 질량을 가진 일반 입자에 대한 논문으로 확장하여 발표했다. 사실 그는 1909년에도 이를 생각하였는데 입자형 항과 파동형 항을 동시에 얻어 주춤했다가, 뒤늦게 같은 걸 다시 얻은 셈이다.

한편 보제는 논문을 쓰기 전 숨은 독립군이었다. 대통령령 대학에서 엘리트 학생들의 동아리는 비밀결사활동도 했다. 1차 세계대전이 발발하자 일부 친구들은 대영독립 무력항쟁에 나서고, 일부는 인도 공산당을 돕기 시작했는데, 아버지의 손에 잡힌 보제는 비밀첩자였다. 아마 이 때문에 1950년대 아인슈타인을 보려고 신청한 미국 비자는 거부되었다(막스 보른의 경우처럼).

위처럼 보제-아인슈타인의 정수배 스핀 입자들의 양자통계가 수립되고 곧 이어 페르미와 디랙이 반정수배 스핀 입자들의 양자통계를 수립하니 양자통계의 양대 산맥이 불쑥 솟은 것이다.

이렇게 아인슈타인은 당시 잘 수용되지 않던 드브로이와 보제의 연구 결과가 햇빛을 보도록 도왔다. 한편 괴팅겐 대학 대학원생 **엘사서**Walter Elsasser가 확인 실험을 제안했다. 결정구조가 전자의 파동을 산란시키기에 충분히 좁은 '슬릿'들이 될 것이라고. AT&T Bell연구소의 **데이비슨** C. Davisson 그룹이 드디어 1927년 (X레이 회절처럼) 니켈에서 실험한 전자 빔이 만든 회절 무늬를 의심할 여지가 없이 최종 확인하였다. **조지 톰슨** George Thomson도 전자 회절 무늬의 직접적인 증거를 동시에 얻어, 이들은 1937년 노벨리스트가 되었다. 조지 톰슨은 전자를 발견한 J. J. 톰슨의 아들이다. 아버지는 전자가 입자임을, 아들은 '아니야, 아빠, 파동이야!' 이렇게 반대 증명한 부자끼리 노벨리스트가 된 진기록을 남겼다.

보존 입자들은 보제-아인슈타인(BE) 분포함수를 따른다. 앞에 나온 보제와 아인슈타인 논문이 종합된 통계함수이다. 보존은 배타원리의 지배를 받지 않으므로 낮은 바닥상태로 응집[BEC=Bose-Einstein Condensation]할 수가 있다. 아인슈타인은 통계적인 BE분포함수로부터 처음으로 응집[내지는 상전이phase transition] 현상을 유도하고, 그 의미가 무엇일지 에렌페스트Ehrenfest에게 묻는다.[62]

'어떤 온도에 가면 분자들이 인력이 없이도 응집한다. 즉 그들의 속도가 영이 된다. 이론은 근사한데, 어떤 진리가 들어 있을까?'

그러한 BEC는 당시 아무도 이해할 수 없었다가 반 데 발스van der Waals 100주년 행사(1937년 11월) 시기에 아침밥 논의가 한번 있었다. 그런 증기압곡선이 존재하고 상전이가 있을까? 참가자들끼리 투표를 하니 반반이었다. 울렌베크G. E. Uhlenbeck는 처음 반대 입장이었다가 돌아섰고 명석한 제자와 논문까지 썼다.[63] 그 제자 칸Boris Kahn은 나치에 희생되었다. 초기의 BEC는 극저온에서 헬륨이 상전이 할 때만 언급되었을 정도였다.[64] [상전이 온도는 아인슈타인이 유도한 공식으로는 3.1K인데, 실험으로는 2.19K. 매우 근접한 값이다.]

70년이 지난 1995년 이후 레이저 쿨링, 공중부양 및 자기장 트랩 등의 정교한 기술로 실험들을 하면서 BEC 학문이 갑자기 활성화되고, 2001년에는 코넬E. Cornell, 위먼C. Wieman, 케틀리W. Ketterle 3명이 노벨리스트에 올랐다. (위의 레이저 쿨링 기술로 1997년 스티븐 추, 코헨-타누지, 필립스 3명이 노벨리스트가 됨. 추는 오바마 미 정부의 에너지 장관이 됨.)

원자론 땜질, 상대론 땜질 및 암흑에너지

제만Zeeman은 오너스가 시키지 않은 짓을 해서 전화위복으로 노벨리스트가 되었다고 앞에서 얘기했다(반 데 발스의 상태방정식과 라이덴 사람들). 자기장하에서 에너지 준위들이 쪼개지는 효과이다. 이것에 '변칙 제만 효과'란 것이 개입되며, 더욱 많이 쪼개진 준위들multiplet을 만들어내는 것이 골칫거리다. 아니다. 보어 그룹에겐 골칫거리나 분명 새로운 서광을 기다리는 시간이었다.

슈테른Stern과 게를라흐Gerlach는 이를 조금 비틀어서 일을 했다. 그들은 보통 강력하지만 균일한 자기장을 걸던 실험 대신 오르막의 기울기가 있는 불균일한 자기장을 원자 빔에 인가하여, 각운동량 벡터 방향이 갈라지고, 자기장 벡터 방향이 달라지고, 따라서 달라진 경로를 따라 움직인 원자들의 탄착지점들을 조사하였다. $2l+1$로 갈라지니 불연속으로 홀수개의 탄착지점들을 기대했다. 그런데 실제로는 홀수개의 탄착지들 대신 항상 짝수개의 흔적들이 나타나는 것이 알다가도 모를 노릇이었다.

한편 여태껏 이해된다고 생각한 원소주기율표도 해석이 적당주의식이다. 새로운 원소(Z=72)의 원자구조를 잘 예측했다는 것도 그랬다. 보어의 아이디어는 천재적 임기응변과 상상을 조합한 것이었고, 탄탄한 이론적 바탕이 없는 사상누각이었다.

1920년대 초까지의 양자론은 이런 문제들을 안고 있었다. 떠벌이지 않고 정교한 실험 데이터를 축적해온 **좀머펠트**와 **란데**Alfred Landeé가 문제들을 인식하고, 더 많은 양자수들이 있어야 하는지 고민하였다. 전자들 중엔 원자 전이에 참여하는 '가전자valence electron'들과 가담하지 않는 '중심전자core electron'들도 혼란을 더하지만, 좀머펠트와 란데는 반정수 배의 양자들을 도입하거나 전체각운동량(j) 셈하기에 $\sqrt{j(j+1)}$를 써보면서 데이터들을 더 잘 정리할 수 있었고, '변칙 제만 효과'를 제법 감안할 수 있었다. 하지만 그것이 물리현상 자체를 이해하는 데는 아무 도움이 되지 못하였다.

원자론 땜질은 그렇다지만 아인슈타인의 장방정식 땜질은 다르다. 방정식의 해를 보니 우주는 영원히 정적static이라는 당시 개념과 달리 역동적이었다. 그래서 아인슈타인은 'λ 우주상수'라는 항을 추가했다. 12년 후 허블이 '팽창하는 우주'를 입증하자 λ를 추가했던 것을 '최대의 실수greatest blunder'라고 했다.

1998년 먼 곳의 초신성들로 측정한 결과 팽창율 자체가 커지고 있었다! λ가 오히려 필요하다는 아우성이다. 아인슈타인은 실수한 것마저 중요하다! 그의 λ가 우주의 척력을 의미하기 때문이다. 중력을 이기고 서로 밀어내는 우주가속도가 있어야 한다. 이것이 '제5의 힘'을 내는 '암흑에너지'라고 불린다. 최근까지 세계 곳곳의 실험 결과 이 암흑에너지는 변치 않으며, 따라서 물체들은 점점 더 멀리 떨어진다. 그렇다면 수억만 년 후엔 현재의 수천억 개의 갤럭시가 다 흩어져버리고 2-300개만 보일 것이다.[65]

배타적인 신동 파울리의 배타원리와 뉴트리노

볼프강 파울리 Wolfgang Pauli(1900-1958)가 위 문제에 괴력을 발휘한다. 우선 그가 누군지 보자. 그는 현대물리를 수립한 거장들 중 가장 현란한 성격을 가진 학자였다. 잘못된 것을 보면 신랄해지는 신동은 20살이 되기 전에 비평가적 기질의 명성이 자자했다. 이와 관련한 수많은 일화들이 있어서, 그의 전기가 출판된다면 숨을 죽이고 기다릴 사람들이 많겠지만, 그가 남긴 편지들을 모아 스프링거-펠라그Springer-Verlag사가 출판한 것이 자그마치 2,600통쯤 되는 것이 다행스러운 일이다. 그래도 편지들 대부분이 학문에 관한 것으로 그의 개인사를 얘기한 것은 별로 없다. 그런 차에 그를 마지막까지 도왔던 조교 **엔즈**C. P. Enz가 파울리의 전기를 약 10년 전 출판하였다.[66]

파울리의 아버지는 의사로서 비엔나 대학 화학교수였고, 그의 대부가 **마흐**E. Mach였다. 어린 신동은 수업이 지루할 경우 아인슈타인 논문들을 읽곤 했다. 뮌헨 대학의 좀머펠트에게서 배우던 20세 무렵에 상대론에 관한 논문을 썼다. 또 상대론을 주제로 백과사전용으로 쓴 그의 글은 아인슈타인을 포함한 물리학자들에게 깊은 인상을 심어주었다(당시 백과사전 글을 쓴다는 것은 각 분야의 전문가들이 하던 작업이었다). 하지만 좀머펠트가 소개한 양자론은 그에게 좀 황당하고, 무척 혼란스러웠다.

아마도 신동의 특권이겠지만 그의 선생이나 동료들은 좀 신경이 거슬리는 그의 버릇을 참고 지냈다. 일례로 그는 늦잠 자는 버릇이 아주 심해서 점심 전에 강의실에 나타나는 법이 거의 없었다. 그는 비판적인 태도가 강해서, 동료들이 얼렁뚱땅 일을 하는 것을 비웃는 버릇으로 악명이 높아서 "not even wrong"이란 말이 유명해져버렸다. [틀린 정도가 아니라 아주 엉터리라는 의미로, 수년 전 '끈 이론string theory' 학문에 비전이 안 보이며 엉뚱하게 흘러간다고 비판한 책의 타이틀이 되기도 하였다.][67] 그가 하는 비판 경향은 흔히 비판받은 자를 당황케 하지만 이슈를 명확하게 해주는 방향을 제시하기 일쑤였다. 그의 소문이 깊어지다 보니, 파울리가 실험실 근처에 나타나기만 하면 그 실험은 엉망이 된다는 괴소문을 믿어야 할 정도가 되었다. 1921년 박사학위를 마친 후 그는 포스트닥터처럼 잠시 괴팅겐의 **보른**Max Born에게, 또 코펜하겐의 보어에게 갔다가 1923년 함부르크 렌츠Lenz에게로 갔다.

1924년 파울리는 4번째 양자수가 추가될 것을 제안함으로써 큰 걸음을 내딛었다. 앞에서 본 3가지 양자수는 전자들이 핵을 둘러싼 운동에 따라 이해하기가 쉬운데, 4번째는 달랐다.

'고전역학으로는 해석할 수 없지만, 2개의 값을 동시에 갖는다'라는 듣도 보도 못한 전자의 성격을 주장한 대목이다.

그런 얼마 후 그의 제안으로 원자의 닫힌 전자껍질 구조들을 비로소 완전히 해석할 수 있었다.

1925년 1월에 그는 마침내 '**배타원리**exclusion principle'를 발표한다. 어떤 전자들도 4개의 양자수를 동일하게 공유할 수 없다. 원자 내부의 전자는 각각 유니크한 상태, 자기만의 아파트를 혼자 차지한다.

문제가 생겼다. 그가 창안한 4번째 양자수에 다른 학자들이 고개를 갸우뚱했다. 아무도 제4양자수의 물리적 의미를 설명할 수 없었다. 파울리 스스로도 답답했다. 그 '배타원리'의 논리적 설명을 하든가 다른 양자론으로 유도할 수도 없는 것이 참 괴로운 일이었다. 스스로 불쾌함을 삭여야 했다. 그럼에도 불구하고 배타원리는 작동했다. 주기율표 구조를 잘 설명했고 다른 물성들을 설명하는데 꼭 필요했다(아래 |과탐| 참조).

한편 파울리는 1930년 베타선 붕괴 시에 전자가 방출된 후 에너지가 추가로 사라짐을 연구하다가 '뉴트리노neutrino'의 필요성을 예언했는데, 4년 후 이론을 세운 페르미가 이름을 지어준 것이다. 뉴트리노 입자(중성미자)의 첫 발견은 1956년으로 파울리가 타계하기 2-3년 전이었다. 다시 6년 후 제2종의 입자가 발견되고, 질량의 유무 등 연구가 아직 진행 중이다.

|과탐| 고3생의 양자론 (2): 양자수 s-p-d-f 반란

보어 원자론은 10여 년 잘 나가다가 난관에 봉착했다. 그 전말을 살펴며 앞으로 나가자. 앞에서 각운동량이 궤도에 따라 양자화 된 l은 '각양자수angular quantum number'라는 제2의 양자수이며, $l=0, 1, 2, 3\cdots$ n-1까지이다. 이들을 s, p, d, f 등으로 전문가들이 바꿔 부르는 것은 s=sharp, p=principal, d=diffuse, f=fine에서 나왔다.

앞에서처럼 마디가 증가하며 각운동량의 크기가 증가함에 해당되는데, 이는 벡터로서 방향성분을 갖는다. 그 방향벡터 성분 (l_x, l_y, l_z) 셋 중 자기장 방향 축(일례: z)에 투사되어 유일하게 남는 성분이 l_z로 되고, 이 자기장(z성분)양자수가 다시 또 다른 정수배의 양자수가 된다. 위에서 각양자수가 l일 때 l_z는 l에서 $-l$까지, 즉 양자화되는 방향 성분

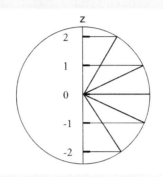

이 총 $2l+1$개의 정수들을 거느릴 수 있다($-l$, $-l+1$, $-l+2$ … -1, 0, 1, 2 … $l-1$, l). [아래 그림 참조]

1913년 이후 양자화된 궤도전자들로 배치된 보어의 원자 모형은 위처럼 짜깁기로 발전하는 건 좋은데, 사실 왜 전자들이 그렇게 배치되어야 하고 제일 낮은 바닥상태의 에너지 준위로 전자들이 우르르 몰려 떨어지지는 않는지 아무런 이유가 없었다. 왜 주기율표에 원소들이 그런 배치를 하는지 아무도 모른다는 뜻이다.

한편 파울리는 '변칙 제만 효과'의 이상 현상을 분석하려고 노력 중이었는데, 그는 두 가지 문제가 어떤 관련성을 가졌다고 믿었다.

위처럼 3가지 양자수는 전자들이 핵을 둘러싼 운동 시나리오를 이해는 하겠는데, 4번째는 달랐다.

'지금 설명할 수 없지만, 2개의 값을 동시에 갖는다.'

이러한 파울리의 억지를 흥미롭게 생각한 사람들이 있었다. 에른페스트 그룹 울렌베크와 가우스미트가 1925년이 거의 저물었을 때, 제4양자수는 전자의 '스핀spin'이라고 학계가 깜짝 놀랄 해석을 냈다(다음에 등장함).

파울리는 원래 원자 내부의 전자를 해석하려고 배타원리를 썼지만, 모든 '페르미온fermion' 체계에 그 원리가 적용된다. 페르미온은 '반정수

스핀half integer spin$(\frac{1}{2}\hbar, \frac{3}{2}\hbar, \frac{5}{2}\hbar \cdots)$'의 값을 갖는다.

[세상의 모든 물체는 페르미온 또는 보존, 이 두 가지 중 하나에 속한다.] 페르미온과 반대로 '정수 스핀integer spin$(\hbar, 2\hbar, 3\hbar\cdots)$'을 갖는 보존boson 체계는 배타원리의 지배를 받지 않는다. 위를 정리하면 다음과 같다[일례: $n=2$인 경우].

$$N = 2\begin{cases} l = 0 \; l_z = 0 \begin{cases} 1/2 \\ -1/2 \end{cases} \quad \left[2 \cdot 1^2 = 2\right] \\ \\ l = 1 \begin{cases} l_z = 1 \begin{cases} 1/2 \\ -1/2 \end{cases} \\ l_z = 0 \begin{cases} 1/2 \\ -1/2 \end{cases} \quad \left[2 + 6 = 2 \cdot 2^2 = 8\right] \\ l_z = -1 \begin{cases} 1/2 \\ -1/2 \end{cases} \end{cases} \end{cases}$$

위처럼 배타원리에 순응한 전자들이 각 전자껍질들을 채울 수 있는 전자 개수는 $2n^2(=2, 8, 18\cdots)$임이 위에서 금방 증명된다.

지금까지 3개의 양자수가 만들어졌는데, 이것을 완전히 이해하는 것은 1925년 크리스마스 시즌에 슈뢰딩거Schroedinger의 파동방정식이 나오고, 그 파동함수 해법이 정의되면서 비로소 논리의 바탕이 수립된다(나중에 그 내력을 설명하겠다).

이것은 아직 완전한 스토리가 아니다. 제4의 양자수가 기다리고 있다. 2가지 시나리오를 더 거쳐야만 다음 원자 모형이 완성된다.

파울리 생애를 마저 정리한다. 1928년 그는 함부르크에서 취리히로 옮겨갔다. 아인슈타인의 모교인 취리히 연방공과대학ETH에 정착하여 죽을 때까지 인연을 맺었다. 이상한 일은 1940년 7월 통상적인 안식년을 뉴저지의 프린스턴 고등연구소IAS로 떠나고부터였다. 그 후 파울리는 적법한 여행증명서가 없다는 이유를 내건 스위스로 돌아갈 수 없었고, 스위스 경찰청장은 그의 스위스 국적취득을 거부하였다. 그런 한편 ETH 행정부서는 정시 기간에 귀환하지 않으면 퇴출시킨다고 협공을 했다.

당시 관료들의 처리 내용을 보면 악의적이고 심지어는 반유대인 의도까지 드러내고 있었다. (스위스는 나치의 굴레에 항복하지 않았었는데도.) 1943년 ETH의 대학이사회가 파울리를 파직하거나 강제은퇴로 몰아갔는데 단 한 표차로 부결되었다. 아마 당연직 이사로 참석한 ETH 총장이 행사한 반대표가 도왔다.

세계대전이 끝난 1945년 파울리는 노벨 물리학상을 받고 금의환향하였다. 그는 프린스턴 IAS에서 아인슈타인의 자리를 제의한 것도 사양했다. 결국 스위스는 과거의 역사를 지우고 그에게 시민권을 주었다.

파울리는 취리히의 정신분석학자 칼 융Carl Jung과 친밀했다. 1930년 아내와의 이혼으로 심난했을 때 그의 치료를 받았다. 그는 회복되었고 융의 신비스런 진단내용들도 대부분 받아들였다. 그런 내용들을 공동에세이로 여러 번 쓸 만큼 둘이 서로 통했다. 물리의 극단적 합리주의자 파울리가 '철저한 과학의 범주' 밖에 자리하고 있는 분야에 깊이 빠져든 것이 흥미롭다.

그는 학문 창조력의 깊은 샘터를 탐색했던 듯하다. 케플러Johannes Kepler가 사유했던 것에 대한 그의 에세이를 보면, 그 사유의 샘터를 기하학적 개념이 아닌 '선험적 원형preconceived archetype'으로 파악하는 관점에서 파울리의 속생각을 읽을 수 있다. 그는 자신의 꿈을 1,000개가량 기록했고, 그의 전설적인 집중력은 이혼으로 인한 좌절의 시간에도 작동하고 있었다.

수마트라의 울렌베크가
분광동물원에서 스핀 찾기

파울리의 억지를 흥미롭게 생각한 사람들이 있었다. 울렌베크George Uhlen-beck는 출신지로는 인도네시아 인이다. 아버지가 동인도회사의 네덜란드계 군인으로 수마트라에 살았는데, 형제 둘이 식인종에 먹히지 않으려고 자기 칼에 엎드려 죽었다. 1900년 태어난 6남매 아이 중 2명을 잃은 울렌베크 가족은 그가 초등생 때 네덜란드로 옮겨갔다.

1919년 물리와 수학을 하려고 라이덴 대학에 진학한 그는 처음부터 이론에 심취했다.

"하찮은 전자기 실험이라도, 리포트를 쓸 때 맥스웰방정식부터 쓰고 분석을 풀어냈다."

쿠에넨J. P. Kuenen 교수의 실험시간에, 위처럼 하는 짓이 너무 심해서 조교가 알 수 없을 지경이 되자 선생에게 고했다. 쿠에넨은 리포트를 보고 흡족했다. 그의 도움으로 울렌베크는 장학금을 받게 되고 네 아이를 키우는 집안에 큰 짐을 덜었다. 그가 대학을 다니는 동안 먼 집에서 기차로 통학을 했는데, 매일 아침 어머니가 점심을 싸주고 콰르체(kwartje= quarter 은화 25센트) 한 닢을 커피 사먹으라고 주었다.

울렌베크는 그 돈을 모아서 마침내 볼츠만의 《기체론강의》의 헌책을 샀다. 얼마 후 화학자인 그의 매형이 통계역학에 관한 에른페스트의 백과사전 논문을 보여주었다.

"그것이 나에게 큰 깨달음의 순간이었다. 볼츠만이 무엇을 지향하는지 보이기 시작했지."

1920년 말 졸업 후 그는 에른페스트와 로렌츠의 강의를 들었으며, 수요일의 '에른페스트 강좌' 시리즈에도 갔는데, 초청된 멤버들만 참가하는 것이었다.

그의 대학원 공부가 2년을 마칠 무렵 에른페스트가 로마에 가서 가르칠 지원자를 찾았다. 울렌베크가 지원했고, 1922-25년 사이 로마에서 수학, 물리학, 화학, 역사 등의 튜더가 되었다. 여름에는 돌아와서 지내며 1926년 9월에 'doctorandus(석사급)' 학위를 받았다.

로마 체류기간 그는 다양한 접촉을 가졌지만 페르미와의 만남이 기록할 만하다. 1923년 여름 울렌베크는 에른페스트의 메모를 받고 가을에 1년 연하의 페르미를 만난 것이 평생의 우정으로 피었다.

페르미는 괴팅겐을 방문했는데 그곳 멤버들의 콧대에 비위를 상해서 아예 공부를 그만둘 생각을 했다. 울렌베크의 권유로 페르미는 1924년 여름 3달간 라이덴을 방문했다. 물리학에 울렌베크가 공헌한 것 중 하나는 에른페스트와 페르미 사이의 친교를 맺어준 것이라 할 것이, 이후 페르미가 자존심을 회복하는 길이 되었다.[68]

하지만 로마의 휴일은 울렌베크에게 반대로 작용했다. 1925년 네덜란드로 돌아왔을 때 그는 물리를 포기하고 역사에 집착하고 있었다. 그는 당시 라이덴의 교수로서 미 원주민 언어에 정통한 언어학자 삼촌인 C. C. 울렌베크에게 논의도 했다. 그런 방황을 제지한 것은 삼촌이었다. 박사학위부터 일단 먼저 하라고 권했다.

에른페스트도 그에게 자기와 함께 연구를 하도록 인도하면서, '스펙트럼 동물원(파울리가 분광학 혼란을 비꼰 말 "Spektralzoologie"에서 유래함)'에 빠진 대학원생 **가우스미트**Samuel Goudsmit(1902-1978)에게서도 배우도록 했다.

에른페스트와 연구하며 다차원 파동방정식이 수학논문으로 발표되고 공동논문도 하나 발표하였다. 울렌베크는 다시 연구에 흥미를 회복했다. 에른페스트도 1925년 가을에 그를 수학조교로 일하도록 했다. 여름 동안 가우스미트가 스펙트럼 교육을 했다.

그해 9월 울렌베크(석사)와 가우스미트 대학원생이 전자의 '스핀spin' 발견 에피소드는 다음과 같다. 가우스미트는 닉네임이 '쎔'(Sem)이다. 그는 분석적이기보다는 직관적인 마음의 소유자이다.

"쎔은 묵상이 드러나는 적이 전혀 없다. 하지만 랜덤한 데이터를 가진 가운데 그 방향을 짚어내는 놀라운 재능이 그에게 있다. 그는 암호문 해독에 귀신이다."

울렌베크는 그렇게 평가했다. 컬럼비아대의 라비I. I. Rabi 교수는 그를 "탐정처럼 생각하는 사람이지. 그는 형사야" 하고 평했다. 사실 쎔은 8개월짜리 탐정교육을 받았는데, 지문인식, 혈흔감정, 진위판정 등을 배웠다. 대학에서 상형문자를 해독하는 코스를 2년간이나 들었다.

물리에서는 스펙트럼을 분석하는 것에 열광했다. 쎔은 이미 스펙트럼으로 논문을 몇 편 냈고, 암스테르담의 제만P. Zeeman의 연구실에서 시간제 조교로 일했다.

이런 두 사람이 1925년 8월 만나기 시작했다. 쎔은 이미 알려진 변칙 제만 효과에 대한 란데의 1921년 이론을 설명했다. (각운동량 양자수가 반정수half-integer값도 가질 수 있다는 가정으로 변칙 제만 효과를 해석할 수 있음. 그러려면 란데의 g인수—자기회전비율gyromagnetic ratio—가 2가 되어야 하는 것이 전혀 이치에 안 맞는다.) 하이젠베르크가 알칼리금속의 가전자 및 중심전자core[Rumpf] electron들이 각운동량의 반값을 각각 가진다고 한 논문도 얘기했다. 그 즈음 파울리가 중심전자가 아닌 가전자에게만 반값 각운동량 양자수를 제4양자수로 부여해야 한다는 것, 배타원리의 발표까지 얘기했다. 수소원자 스펙트럼의 세부구조fine structure에 좀머펠트의 공식이 잘 맞는 것까지 추가했다.

쎔은 나중에 회상했다.

"(울렌베크는) 아무것도 몰랐다. 그런데 그는 내가 물어본 적이 없는 질문들을 나에게 퍼부었다."

알칼리금속과 수소가 그렇게 비슷하다면 왜 두 개의 모형이냐? 왜 수소에는 반정수배 양자수를 적용 않느냐? 이것이 (네덜란드어이지만) 1925년 8월 공동논문이 되었는데, 좀머펠트의 양자수 부여방식을 조금 바꾸어서 더 나은 세부구조가 되었다.

바로 그 여름에 원자 스펙트럼에 관한 모든 걸 다 펼쳐놓았을 때였다.

"(통계역학에서 배운 대로) 각각의 양자수가 전자의 자유도에 각각 대응된다. 그럼 4번째 양자수는 전자가 어떤 추가적인 자유도를 가져야 한다— 다르게 표현해본다면, 전자가 회전하고 있음이 틀림없어!"

울렌베크가 당시를 그렇게 회상했다. 그러니까 모든 것이 아귀가 딱딱 맞아들었다. 전자가 스핀 1/2을 가졌다. 란데의 g인수는 가전자에게만 2가 적용된다. 쎔이 물었다. g=2인 것의 물리적 의미가 있는가? 에른페스트의 힌트로 울렌베크는 20여 년 전 **맥스 아브라함**Max Abraham 모형을 찾아냈다. 그 논문은 전자가 강체구이고 표면전하만 있을 때 g=2가 됨을 보였다.

전자스핀의 발견은 울렌베크가 논문의 주저자로, 가우스미트가 제2저자로 발표되었다. 가우스미트가 첫 저자로 되면 울렌베크는 그의 학생으로 인식된다는 에른페스트의 훈수가 있었다는 것이 울렌베크의 변이다. 울렌베크가 처음 스핀을 생각하였으므로 제1저자가 됐다고 가우스미트

315

는 말했다. 두 사람의 관계는 일생 동안의 우정으로 발전하였다. 두 사람은 항상 상대의 덕택으로 그런 일을 했다고 말하곤 했다.

울렌베크는 뉴욕 록펠러 대학에 정착하고 은퇴한다. 그는 한국 학생을 한 명 배출했는데 고 조순탁 교수이다. 그의 타계를 애도한 기념학술대회 연락을 받아서, 높은 에너지의 전자 거동을 다룬 나의 기억함수 논문을 발표했다(|과탐| 아인슈타인 논문: 프리고진과 나의 청운).[69] 전자의 스핀 특성을 유도한 디랙 일화는 뒤에 나온다.

가우스미트의 특이한 일생을 잠시 보면, 그도 미국으로 건너오는데, 이듬해 1927년 박사학위를 마치고 바로 미시건 대학 교수로 1946년까지 재직한다. 1930년 폴링Linus Pauling과 《선 스펙트럼의 구조》라는 책을 쓴다. 그의 탐정역할이 2차 세계대전 중에 힘을 발휘한 것이 있다.

맨해튼 프로젝트 계획의 일부(Alsos 미션)로 독일의 원자탄 개발이 어디까지 진전했는지를 정탐하는 일이었다. 프랑스 국경에 잠입하여 하이젠베르크와 오토 한 그룹의 독일계 물리학자들과 접선에 성공하였다. 1948에서 1970년의 기간에 브룩헤이븐연구소Brookhaven National Laboratory에서 원로과학자, 1974년까지의 〈Phys. Rev.〉 주편집인을 역임했다. 또 하나의 탐정 인생은 1972년 만년에 이집트 탐사로 이어져서 흔적을 남겼다. 그의 이집트 유물컬렉션은 미시건 대학의 고고학박물관에서 소장하고 있다(American Journal of Archaeology 78, 1974, p. 78; Journal of Near Eastern Studies 40, 1981, p. 43).

하이젠베르크의 박사과목 실패와 불확정성 원리

하이젠베르크는 괴팅겐 보른 그룹에서 파울리가 떠난 자리 후임으로 가서 1922-23년 겨울을 보냈다. (보른은 하이젠베르크가 유능하고 파울리보다 예의도 바르다고 아인슈타인에게 편지했다.) 하지만 하이젠베르크는 마지막 학기를 마치고 학위논문 준비와 디펜스를 하려고 1923년 5월 뮌헨으로 왔다. 한참 연구 중인 양자론으로 학위를 준비하는 것이 마땅치 않아 좀머펠트 지도교수는 좀 전통적인 유체역학 분야로 논문을 쓰라고 했다.

하이젠베르크는 비인Willy Wien 교수의 4시간짜리 물리실험 과목을 택해야 했다. 박사는 이를 꼭 마스터해야 한다는 것이 비인의 고집이었다. 좀머펠트의 이론물리 학생들도 예외가 없었다. 하이젠베르크는 실험에 코피를 쏟았다.

"액체 흐름의 안정과 탁류On the Stability and Turbulence of Liquid Currents"를 제목으로 59쪽짜리의 계산논문을 제출했는데 위원회가 승인했다. 뮌헨의 운하를 건설하는 회사가 준 연구과제에 관련된 것이었다.

하지만 오럴위원회의 구두시험에서 하이젠베르크는 완전 낙제였다. 실험시간에 그는 간섭계(Fabry-Perot)를 쓴다. 비인은 광파의 간섭을 자주 다루었다. 그러나 간섭계의 분해능 한계를 유도하는 방법을 묻는 것에 버벅거리고 말았다. 심지어 망원경이나 현미경의 해상도resolving power(RP)를 유도하는 것도 대답할 수 없었다.

화가 난 비인이 축전지 원리를 물어도 하이젠베르크는 꿀먹은 벙어리였다. 다른 분야를 아무리 잘해도 통과시킬 이유가 되지 않았다. 좀머펠트와 비인 사이에 이론과 실험의 상대적 논쟁이 일었다.[70]

결국 하이젠베르크는 턱걸이로 겨우 통과하고, 물리학을 겨우 턱걸이로, 박사과정 총평은 최하위로 패스하였다. 항상 클래스의 선두였던 하이젠베르크는 수모를 감당키 어려웠다. 좀머펠트가 집에서 조촐한 축하 파티를 열었는데, 그는 양해를 구하고 일찍 나와 괴팅겐으로 심야열차를 탔다. 아침에 보른 연구실로 출근한 하이젠베르크는 보른에게 구술시험 얘기를 전하고, 그래도 자기를 받아들일지 물었다. 보른은 대답을 않고 질문내용을 되물었다. 질문들이 상당히 애먹이는rather tricky 것임을 알고는, 그에게 주기로 한 '교육 조교' 오퍼가 유효하다고 했다.

참 새옹지마 같은 일이다. 그가 얼버무린 해상도 $\sim \lambda / 2(NA) \to \lambda$는 푸리에 변환 개념을 운동량-위치로 확장하여 이르는 하이젠베르크의 유명한 '불확정성 원리'의 뿌리가 되었으며, 조금 뿌리는 다르지만 $P\lambda = h$의 추가적 연상으로 입자-파동 이중성에 접근한다.

$$\Delta p \Delta x \geq \hbar$$

하이젠베르크의 행렬 양자역학

하이젠베르크는 고락을 함께하는 동료들과 연구하면서 대두되는 문제들을 인지하고 있었다. 고전역학에 바탕을 두고서 이런저런 양자 특성들을 섞은 날림집 같은 **구식의 양자론**에, 보어의 어정쩡한 **대응원리**correspondence principle까지 추가 조립한 건축물 같았다. 모르지만 근사한 이론이 새로 나온다면 그건 추상성을 좀 더 깊이 해야 할 듯했다.

원자들을 연구하는 것이란 그 원자군에 빛을 입사시켜서 발광하는 **빛의 분산**optical dispersion을 조사하는 것이다. 고전적 생각으로는 원자 안의 전자가 운동하는 진동수 및 보어의 에너지 전이의 진동수들과 함수관계가 있어야 한다. 그러나 사실은 대칭성을 가진 진동자들이 광흡수와 발광에 나서는 격인 **궤도함수**orbital($s, p, d, f \cdots$)들의 진동수로 대치해서 썼다. 초기 원자구조의 물리를 떠나서 이미 추상적이며 적당한 수식으로 바꾸는 작업을 크라머Kramer가 뒤처리하고 있었다.

하이젠베르크는 1924년 보른을 돕는 중 크라머의 일을 관계하고 그 작업을 일반화하는 것을 맡았다. 1925년 4월엔 괴팅겐에 돌아와 있었다가, 건초 알레르기열로 6월 7일 헬리고란트Heligoland 섬에 가서 쉬었다. 그때 아래처럼 의식이 흘러갔다.

[대학에서 양자론을 배울 때는 슈뢰딩거 파동방정식을 파동함수와 함께 배우고, 행렬 양자역학도 정형화하여 배우지만, 고3생은 그럴 필요 없이 아래처럼 간단하게 개념만을 얻어도 큰 도움이 된다.]

하이젠베르크는 궤도함수를 쓰지 않고 복사파로 나오는 발광 진동수를 측정하던 경험을 고수했다. 갈릴레오(|과탐| 단진자, 관성 및 등가속도) 부분에서 본 단진자와 비슷한 단순조화진동자simple harmonic oscillator(SHO)의 경우 기본진동수(ν)가 정수배로 늘어난다.

뉴턴의 구심력(|과탐| 뉴턴의 구심력 논쟁과 상상 우산) 부분에서 2차원 원운동을 x좌표에 투사시킨 1차원 운동만을 생각하면 $x = r \cos \omega t$ 를 $x = r \cos \omega t$, $r \cos 2\omega t$, $r \cos 3\omega t$ 식으로 진동수를 2배, 3배로 늘여가면, 진동수가 늘면서 SHO의 에너지 준위도 위처럼 늘어난다. [$\omega = 2\pi\nu$. 플랑크의 진동자 경우 $E_n = nh\nu$ (n = 0, 1, 2, $\cdots$)를 기억한다.

(|과탐| 아인슈타인의 1905년 광양자 가설 논문(2) 참조)] 이제 모드가 준위 0에서 1, 2, 3, $\cdots$으로 전이한다면 해당 진동수도 ν_{01}, ν_{02}, ν_{03}으로 되고 모드가 준위 1에서라면 ν_{11}, ν_{12} 식으로 변할 것이다.

이들은 아래처럼 2차원 행렬[b]로 정리될 수 있다. 그 앞의 것은 하이젠베르크가 위치들도 비슷하게 표시할 수 있다고 제안한 위치의 2차행렬[x]이다. 위치까지 이렇게 '관측가능량observable'처럼 만드는 것은 생소하다. 하이젠베르크는 m준위 상태에서 n준위 상태로 전이할 경우 그때의 발광의 세기를 x_{mn}이라고 표시하였는데, 이것은 시간에 따라 변하는 함수이면서 아래와 같이 위치의 2차행렬도 된다는 것이다. (아래 예는 3×3이지만 n×n 행렬로 일반화된다.)

$$\begin{pmatrix} x_{00} & x_{01} & x_{02} \\ x_{10} & x_{11} & x_{12} \\ x_{20} & x_{21} & x_{22} \end{pmatrix} \times \begin{pmatrix} \nu_{00} & \nu_{01} & \nu_{02} \\ \nu_{10} & \nu_{11} & \nu_{12} \\ \nu_{20} & \nu_{21} & \nu_{22} \end{pmatrix}$$

그는 이렇게 만든 두 개의 행렬을 [x][b]로 곱하여서 시스템의 에너지를 추출하는 데 성공했다. [간단한 SHO 시스템이 아닐 경우, 엄연한 선택율selection rule을 만족시키지 못하기도 하고(예: 정수배의 이산discrete조건이 만족되지 않는 항은 영), 따라서 전이는 없으며, 이렇게 행렬 성분이 영이 되는 성분들도 있다.]

위에서 일반 행렬 n×m의 크기는 임의이지만 실은 n×n식의 정방형square 행렬이 된다. 특별히 E_{00}, E_{11}, E_{22}, …처럼 대각선 성분들만 영이 아닌 값을 가짐과, 희한하게도 이것들은 시간에 무관한 상수들임을 하이젠베르크는 주목했다.

SHO 같은 시스템의 경우 결과가 조금은 이상했다. 플랑크의 진동자 경우 $E_n = nh\nu$ 이었다. 하이젠베르크가 얻은 값은 이와 다르게 $E_n = (n+1/2)h\nu$ 모양이 되었다. 모든 n준위가 $h\nu/2$만큼 각각 이동한 것이다. 그렇지만 이것은 발광한 복사에너지에 아무런 영향을 주지는 않았다. 이동은 했더라도 그 차이는 변함이 없기 때문이다.

$h\nu/2$는 영점에너지zero-point energy라고 불리며, 조화진동자가 보유하는 중요한 바닥상태ground state항이다. 절대진공이 텅 빈 것이 아니고, 에너지가 요동하는 공간이라는 좋은 본보기이며, 이것은 고전역학에서는 도저히 상상할 수 없는 양자론의 세계가 갖는 특성이다.

하이젠베르크는 행렬의 상당수 성분이 복소수가 되는 경우도 발견했는데 '관측량'은 항상 실수로 처리했다. 위와 같은 이상한 특징들을 보고하면서 하이젠베르크는 이 현상을 더 깊이 이해할 필요가 있다고 결론을 맺었다.

그가 풀어놓은 것들이 전부 수학의 '행렬'임을 보른에게서 듣고 행렬수학을 공부하며, 그의 행렬들이 일반적으로 커뮤트(정류)하지 않음도 터득했다(위에서 $x \cdot b \neq b \cdot x$이면 커뮤트하지 않는다고 함).

보른과 그의 연구생 조던Jordan은 위 결과들을 행렬수학으로 잘 정리하여 하이젠베르크 논문 후속편으로 곧 발표하였다. 동시에 운동량 행렬 p도 만들었다. 그들은 p와 x가 일반적으로 커뮤트하지 않는다는 중요한 특성과 특별한 값($i\hbar$)을 가짐을 발견한다.

$xp - px = i\hbar$

(위를 대괄호 [a, b]≡ab−ba로 표시하며 정류자commutator라고 한다. 즉 $[x, p] = i\hbar$)

이와 비슷한 시기에 **디랙**Paul A. M. Dirac이란 듣도 보도 못한 영국인 물리학자가, 하이젠베르크의 논문을 읽자마자 거의 유사한 내용의 논문을 발표해버리는데, 보른-조던의 논문보다 더 수준이 높았다. 사실 디랙은 나중 보어 그룹에 얼마간 끼었으나 동료들과의 활동은 없었다.

늦깎이 스타 슈뢰딩거의 양자혁명

위처럼 탄생한 행렬 방식은 곧 엄밀하고 강력한 양자역학으로 군림하게 된다. 하지만 뒤집어보면 행렬역학에는 구체적인 '피직스'가 없다. 이를 추진한 학자들, 특히 독일 학자들은 당시 풍미하던 불확정주의non-determinism 철학의 영향을 강하게 받았다 한다.[71] 보어는 행렬역학의 전개를 반겼다. 아인슈타인은 이론이 성공적이지만 최종 이론으로는 받아들이지 않았다.

"당신의 발걸음을 따라, 엄밀하게 '관측한 것'만으로 만든 이론입니다"라고 하이젠베르크는 항의하였다. 아인슈타인이 대답했다.

"그 반대라네. 그 이론이란 것이 '관측한 것'들을 결정한 것이네."

하이젠베르크는 아인슈타인의 지적을 곧 알아듣게 되었다.

슈뢰딩거Erwin Schroedinger(1887-1961)는 안개를 더듬는 듯한 행렬역학을 혐오했다. **페르미**E. Fermi도 학문의 문턱에서 행렬역학의 뜬구름 잡는 소리에 질려서 아예 물리를 포기할 뻔했다. 1926년 1월 슈뢰딩거는 하이젠베르크, 디랙, 파울리보다 14살이나 많은 38세에 등장했다. 그는 쇼펜하우어와 인도에 심취한 젊은이로 학위를 끝낸 후 1914-18년 기간

323

1925 크리스마스, 아로사 요양지

포병장교로 전장에서 몸을 망치고 있었다. (그는 결핵으로 비엔나에서 타계하였다.) 종전 후 몇 곳을 전전하다가 1921년에 취리히 대학에 정착한다. 슈뢰딩거는 크리스마스 휴가지에서(사진) 그의 방정식을 만들었다. 당시 함께 있었던 아로사의 연인의 비밀은 끝내 밝혀지지 않았다.

그는 1927년 막스 플랑크 후임으로 베를린의 빌헬름 대학(훔볼트 대학전신)으로 갔다가 1933년 나치의 유대인 학대를 비판하고 독일을 떠나 방황한다. 옥스퍼드와 프린스턴에서 각각 오퍼를 받았으나 이행되지 못한 이유는 두 부인과 사는 그의 생활습관 때문이었다. 1940년에 더블린으로 정착하여 17년을 산 것이 그의 조용한 행복이었을 듯하다. 1944년 쓴 《생명이란 무엇인가?What is life?》에서 유전자 코드를 모색한 것을 왓슨Watson과 크릭Crick이 읽었는데, 그 영향이 DNA 구조 규명에 큰 도움이 되었다고 말했다.

그는 드브로이의 입자-파동 이중성 논문에 주목하고, 결국 이를 강력하게 추천한 아인슈타인의 논문에 의지를 실었다.

"당신의 논문이 드브로이의 이중성 개념을 중시하도록 저를 이끌었답니다."

1926년 4월 아인슈타인에게 보낸 슈뢰딩거의 편지이다. 데바이Debye도 맥스웰 방정식 같은 파동방정식이 있어야 한다고 부추겼다. **슈뢰딩거 방정식**이 그 해답이다.

슈뢰딩거 방정식

공간적 변화량과 시간적 변화량을 같이 놓은 꼴인데, (총에너지가 운동에너지와 퍼텐셜(V)의 합으로 짝지어진) 해밀토니언Hamiltonian 연산자operator(H)의 방정식이다.

$$[H\psi(\vec{r},t)] \equiv [-\frac{\hbar^2}{2m}\nabla^2 + V(\vec{r})]\psi(\vec{r},t) = i\hbar\frac{\partial \psi(\vec{r},t)}{\partial t}$$

맥스웰이나 슈뢰딩거 방정식은 고3들의 영역이 아니므로 방정식 논의는 생략한다. 단 위에 간단한 설명만을 붙이면,

라플라시언 = $\nabla^2 \equiv \hat{x}\frac{\partial^2}{\partial x^2} + \hat{y}\frac{\partial^2}{\partial y^2} + \hat{z}\frac{\partial^2}{\partial z^2}$; $\frac{\partial}{\partial t}$은 편미분;

양자론의 운동량(= mv = $\hbar k$) 연산자는 $p \equiv -i\hbar\nabla$이므로

운동에너지 = $mv^2/2$ = $p^2/2m$는 앞의 항이 된다.

오랫동안 비축한 역량을 한꺼번에 쏟아내듯, 하이젠베르크의 행렬역학과는 전혀 다른 모습으로 탄생한 슈뢰딩거 미분방정식은 20세기 물리학의 큰 이정표이다. 고유값eigen value 방정식 $H\psi \equiv E_n\psi$이라 부르기도 하는데, 형식적인 해는 시공간의 파동함수(또는 고유함수)인 ψ 함수이다. SHO에 대한 해는 행렬역학의 해와 동일한 $E_n = (n+1/2)h\nu$ 이 유도된다.

오늘날 반도체 소자의 핵심구조인 양자우물quantum well 같은 퍼텐셜로 대치해 풀면 반도체구조의 나노급 크기의 양자효과 영향이 주도하는 첨단소자들의 해를 얻는다. 수소원자에 대한 해는 보어의 원자 준위들과 정확히 일치한다. 행렬역학과 전혀 다른 형태지만 에너지의 등가적 접근으로 도달한 파동역학 방정식이었다. 이는 슈뢰딩거, 파울리 등이 확인한 것처럼 행렬역학과 수학이 동격인 방정식이며, 물리적 해석이 명확한 정형이 되었다.[72]

325

백수 디랙이 뉴턴 자리의 애송이 교수가 되다

1926년 디랙, 조던 등은 슈뢰딩거 방정식을 더욱 추상화하였다. 슈뢰딩거는 처음 상대론을 고려했지만 결국 그걸 배제한 방정식을 발표하였다. 광속처럼 고속 입자의 경우 상대론 효과가 포함된 운동방정식이 요구되는데, 1928년 디랙Paul A. M. Dirac(1902-1984)이 이를 밝혀낸다.

디랙은 영국 브리스톨에서 태어나지만 그의 아버지는 스위스 교사로서 영국으로 이주하여 가족이 1919년 영국 국적을 함께 취득한다.

아버지는 집안을 학교로 만들었다. 식탁에서는 프랑스어만 말해야 했다. 어머니와 여동생은 부엌에서 식사를 하되 영어로 말한다. 노벨리스트가 되는 1933년 인터뷰에서 디랙은 어릴 때 남자와 여자는 다른 언어로 말하는 것인 줄 알았다고 했다.

디랙은 모범 중고등학생이었다. 특히 수학과 과학 및 기하도형에서 뛰어나서 라틴어와 그리스어 과목을 면제받았다. 16세에 대학 진학을 할 정도가 되어 형이 다니는 브리스톨 대학에서 공학을 시작했다. 오후 시간은 회로의 납땜질, 쇠를 깎는 머신 숍 등의 실험으로 애를 먹었다.[73]

그가 영국시민이 된 1919년은 아인슈타인의 일반상대론이 세상의 빛을 받은 때였다. 에딩턴이 프린시페 섬의 일식실험에서 5월 9일 예측대로 별빛이 휜다는 결과를 얻었다. 11월 6일 런던왕립협회에서 그것을 발표함과 동시에, 200여 년 동안 자연과학을 지배해온 뉴턴 역학이 흔들리게 되었다는 소식은 세상을 흥분시켰다. 그런 톱뉴스 제목을 본 디랙은 이리저리 그 근본 내용을 찾아봐도 헛일이었다.

과학의 개념을 강의하는 철학자 **브로드**C. Broad가 특수상대성과 일반상대성을 요약한 것이 그의 앎의 욕구를 좀 채웠다. 브로드는 캠브리지 출신으로 강의 내용을 요약하고 웃기는 재주가 있었다(그는 열심히 준비한 강의노트를 한줄 한줄 두 번씩 읽고, 조크는 세 번씩 읽었다). 수학으로 표현한 근본 아이디어가 자연의 법칙을 설명한다는 것에 디랙의 상상력이 꽂혔다. 17세의 디랙은 이론물리학자가 되는 길로 향했다.

1921년 7월 디랙은 1급 우등의 졸업장을 받고 백수가 되었다는 확인서도 받았다. 영국의 경제가 침몰하고, 몇 군데 인터뷰도 헛일이 되어 일자리가 여전히 하늘의 별따기였다. 로버트슨D. Robertson 교수가 1년을 월반하게 하고는 그를 수학학위 프로그램에 무임승차시켰다.

1923년 10월 캠브리지 대학에 박사학위를 하러갔을 때 브리스톨의 소개서는 그를 '기묘하고, 붙들어줄 게 필요하고, 세상과 담쌓고 지내며, 게임을 모르고, 돈이 한 푼도 없다'고 기록했다. 입학시험 결과에 눈이 번쩍 뜨인 학교당국은 그에게 '편입생 자격'을 주었다(라틴어와 그리스어를 하지 않아서 정식 학부생으로는 결격이었다).

디랙은 상대론을 연구하려는데 **파울러**R. Fowler라는 지도교수는 통계역학과 양자론 전공이라 실망스러웠다. 하지만 디랙은 학교에서 최고의 교수를 만난 것을 금방 깨달았다. 파울러는 소식이 빠르고, 용기를 북돋우며, 풀 만한 문제를 잘 가려내는 교수였다. 그는 곧 1급 학생이 되고, 시간 나는 대로 좋아하는 투영기하를 하거나, 특수상대론으로 여러 가지 고전역학 문제들을 풀어보았다.

1925년 봄 디랙이 큰 위기를 맞는다. 소식이 뜸했던 형이 청산가리로 자살하였다. 슬픈 소식에 어떤 충격을 받았는지 원래 극도로 말이 없는 디랙이 이에 대해 아무런 기록도 남기지 않았다. 표현하기에 너무 끔찍한 경험을 나중에 부인에게도 얘기하지 않았다.

그의 친한 친구가 기억하는 한마디는 난폭한 아버지가 형을 죽인 거라고 욕했다는 것이다. 학교에서 하는 일에 진도가 나가지 않았다. 그해 여름 브리스톨에 돌아오기까지 몇 달을 아무것도 발표하지 않았다.

방학 동안 파울러가 보낸 봉투 하나가 그의 운명을 갈랐다. 그 속엔 프루프 카피proof copy(논문심사 결과 게재하기로 한 것을 저자에게 오자/탈자를 최종 확인하도록 보내진 카피 – 당시엔 물론 카피머신이 없었으니 파울러가 별도로 입수한 걸 그대로 보내준 것이다) 하이젠베르크의 첫 '양자역학' 논문이 있었다. 처음 디랙은 복잡스럽다고 한쪽으로 치워버렸다. 그러나 얼핏 본 2-3줄의 내용이 맘에 걸려 2주 후 다시 보았다. 하이젠베르크가 괄호 속에 말한 '위치와 운동량 변수가 정류하지 않는다'는 지적은 흠결을 스스로 실토한 것이다.

몇 주 동안 디랙은 이것에 집중했다. 그리고 그것이야말로 양자역학의 열쇠가 되는 것임을 깨달았다. 위치와 운동량 변수들을 고전역학들 관계에서 제대로 다시 다룬다면 양자론의 모든 것이 온전한 제 모습을 몽땅 드러낼 것이다. 고전동력학의 푸아송 괄호Poisson bracket 방식과 흡사한 자기만의 양자역학 체계를 세웠다(|과탐| 고3생의 양자론 (3): 기초행렬 양자역학 참조. [a, b]식의 정류자commutator 수학). 디랙의 첫 논문 '양자역학의 기본 방정식'은 하이젠베르크와 보른 및 괴팅겐 그룹 멤버들의 마음을 뒤흔들었다. 40여 년 후 BBC와 인터뷰한 하이젠베르크는, 당시 아무도 '디랙'을 몰랐기에 앞서가는 대단한 수학자로만 생각했다고 말했다.

1920년대 중반 이후에서 말까지 그는 학계를 흔드는 논문들을 연거푸 발표했다. **양자변환론, 양자장론, 분산론, 홀이론, 밀도행렬론** 등등. 그가 어떻게 그렇게 대단한 위력을 발휘할 수 있었는지 아무도 몰랐다. 1960년대 그가 자기 얘기를 좀 했을 때, 그는 초기에 '투영기하projective geometry'를 썼다고 했는데, 다른 물리학자들이 잘 모르는 거 같아서 그런 수학을 설명하는 걸 무시해버렸다고 했다.

디랙의 창조력이 가장 돋보인 것은 앞에 꺼낸 서두처럼 1928년 고속 전자의 특수상대론 효과가 가미된 양자역학 방정식이다. 이는 슈뢰딩거 방정식이 확장된 것인데, 파울리, 울렌베크 등이 제창한 스핀과 자기장운 동량이 힘들이지 않고 한꺼번에 모두 나온다. (스핀과 자기장운동량의 상호작 용은 실리콘 등의 반도체의 갭 구조에 영향을 미치므로 디랙의 상대성양자역학이 쓰인다. 최근 노벨리스트가 나오고 연구열기가 달아오른 '그래핀graphene'의 갭 구조에도 유효질 량이 사라지는 디랙포인트가 언급된다.) 3년 후 디랙은 그 방정식을 확장하며 '반 전자antielectron'의 존재를 예견하고, 한쪽 귀퉁이에는 '자기홀극magnetic monopole'의 존재까지 언급했다. 이 시리즈의 논문들은 모두 런던의 왕립 협회 학술지에 발표되었다.[74]

전자와 같지만 양전하를 가진 반전자를 처음 관측(1932)한 칼텍의 앤 더슨Carl Anderson은 디랙의 논문을 몰랐던 듯하다. 노벨위원회는 이렇게 희한한 예측에 놀랐다. 실험적 증거가 좀 쌓여야겠다고 노벨상 수상을 미루었던 양자역학 분야에 대한 인식이 완전히 달라졌다. 그해 디랙과 슈뢰딩거를 공동수상자로 공표하고, 소급하여 1932년에 하이젠베르크 를 수상자로 발표하였다. 디랙은 가장 최연소 수상자로 등록되며 1957 년에 와서 T. D. 리가 두어 달 차이로 그 기록을 가져갔다.

그를 손바닥에 올리고 맘대로 주무르듯 했던 아버지가 1936년 6월 죽 었다. 장례를 마친 후 디랙은 해방된 기분이었다.

'아 이제 자유로움을 한없이 느껴. 이제 나 스스로의 주인이 된 느낌이 야!'

그의 가까운 친구 마르깃 발라즈Margit Balazs에게 이렇게 편지를 썼다. 마르깃은 이론물리학자 유진 비그너Eugine Wigner 가계의 이혼녀로 1934 년경 프린스턴의 한 레스토랑에서 디랙과 만났다. 둘은 1937년 1월 런던에서 결혼했다. 마르깃은 말이 많고 사교적이며 주장이 강해서 둘은 전혀 어울리지 않을 듯했다. 그러나 50년간 무난히 어울려 살았고 딸도 둘 나았다.

디랙은 혼자 일했다. 보어 그룹에 얼마간 있을 때도 말이 적었다. 교실에서 아무것도 안 하고 혼자 앉아 있을 때가 많았다. 만약 계속 그를 보고 있으면 이윽고 그가 뭔가를 적는 걸 볼 것이다.

1950년대 초 신세대 그룹이 양자장론인 QED(quantum electrodynamics)를 개발했다. 파인만·슈윙거·토모나가 이론이 길을 열었다(3명은 1965년 노벨상 수상). 위 3인의 이론이 하나로 통일되는 고리를 다이슨이 제공하였다. 이에 관한 에피소드를 흥미롭게 쓴 책이 다이슨Freeman Dyson 의《우주를 어지럽히다Disturbing the Universe》(1979)인데, 이상스레 20년이나 지각하여 번역판이 나왔다.[75] QED는 고3생을 위한 범위에는 너무 맞지 않아서 소개할 필요가 없다. 아주 잘 쓴 책이므로 관심이 있는 독자는 위 책의 번역서를 읽어보기를 권한다.

위의 QED는 양자장의 이론에서 튀어나오는 특이점(무한대로 발산함)들

왼쪽부터 다이슨, 파인만, 슈윙거, 토모나가

을 우회함으로서 해결하는데, 재규격화renormalization라는 이 방법은 실험결과에 잘 부합한다.

그러나 디랙은 이를 거부한다. 작은 항들을 무시하는 것이지, 발산하는 항들을 무시하는 것을 그는 수학적이지 않은 '속임수'쯤으로 생각한 듯하다. 소립자물리에서 전자와 광자의 상호작용을 잘 이해하지 못한 상태에서, 그는 핵의 강력이나 약력에 관한 연구를 무시하고 점점 주류에서 멀어져갔다.

원자핵분열: 한, 보어, 마이트너, 페르미

1938년 보어는 프린스턴 고등연구소(IAS=Institute of Advanced Study)에서 방문연구를 하려고 슬슬 준비 중이었다. 당시 핵심 물리문제들을 아인슈타인, 폰노이만, 비그너Eugine Wigner 등의 앞선 학자들과 논하려고 계획을 세웠다. 한편 북 캐럴라이너 대학의 휠러A. J. Wheeler 교수는 프린스턴으로 이직을 준비하고 있다가 보어의 소식을 듣고 편지를 보낸다(휠러는 1934-5년 사이 보어연구소를 방문했다).[76]

1938년 가을 유럽의 하늘은 암운을 드리우고 있었으니, 히틀러가 3월에 오스트리아를 합병하고 다시 6개월 후인 9월 29일 체코를 뮌헨에서 축출해버렸다. 정세가 이렇게 악화되어서 10월 브뤼셀에서 열릴 예정이던 국제학회인 제8차 솔베이 학회도 취소되었다. 그전에 보어연구소에서 열리던 작은 예비학회도 10월 말로 연기하여 몇 명이라도 모이게 하였다. 그중에는 페르미E. Fermi가 있었다. 그의 모국 이탈리아에서는 외국인을 차별하는 법이 막 발표된 때였고, 당장 페르미의 부인 로라Laura[유대인계] 때문에 전 가족이 나라를 떠나야 할 상황이 왔다. 이에 보어는 룰을 깨고 페르미에게 비밀히 알렸다. 그가 1938년도 노벨물리학상을 곧 받을 것이란 사실을. 그것은 11월 10일 스톡홀름에서 의례적인 전화 통보로 왔다. 12월 6일 페르미와 가족은 스톡홀름으로 출발했다. 노벨상 수여식 이후 그들은 곧장 코펜하겐으로 갔다. 그들은 12월 24일 승선하여 1939년 1월 2일 뉴욕에 도착하고, 페르미는 콜럼비아 대학 교수로 부임했다. 그들은

마이트너와 한(1935)

2주후에 도착할 보어[와 아들 및 로젠펠트]를 기다렸다.

　나치의 마수에서 동료들과 보어 측의 은밀한 도움으로 베를린을 위기일발 탈출하는 **리제 마이트너**Lise Meitner 사건이 있은 지 5달 후였다.[77] 한 Otto Hahn(초등 5학년 때 다닌 학교 복도에 걸린 과학자들의 포스터에서 본 '한'은 한국인인 줄 알았음)과 **스트라스만**F. Strassmann은 마이트너가 나치를 피해 베를린을 떠난 후 계속하던 실험 중, 중성자를 우라늄에 충돌시키며 도저히 알 수 없는 일을 겪고 있었다. 스트라스만은 1938년 12월 19일 월요일 밤 11시까지 고민하다가 마이트너에게 이 사실을 알리기로 했다.

　'… 계속 황당한 일이 반복되고 있어. … Ra(라듐)이 나와야 하는데 왜 Ba(바륨)같이만 보이냐구….'

　마이트너는 21일 답장에서 '분명히 확실한지' 물었다. 그 답장을 보기도 전에 한은 반응의 결과물질로서 '바륨'을 얻는다는 것에 '화학자'의 명예를 건다고 다시 편지했다. 덧붙이기를 '아무리 물리적으로 말이 안 되는 일이라도' 그들은 이 사실을 그냥 덮을 수가 없다고 했다. 이튿날 그들은 결과를 〈자연과학Naturwissenschaften〉 독일학술지에 보냈다. 마이트너는 전처럼 친구들 및 물리학자 조카 **프리쉬**Otto R. Frisch를 만나러 은신처 스톡홀름을 떠났다. 프리쉬는 함부르크에서 밀려난 뒤 보어연구소에서 일하고 있었다. 그를 만났을 때 마이트너는 한으로부터 28일자 편지를

또 받았다.

'우라늄U(239)이 붕괴되어 Ba(138)과 Ma(101)[=masurium라고 불리던 것이 지금은 Tc=technetium이다]이 나올 수 있을까? Ba(z=56)과 Ma(z=43)을 합해도 U(z=92)이 될 수가 없으니 원자번호로(z)는 계산이 안 돼. 중성자 몇 개가 양성자로 바뀌지 않는 한 … 그런 에너지 법칙이 가능할까?'

마이트너는 프리쉬와 '머리에 쥐가 나도록 생각했다'며 '매우 흥분되는 소식'이라 전하고는 설원으로 하이킹을 갔다. 그러던 중 '**액체방울**' 모형으로 설명이 가능하지 않을까 하고 프리쉬가 문득 제안했다. 그들은 길을 멈추고 종잇조각에다 계산해보았다.

핵의 전하가 어찌되면 표면장력을 낮출 것인가? Z=100 정도가 되면 무시할 만할 것이다. 우라늄이면 아주 작을 것 같다. 프리쉬가 그러는 동안 마이트너는 '질량감소'로 생성될 에너지를 따졌다. 분열한 것들의 전기적 척력이 약 200MeV[메가전자볼트]의 에너지를 생성할 것임을 추정했다.

12월 30일 마이트너는 한에게 〈자연과학〉에 실린 논문을 자세히 읽었다면서, 아마도 무거운 **원자가 붕괴**하는 것이 정말 가능하겠다고 했다.

보어연구소로 돌아간 프리쉬는 이틀을 애타게 기다려 1월 3일 보어를 만나서 **우라늄 핵분열 소식**을 전했다. 보어가 그 말을 금방 알아듣고 동의하는 바람에 대화는 5분 만에 끝났다.

"오오! 우리가 이렇게도 멍청했단 말인가! 우린 이미 그걸 파악했어야 했어, 이런!"

단지, 그런 가능성이 현재 핵의 구조 개념에 바로 직결되는데도 보어 스스로 먼저 생각하지 못했다는 것에 나자빠졌다. 보어는 그래도 더 계량해보자 하며 내일 다시 얘기하자고 했다. 그가 연구했던 것들을 고려하면 예민하게 반응한 보어를 이해할 만하다. 사실 **조지 가머프**George Gamow(러시아 발음: ['gaməf]; 1904-1968)가 이미 1928년 말에 핵의 '액체방울' 모형을 제안했는데, 보어가 이를 심각하게 다루지 않았다. 1936년에 중성자 같은 고에너지 입자가 무거운 핵을 칠 경우 핵이 분열해버릴 것을 상상했다. 하지만 1937년까지도 그는 '액체방울' 모형보다는 탄성을 가진 고체 모형에 빠져 있었다.

프리쉬는 5일 마이트너에게 전화해서 〈네이처Nature〉지에 노트를 보낼 것을 논의할 예정이어서, 4일 보어가 처음부터 다시 얘기하자는 데 충분히 준비되어 있었다. 6일에는 저녁인데도 보어의 집으로 불려가서 표면장력 문제를 다시 계산했다.

토요일인 7일 프리쉬는 초안으로 2페이지만을 타자 쳐서 기차로 떠나는 보어에게 전달하니까 그는 이미 읽어볼 시간도 없이 주머니에 넣어버렸다. 프리쉬는 8일 〈네이처〉에 보낼 노트와 커버레터를 마이트너에게 보냈다.

보어는 7일 아들 에릭Erik과 함께 기차로 고텐부르크Gothenburg 항에 가서 배[드로토닝홀름Drottningholm]에 승선하기까지 꼬박 4일간 핵분열 생각에 매몰돼버려서 눈감고도 훤할 만큼 되었다. 항구에서 보어를 만난 로젠펠트가 말한 내용이다.

"우리가 배를 타고 나니 보어가 받은 프리쉬의 노트 얘기를 하면서 그걸 깨쳐야 한다고 했다."

보어는 사실 프리쉬와 엠바고를 약속했다. 즉 프리쉬 논문이 〈네이처〉에 실리기로 된 결정을 듣고 나서 핵분열에 관한 보따리를 미국에서 풀기로 했다. 하지만 프리쉬는 노트를 정리하느라 바쁜 통에 〈네이처〉에 보낸 노트의 중요함과 긴급함을 강조하지 않고, 확인 실험을 더 하느라 지친 채, 한의 핵분열 논문소식의 폭발성을 예견치 못하고 있었다. 더구나

미 생화학자 아놀드W. A. Arnold가 핵분열nulcear fission 과정이란 박테리아 핵분열에서 보통 자주 쓰는 흔한 단어일 뿐이라고 해서 시큰둥했다는 뒷말이 전해온다.

보어 일행은 16일 오후1시 뉴욕 57번가 서쪽 부두에 도착하고 페르미 부부와 휠러가 마중나왔다. 휠러는 로젠펠트를 데리고 프린스턴으로 가면서 핵분열 소식을 들었다. 보어는 배에서 얘기하면서도 엠바고 약속은 깜빡 잊었다. 우연히도 그날 저녁 프린스턴 물리그룹 미팅이 휠러의 담당이었다. 휠러는 로젠펠트에게 할 말이 특별히 있는지 담담하게 물었는데, 그는 배에서 보어와 주고받던 두통꺼리 얘기를 풀어놓았다.

이렇게 얘기보따리가 터진 조금 후 프린스턴에 도착한 보어는 낙담했다. 보어가 눈이 빠지게 기다리던 프리쉬의 기별은 깜깜무소식이었다. 보어는 20일 프리쉬에게 편지를 썼다. 만일 〈네이처〉에 논문들을 제출했다면, 동봉하는 자신의 노트도 비서(Betty Schultz)가 〈네이처〉에 보내도록 했다. 편지 끝에 방금 소식을 달면서, 한/스트라스만 논문을 여기서도 보았다며 많은 토론들이 나오고 있다고 전했다.

보어는 더 참을 수 없어 프리쉬에게 24일 다시 편지를 보냈다. 미국에서도 실험준비들을 한다고 썼다. 짧은 반감기half-life 물질로써 금방 새로운 핵분열을 볼 것을 쓰고, 프리쉬는 어떤지 실험에 새 소식이 있는지 물었다.

원래 제5차 이론물리학회가 저온물리를 주제로 열기로 했던 조지워싱턴 대학 C빌딩 105호실에서 1939년 1월 26일 오후 2시, 핵분열 뉴스가 공개되고 보어는 토론을 주도했다(당시 역사의 순간을 기념하는 패가 그 방에 걸려 있다). 〈Physics Today〉는 그날의 컨퍼런스를 아래처럼 보도했다.

'가장 흥분되고 중요한 토론은 당연히 우라늄239의 핵분열이었다. 비슷한 원자 2개로 나뉘면서 200,000,000전자볼트(200 MeV)의 에너지가 방출되었다는 실험 보고였다. 베를린의 한과 스트라스만이 2달 전에 실험에 성공했다. 프리쉬와 마이트너가 실험을 해석하였다. 보어와 페르미가 안정 상태에서 분열 상태로 가는 들뜸 에너지와 전이확률을 설명하였다.'[78]

미국의 대학들에 이미 불이 붙었다. 컬럼비아, 존스 홉킨스, 카네기연구소(워싱턴DC 소재) 등의 실험실들이 28일(토요일) 바로 실험에 돌입했다. 학회장에서 제일 가까운 곳이 행운을 잡았다.

'카네기의 로버츠R. B. Roberts와 동료들이 당일인 28일 역사적인 실험 컨퍼런스를 열고, 보어와 페르미 앞에서 핵분열 결과물질들이 나왔음을 시연했다.'

〈Science News Letter〉 2월 11일자 보도이다. 서부도 그리 늦지 않았다. 버클리의 **알바레즈**Luis Alvarez는 학생유니언 이발소 의자에 앉아서 〈샌프란시스코 크로니클〉 신문의 핵분열 뉴스를 보자마자 뛰쳐나가 방사선 실험실로 돌아가 학생들에게 알리고, 세부자료를 얻으려고 워싱턴의 **가머프**G. Gamow에게 전화를 걸었다. 그는 31일 아침에 자료를 받고 그날 오후 그린G. K. Green과 함께 예견된 핵분열 결과를 관측할 수 있었다.

다시 보어는 2월 7일 〈피지컬 리뷰〉에 보낸다. **플라첵**George Placzek이 프린스턴으로 방문하여 보어와 깊숙하고 회의적인 논지로 토론하였다. 이에 자극을 받은 보어는 재치 있는 논리로 완전히 다른 결론에 도달했다. 핵분열을 일으킨 것은 무거운 우라늄 동위원소(U239)가 아니고 가벼운 우라늄 동위원소(U235)이어야 한다는 결론이었다. 그 후 몇 달간 휠러와의 토론으로 가장 멋진 공동연구 논문을 냈다.

337

막스 보른의 확률해석과 아인슈타인의 거부

보른은 1925-26년 겨울에 MIT를 방문하여 2가지 주제로 강의를 했다 (crystal-lattice dynamics and quantum mechanics). 앞에서처럼 당시 코펜하겐의 보어 그룹과 괴팅겐의 보른 그룹은 원자구조 연구를 선도하였다. 보른은 아인슈타인과 40년가량 주고받은 편지들을 정리한 서한집[79]을 남겼다. 그는 미국을 횡단하며 소개하는 세미나들을 하였다.

그해 반년을 훨씬 넘어 아인슈타인이 답을 한 편지가 있다.

"양자역학은 확실히 당당해요. 하지만 내 맘속의 소리inner voice는 그 것이 아직 실체적real thing이지 않다고 합니다. 그 이론은 여러 가지를 얘기하지만 '오래된 것old one'의 비밀에 우리를 더 가까이 데려다주지 않는 군요. 여하튼, 신은 주사위놀이를 하지 않는다고 나는 깨닫습니다."[80]
– 서한집(1926. 12.)

보른과 아인슈타인

슈뢰딩거의 파동함수를 입자의 존재 '확률'로 해석한 것이 보른의 주요 업적인데 이것을 아인슈타인은 거부했다. 브뤼셀의 제5차

338

솔베이 학회(1927)에서 학자들의 최대 관심사는 이것이었다. 아인슈타인은 양자역학이 시공간 인과율causality을 포기하는 것에 큰 우려를 나타냈다. 아인슈타인과 달리 보어는 보른을 거든다. 보른은 보어 그룹과 이미 상당히 밀착되었던 때이다.

"신은 주사위를 던지지 않지요God does not play dice."

"신더러 이래라 저래라 하지 마시오Stop telling God what to do."

아인슈타인이 넌지시 한 말에 보어의 대꾸는 사뭇 공격적이다. 에른페스트가 그 장면을 찍은 사진은 유명하다. 이와 관련해서 보른은 아인슈타인과 생긴 빈 공간에 보어를 받아들인다. [보어, 하이젠베르크 등의 입장인 **코펜하겐 해석:** (입자-파동의 이중성을 가진) 에너지quanta의 양자세계에

솔베이 학회 1927. 이해의 솔베이 학회는 아인슈타인-보어 논쟁이 주요 의제였다. 양자론의 대가들이 다 모였다. 앞줄 왼쪽에서 2번째는 플랑크, 다음다음이 아인슈타인과 랑주뱅, 아인슈타인 뒤에 디랙, 콤프턴, 드브로이, 보른, 보어, 그 뒷줄에는 슈뢰딩거, 다음다음이 파울리, 하이젠베르크 등이다. 디랙 뒤의 더돈더는 푸앵카레의 제자이며 프리고진의 스승이다. (위돔과 프리고진은 나의 스승이다.)

서 측정은 파동함수를 파괴collapse한다고 해석한다. 그래서 위치와 운동량을 동시에 정확히 측정하지 못하는 불확정성에 연계된다.]

아인슈타인이 틀렸다고 보는 시각이 대부분이었다. 아인슈타인 스스로 '노망난 늙은이'로 자기를 풍자할 정도로 그는 소외되었다. 그의 전기를 가장 훌륭하게 쓴 파이스도 이것만은 "아인슈타인이 잠시 점심 먹으러 나갔던 거야"라고 농을 할 정도였다.

일생 동안 아인슈타인을 학문의 선배로 충실히 따랐던 보른이 자기의 '파동함수의 확률개념화'를 반대한 아인슈타인을 설득하려고 노력한다. 나중엔 프린스턴에 체류 중인 파울리까지 개입시켜서 오해를 해소하려고도 했다.

보른은 1925-26 겨울 세미나 순방으로 미국을 다녀갔다. 러시아에 오갔던 과거를 트집잡힌 보른은, 2차 대전 후 매카시즘의 공산주의자 색출 분위기에 미국 입국비자 발급을 거부당하고, 아인슈타인을 생전에 다시 만나지 못한다. 아인슈타인은 600만 유대인을 학살한 나치에 대한 저항으로 2차 세계대전 후 거의 10년간 수많은 초청들을 사양하고 유럽 땅을 다시 밟지 않았다.

미국산 양자론가, 오피는 이렇게 말했다

"Now I am become Death." - 바가바드기타

아인슈타인과 오펜하이머(1949)

[오펜하이머는 1943년 루즈벨트 대통령의 설득으로 원폭개발의 맨해튼 비밀프로젝트 책임자가 된다. 1945년 종전 후 전쟁의 참상과 원폭의 가공할 위력에 눈뜬 학자들이 아인슈타인을 앞세워 반전반핵 활동에 나서고, 소련과의 냉전하에 한국전쟁이 발발하면서 워싱턴에는 매카시즘의 광풍이 몰아친다.

1954년 수소폭탄 개발을 거절한 오펜하이머는 소련스파이 혐의에 휘말린다. 부인을 포함한 주변 인물들의 공산주의 이력이 들추어지고, 결국 혐의를 벗어난 그는 모든 공직에서 물러나고 고행의 여생을 보낸다. 위의 첫 줄은 1945년 7월 16일 'Trinity' 코드네임의 최초 원폭실험 후, 그가 인도 경전 바가바드기타에서 인용한 말이다.

아래는 1938-42년까지 UC버클리 물리학과에서 오펜하이머의 대학원생이었던 거조이Edward Gerjuoy(피츠버그 대학 명예교수)가 2004년 6월 26일 로스 알라모스 심포지움에서 발표한 "오펜하이머와 맨해튼 프로젝트 Oppenheimer and the Manhattan Project" 내용을 요약한 것이다.]

오펜하이머Robert Oppenheimer(1904-1967) 과목에는 기말고사 등 시험이란 것이 없었다. 대신 그는 여러 가지 숙제를 냈다. 그 숙제들은 아주 교육적이고, 진부하지 않았다. 그 어떤 코스라도 지정교과서가 없었다. 일례로 그가 전자기 코스에서 다루는 내용은 아직 개발 중인 전자복사의 양자론이다. 그런 최첨단 자료를 다루는 교과서가 있을 리 없었다. 양자역학 과목은 슈뢰딩거 파동방정식이 선보인 지 거의 10년이 지나지 않은 때 그가 추천할 영어 텍스트가 아예 없었다.

그는 강의 속도가 빨라서 그의 말을 따라 속기를 했다가 강의 후 잊기 전에 황급히 정리하곤 했다. 다른 급우들도 사정이 비슷했다. 흔히 우리 몇은 강의 후 칠판 앞에 모여서 무슨 뜻이었는지 갑론을박하였다. 강의 중 질문을 하면, 엉뚱한 것 외에, 그는 성실하게 설명을 해주었다.

하지만 그의 꼼꼼한 설명들 역시 이해를 넘을 경우도 있었다. 단지 그는 학생들의 입장을 이해하는 것이 부족한데, 그에게 쉬운 것이 학생들에겐 어렵다는 걸 몰랐다. 힘은 들었지만 오펜하이머의 과목에서 배우는 것이 훨씬 많았다.

아마 그의 강의 특이성을 말한다면 '굴뚝'이란 점이다. 담배가 꽁초가될 즈음엔 단 한 번의 모션으로 그걸 끄고 새 담배에 불을 붙이는 거다. 아직도 그의 강의 모습이 눈에 선하다. 한 손은 분필 한 자루를 쥐고 다른 손끝엔 담배가 붙어 있고 그의 머리는 담배연기 구름을 이고 있었다.

슈뢰딩거의 방정식이 1926년 등장하고 양자역학 연구가 확산일로의 시절이었다. (21세의 독일계 유대인 2세) 오펜하이머는 하버드 대학 화학과를 최우등으로 졸업 후, 물리를 배우러 캠브리지 캐번디시연구소로 갔다가, 보어의 알선으로 괴팅겐에서 막스 보른에게 1927년 박사학위를 받고 2년 후 UC버클리 물리과에 부임했다(Born-Oppenheimer 근사 해법이 있음).

당시 미국 내에서 그런 연구를 할 수 있는 곳은 오펜하이머 연구실이 거의 유일한 선택이었다. 봄 학기는 칼텍에서 가르치는데, 당시 그곳 학생이던 **타운즈**Charles H. Townes에게도 양자론 강의 및 인기가 독보적이었다.[81]

오펜하이머는 고교시절 그리스어를 배워 플라톤을 읽고, 괴팅겐에서는 라틴어를 배워 《신곡》을 읽었다. 버클리에서는 산스크리트어를 배워 경전 문구를 완벽히 인용하는 능력도 가졌다고 한다. 그는 시간을 정하지 않고 학생들이 찾아오는 대로 대화했는데, 그의 태도를 살펴서 분위기가 나쁠 때만은 가만두는 것이 좋았다.

세미나는 그의 전문 영역이었다. 외부 강사가 오면 갑자기 대학원생들의 내부 세미나는 취소된다. 1940년에는 페르미가 와서 세미나 시리즈를 몇 번 했었다. 다음 해에는 파울리가 왔었다. 세상을 앞서가는 학자들로부터 직접 배우는 기회였다.

오펜하이머는 세미나에서 앞자리에 앉아 질문을 거침없이 해댔다. 만약 대답이 만족스럽지 못하면 자신의 답을 말했다. 강사는 쉽게 하고 자신이 칠판에다 쓰면서 참여하는 것을 전혀 꺼리지 않았다.

오펜하이머의 대답이 항상 모든 걸 해결하진 못했다. 여러 번 그런 경우가 있었다. 뒤에서 "그러나 오펜하이머…"라는 독일 억양의 목소리가 가끔 들렸다. 그는 팔로알토에서 매월 한 번꼴로 오는 스탠포드 교수 **블로흐**Felix Bloch인데, 우린 그가 판을 깨는 걸 즐겼다.

우리는 그를 '오피Oppie'의 최선임 학생이라고 농을 지껄이곤 했다. 2

차 세계대전 기간까지 우린 그가 탁월한 물리학자임을 몰랐다. 1952년 그는 노벨리스트가 된다.

오펜하이머는 외부 강사들에게는 정중했다. 하지만 학생들에겐 집요했다. 어떨 때는 잔인할 정도로. 하지만 그가 그걸 즐기는 게 아니라 뜨거운 가슴을 가졌기 때문이었다. 학생들에게 던지는 질문으로 창피를 주는 것이 아니라 이슈를 명확히 하려는 것이었는데, 자기보다는 청중을 생각한 것이었다.

아쉬웠던 게 있다면 그는 감정이입empathy을 할 줄 몰랐다. 당황한 학생이 대답은커녕 덜덜 떨고 있는 상태에 질문으로 무얼 얻을 것인가. [그는 사이클로트론의 노벨리스트 **로렌스**Ernest O. Lawrence 교수와 함께 물리학과를 반석에 올렸다. 그는 나중 카리스마적 존재가 되어, '오피는 이렇게 말했다'식의 말들이 학생들 사이에서 유행할 정도였다.《자라투스트라는 이렇게 말했다》처럼.]

포스트닥터로 온 **쉬프**Leonard I. Schiff(1915-1971)가 세미나를 할 때도 오피는 학생들 세미나처럼 다루었다. 쉬프가 거의 울 뻔 한 것이 2-3번 되었다. 학생들은 블로흐처럼 쉬프의 재능도 거의 무시했다. 그가 우수한 경력을 가질 것이라곤 상상하지 못하였다. (쉬프는 14세에 오하이오 주립대 후 MIT에서 22세에 박사학위를 받고 오피 그룹을 거쳐 나중 스탠포드에 부임했다. 쉬프의 양자역학 책은 고전이다.)

쉬프와는 대조적인 **슈윙거**Julian Schwinger(1918-1994) 세미나가 있었다. 쉬프와 달리 그가 절대로 휘둘리지 않는 것에 오피가 어찌하나 보았다. 첫 질문이 나왔다. 슈윙거가 답했다. 두 번째도 답했다. 더 많은 질문이 쏟아졌다. 더 많이 답했다. 12개쯤 했는데 슈윙거는 흔들림이 전혀 없었다. 오피는 질문을 멈추고 세미나는 끝까지 갔다.

그 이후 슈윙거의 세미나들에 오피는 다시 질문이 없었다. 슈윙거는 자기가 하는 것을 환히 안다는 것이 분명했다. 머뭇거림도 전혀 없었다. (슈윙거는 콜럼비아 대학 라비I. I. Rabi에게서 21세에 박사학위를 받은 후 오피에게 갔다가, 나중 하버드에서 QED를 개발했다.)

오피는 여러 명의 박사과정들이 있었지만 그들 모두와 함께 문제들을 풀며 많은 시간을 보냈다. 경제적으로 어려운 시기였음에도 학생들은 그가 준 연구주제들을 해내면서 시작할 때보다 능력이 더욱 출중한 학자들이 되어갔다. 오피는 그의 물리를 하고 얘기했으며, 그의 학생들 연구를 자극했고, 우리가 훌륭한 이론 물리학자가 된다는 것은 상당히 힘든 노력을 요구한다는 것을 터득하게 하였다.

디랙과 토론하는 파인만(폴란드, 1962)

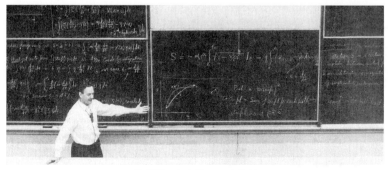

강의하는 파인만(1960년대 초)

EPR 패러독스, 보어의 굴욕? 양자컴퓨터와 봄

21세기에는 그 판정이 바뀔 것인지 최근 다른 동향이 조금씩 생기고 있다. 양자컴퓨터 연구는 바로 양자의 근본 특성 중 하나인 얽힘entanglement 특성을 근간으로 연구되는 주제이다. 사실 그 특성을 부각시킨 사람이 아인슈타인이다. 그는 소위 'EPR 패러독스(1935)'를 제기하며 확률 양자론을 의심하는 논문을 썼다.[82] 그 핵심이 '비편재성non-local' 특성의 '스핀 얽힘' 이슈를 제기한 것이다.

한 2원자분자(예: Hg₂)에 스핀옆 상태와 스핀다운 상태 2개가 얽혀 있다고 가정하자. 파울리의 배타원리에 의하여 2개 상태가 동일할 수는 없기에 반드시 하나는 up이고 하나는 down이다. 이제 2개의 원자를 가만히 분할하였을 때, 그 하나를 조사하니 스핀업이다. 그럼 다른 하나는 얽힘 상태이므로 어디 있든지 스핀다운이다.[83]

이것을 나누어서 그중 한쪽을 내가 가진다. 다른 하나는 어딘지 멀리 있는 내 친구에게 가버린 상태라고 하자. 이제 내가 가진 것을 보니 스핀업 상태이다. 그럼 멀리 있는 친구에게 있을 그 반쪽은 당연히 스핀다운 상태이다. 즉 내가 가진 것을 알면 멀리 있는 것도 뭔지 안다.

이것이 얽힘의 양자정보 핵심이다. 양자컴퓨터는 이 원리를 확장하고 대수적 연산들의 양자물리학을 한다. 원거리 양자통신은 이 양자정보의 생성, 전달, 수신이다. 양자암호학은 얽힘의 양자원리를 이용하여 침입자의 흔적이 자동으로 체크되는 양자암호 코드를 쓴다.

양자컴퓨터 얘기가 나온 이유로 이제 돌아가자. 아인슈타인의 EPR 논문이 양자 얽힘으로 확률론에 (불확정성까지) 의심의 신호를 보냈던 것이다.

실용화는 아직 멀지만 21세기에 들어 양자컴퓨터의 기술발전이 눈부시다. 실험의 정교함이 마이크론, 나노 세계로 진입하는 곳에 불확정성의 정확한 의미를 다시 살피게 될 수도 있다.

EPR 논문은 한동안 보어 진영을 당혹케 하였다. 1964년에는 벨Bell의 부등식inequality 논문의 등장으로 EPR 패러독스 문제를 극복한 것으로 해석해서 보어 진영 확률파가 다시 이긴 거라 해석했다. 그런 해석은 사실 논문을 쓴 벨의 의도를 뒤집은 거였다. 벨은 봄Bohm의 제자이다. 봄은 아인슈타인이 아낀 학자이다. 양자론 자체가 벨의 부등식을 만족하지 않는 등의 이슈는 그 후 여러 번 엎치락뒤치락 해왔다.[84] 불씨가 살아 있는 문제이다.

봄David J. Bohm(1917-1992)은 누구인가? 헝가리계 유대인으로 미국으로 건너와 여러 대학을 거쳐 오펜하이머에게서 박사과정을 밟는다. 그 기간에 청년공산당리그 등으로 활동하여 에드가 후버의 FBI에서 주목한다.

맨해튼 프로젝트를 추진하는 오펜하이머는 봄을 참여시키려 하였지만 감독인 그로브즈L. Groves 장군은 허가하지 않는다. 봄은 버클리에 남아 가르치며 1943년 학위를 한다. 그의 원자 산란scattering 계산은 맨해튼 프로젝트에 유용한 것이 되었다.

이것이 탈이었다. 자기가 한 일이 비밀로 분류되어 접근 금지되고, 방어를 못 하게 되고, 그것으로 논문도 쓸 수 없게 되었다. 오펜하이머가 봄이 학위 자격을 충분히 가졌다는 걸 대학에 말해서 위기를 넘겼다.

봄은 2차 세계대전 이후 그는 아인슈타인이 있는 프린스턴에 가서 조교수가 되었다. 매카시즘 바람이 일기 시작한 1949년 5월 봄은 국회청문회에 증언토록 불려가서 친구들에 관하여 불도록 요구 받았다. 그것을 거부한 봄은 구속되고 1951년 5월에 풀려났다. 그러나 프린스턴 대학은 이미 그를 정직시킨 뒤였다. 동료들이 그를 구명하려 하고 아인슈타인은 그를 자기의 조력자로 쓰려고 했다. 그러나 대학이 허가하지 않았기에 봄은 브라질 상파울로 대학으로 갔다.

봄의 학문은 깊다. 양자론과 상대론을 연구하고 1951년 출판한 양자이론 책은 아인슈타인이 좋아했다. 봄은 그후 정전적orthodox 양자론을 탈피, '비편재성 숨은 변수non-local hidden variable'의 결정론적 이론(de Broglie-Bohm theory)을 수립한다. 그 이론은 비결정론적 결과와도 완전히 합치된다. 그의 이론과 아인슈타인의 EPR론이 결국 벨J. S. Bell의 부등식이론의 토대가 되었다.

그는 뇌의 기능원리에 관한 새 이론을 내기도 했는데 홀로그램 원리에 기초한 것이다. 그가 또 머물었던 이스라엘에서는 아르노프 학생과 쓴 아르노프-봄 효과Aharonov-Bohm effect란 것이 있는데 이 자기장 효과소자 연구도 지금 여러 군데서 진행되고 있다. 그는 또 사회의 인적 격리를 극복하는 봄 대화라는 이론을 개발하기도 했다. 1961년 런던 대학 교수가 되고 1990년 왕립협회 회원이 되었다.

아인슈타인-보어 대화와
21C 영의 간섭 실험

파이스A. Pais(1918-2000)는 암스테르담 출신으로 1941년 우트레흐트에서 박사를 마친 얼마 후 숨어야 했다. 나중에 게슈타포에 발각되어 수감되었다. 승리의 날[VE(Victory in Europe) Day: 1945. 5. 8.]이 와서 희생되지 않고 남아 있던 사람들이 방면되었다. 그는 보어연구소와 아인슈타인이 있는 프린스턴 IAS에 지원해서 양쪽에 오퍼를 받았다. 우선 보어에게 갔다가 1946년 9월 프린스턴으로 갔다.

보어도 함께 가는 길이어서 나중 그가 아인슈타인에게 소개했다. 얼마후 아인슈타인을 또 만나게 되고 집으로 동행하곤 한 것이 1주에 한두 번 꼴이었다. 아인슈타인과 나누던 토론만을 정리하면, 그는 통계물리 주창자이면서 이 분야에는 관심을 껐다. 상대론을 거론할 경우 그는 중력과 전자기의 통일 얘기를 했고, 한 번은 미분기하가 더 이상 도움이 안 될 수 있겠다고 말하기도 했다.

대부분 양자물리를 토론했다. 아인슈타인은 양자론을 고찰하는 것에는 끝이 없었다. 현재 주도적인 양자역학 흐름이 최후 이론이 아닐 수 있음을 견지하고, 현재의 돌아가는 상황에 반대적 주장을 은근히 나타내곤 하였다.

1940년대 및 50년대 초까지 발견된 입자들은 별 흥미 대상이 아니었다. 그런 입자들이 흥미를 끌기는 아직 이르다는 태도, 통일장이론이 풀리면 그 해로서 다 나올 것이라는 태도는 일리가 있는 생각이었다.

상보성과 객관적 실재complimentarity and objective reality라는 아인슈타인-보어 대화의 핵심 문제는 그대로 남아 있었다. 아인슈타인은 이제 양자론을 접었다고 넓게 퍼진 소문이 얼마나 근거 없는지 알았다. 물론 그는 통일장이론을 많이 원하지만 동시에 그것이 양자론의 새로운 해석에 기여하길 원하였다. 그가 친구 슈테른Otto Stern에게 양자론을 일반상대성보다 100배 이상 많이 생각했다고 말한 걸 나중에 들었을 때, 놀랄 얘기가 아니라고 생각했다(The quantum was his demon).

영Young의 간섭실험(l과탐l 영의 이중슬릿 실험과 양자론)의 양자역학 실험은 다음과 같다. 이중슬릿에 전자를 하나씩 쏜다면 스크린에 한 점씩 생긴다. 그런데 이렇게 한 개 한 개 쏘아서 많이 쌓이면 간섭무늬가 나타난다. 한 개의 전자가 항상 두 슬릿을 동시 통과한다고, 그래서 스스로 간섭을 하는 것처럼 된다고 한다.

전자뿐 아니라 원자, 버키볼bucky ball(fulleren)을 쏘아도 간섭이 생기는 것이 보고되었다. 한 개의 입자라도 자체적인 파면이 양쪽을 거치므로 그런 간섭이 일어난다고 해석한다. 양자역학은 스크린의 특정 지점에 생길 확률을 계산한다. 하지만 전자들이 도달하는 순서들은 랜덤이다. (이중슬릿 간섭을 양자역학으로 다루는 것은 앙글레르-그린버그Englert-Greenberger 이중성으로 분석한다.)

최근 〈사이언스〉지에 흥미로운 실험 결과가 발표되었다.[85] 유사한 실험들이 있었지만, 이는 위의 코펜하겐 해석에 도전하는 데이터를 직접 보여준다. 비선형 편광판을 이용한 '약한 측정weak measurements'으로써 영의 이중슬릿과 스크린 사이에 진행하는 광자의 운동량과 위치 궤적 trajectories을 함께 추적하였다. 위치와 운동량의 궤적을 안다는 것은 코펜하겐 해석을 무너뜨리는 것이다. 물론 이 실험에는 수천 번의 데이터 수치들을 평균하는 과정으로 평균궤적을 얻었지만, 결과는 스크린에 맺히는 간섭무늬와 잘 어울리는 놀라운 일치를 보였다.

한편 S. 호킹은 최근《위대한 설계》에서 이전과 같은 주장을 되풀이했다. 또다시 입자(포톤)가 간섭을 일으키는 스크린에 도착하는 경로는 무한히 많고(=모르고) 이들을 다 합하는 '역사합(혹은 경로합)sum over histories (=paths=trajectories)'을 취하면(경로들의 모름과 무관하게) 간섭무늬가 나온다. 그래서 궤적의 합이란 무의미하기에, 보어(=보론)의 코페하겐 해석이 옳으며 위처럼 궤적을 무시한 결과가 랜덤하게 확률적으로 얻어진다.

호킹이 옳은가? 하지만 위 실험의 궤적은 파인만을 들먹이며 호킹이 자주 강조하는 것처럼 와일드하지 않고, 거의 층류처럼 가지런했다(아래의 사진 참조). 더 많은 정교한 실험이 앞으로 계속되겠지만, 결국 아인슈타

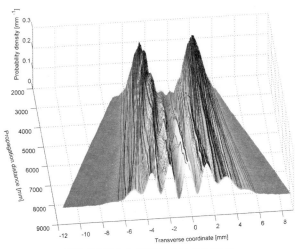

최근 사이언스 논문(영의 간섭 실험 결과)

인 및 슈뢰딩거의 생각이 옳은 것은 아닌가 하는 상상을 하게 한다. 파인만의 '역사합' 개념은 사실 디랙에서 출발한다. 디랙은 양자론 2세대(파인만 포함)의 양자장론을 좋아하지 않았던 것을 우리의 신세대 이론가들이 기억해야겠다.

제7부

아인슈타인과
상대론

특수상대성 이론의 수립 – 아인슈타인 증언 1

[아인슈타인이 1922년 12월 14일 교토 대학에서 상대성 이론의 완성
및 주변의 역사에 대해 강연한 내용이다. 오노Y. A. Ono가 영어로 번역
한 내용을 1982년 〈Physics Today〉가 "How I Created the Theory of
Relativity"라는 제목으로 게재하였다. (특수상대성과 일반상대성 2개로 분리함)]

상대성 이론을 생각하게 된 경위를 말하는 것은 쉽지 않다. 내 생각의 계
기가 된 수많은 것들의 복잡성을 밝히지 않았고, 이론이 수립되는 동안
있었던 생각들은 단계마다 작용이 달랐다. 그런 것들을 모두 말할 수도
없거니와 그것에 대해 쓴 논문들도 일일이 밝히지 않겠다. 대신 상대성
논리 개발에 직접 원인이 된 것들만을 말하겠다.

아인슈타인 글씨 – 특수상대성

지금부터 17년 전(1905년) 상대성 이론을 처음 생각했다. 그 발단은 정확하진 않지만 움직이는 물체의 광학적 특성과 관련되었을 것이다. 빛이 에테르의 공간을 전파해 가는데 지구도 그 속에서 움직인다. 즉 지구와 상대적으로 에테르도 움직인다. 나는 에테르의 흐름에 관한 실험 증거를 문헌에서 찾으려 했는데 헛일이었다.

그 이유로 나는 지구의 운동을 확인하려고 했다. 처음 나는 에테르의 존재와 그 속의 지구운동을 의심하지 않았다. 나는 두 개의 열전쌍thermocouple으로 다음과 같이 실험하려 했다. 거울들을 조합하여 한 개의 광원이 지구운동과 평행하게, 그리고 그 반대의 두 방향으로 반사되게 하는 것이었다. 그 두 방향 간에 에너지 차이가 생긴다면, 발생한 열을 열전쌍으로 재는 것이었다.

이 생각은 마이컬슨과 매우 비슷하지만 결국 나는 이 실험을 하지 않았다. [ETH 대학시절 그와 악연이 된 물리실험 담당교수(베버Heinrich F. Weber)가 허락하지 않았다. - 아인슈타인의 대학 이야기 편에 요약]

그러던 중에 학생시절에 마이컬슨 실험 결과를 알게 되었다. 만약 그게 사실이라면 에테르 속의 지구운동 개념이 틀린 것으로 판명되었다. 이것이 내가 상대성 이론을 탐구하게 된 첫 계기였다.

로렌츠가 1895년에 쓴 책을 읽을 기회가 있었다. 그는 전기역학electrodynamics을 완벽하게 풀었는데, 움직이는 물체의 속도(v)와 광속의 비율을 1차항 v/c까지만 남기고 그 이상의 고차항들은 모두 무시한 근사법이었다. 여기에 로렌츠가 푼 진공의 좌표계와 움직이는 물체의 좌표계 모두에서 로렌츠의 (전자) 방정식이 성립한다는 가정 아래, 피조Fizeau의 실험 결과를 확인하려고 했다. 당시 나는 맥스웰(-헤르츠)과 로렌츠의 전기역학 방정식을 확신하고 있었다. 더군다나 이 방정식들이 움직이는 물체의 좌표계에서도 성립한다는 가정은 바로 광속이 불변이라는 결론에

도달한다. 그러나 이 결론은 역학에서 속도의 가감법칙을 위배한다(아래
참조).

왜 이 두 개의 개념이 서로 모순되는가? 나는 이 사실을 규명하려는
노력이 무척 어렵다는 걸 깨달았다. 이를 위해 로렌츠의 아이디어를 바
꾸어보려 1년을 보냈지만 허사였다.

우연히 베른의 내 친구(베소Michele Besso)가 날 구원했다. 나는 어느 화
창한 날 이 문제를 들고 친구를 찾아갔다.

"요즘 어려운 문제 하나를 풀고 있어. 너랑 이 문제와 씨름해보려고 왔
어."

우린 문제의 모든 것을 토론했다. 토론 중에 나는 불현듯 문제의 열쇠
가 무엇인지를 깨달았다. 다음날 그에게 돌아와 안녕하냐는 인사도 잊고
말했다.

"고마워. 그 문제를 완전 해결했어!"

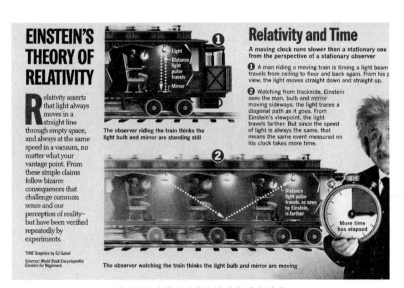

아인슈타인 특수상대성 원리의 해설(영어)

시간개념 분석이 나의 해답이었다.

시간은 절대량으로 정의할 수 없었다. 그렇지만 시간과 신호 속도와는 불가분의 관계가 있었다. 새로운 생각을 통해 모든 난점을 완전히 해결할 수 있었던 것은 처음이었다.

그로부터 5주 안에 특수상대성 이론을 완성했다. 철학적 관점에서 새 이론은 의심할 것이 없었다. 또한 새 이론은 마흐의 주장에 부합하였다. 일반상대성 이론에 마흐의 지론이 반영된 것과는 반대로, 특수상대성 이론에는 마흐의 분석이 간접적인 함의만 가진다. 이것이 특수상대성 이론이 태어난 배경이다.

과학탐구 특수상대성 원리와 $E=mc^2$ 해설

[아인슈타인이 특허국에 다니는 동안 살았던 베른의 크람 거리Kramgasse 49번지 아인슈타인 집 거리 끝에는 유명한 시계탑이 있다. 당시 철도와 전보가 발달하며 시간을 정확이 맞추는 것이 중요해졌는데, 취리히의 시각은 베른의 것보다 4분 30초가량 차이가 났다.]

상대성 이론은 고3생들의 과탐 대상이 아니다. 하지만 특수상대성 이론은 고3생들도 충분히 이해할 수 있는 범위이므로 여기 기본을 요약한다.

A가 정지계(x, y, z, t)에 있고, A에 대해 v의 속도로 x축으로 움직이는 계(x', y', z', t')(예: 기차)에 B가 있는데 역시 x축으로 총을 쏘아 총알이 u의 속도로 날아간다고 하자. A가 인식하는 총알의 속도는, 구식 상대성의 갈릴리언Galilean 변환으로 본다면, 단순히 $v+u$가 된다.

두 개의 속도가 다 작은 경우는 문제가 없다. B가 총을 A에게 쏘면 맞으니까 A가 죽는 것도 사실이다. (즉 $-u$가 되고 보통총알 속도가 기차보다는 커서 죽는다. 기차가 문자 그대로 탄환열차라면 A는 산다.)

두 개의 속도가 광속 c에 접근하면, 속도의 합이 $2c$에 접근한다. 갈릴리언 변환이 이상하게 되는 이것은 아인슈타인 원리가 인정하지 않는 모순이다. (|과탐| 피조의 광속측정과 아인슈타인 실험이 암시한 것이 아주 중요하다.) 속도의 합은 실제로

$$S = \frac{v+u}{1+uv/c_2}$$

가 된다. (이는 운동하는 계에서 $x'=ut'$ 인 것에 아래 변환공식에서 x'와 t'를 대입해주면 x/t 값이 위처럼 나온다.) 저속 혹은 u가 반대방향으로 v에 가까워지면 아무런 차이가 드러나지 않는다.

이제 특수상대성을 생각하자. 이는 두 개의 가설에 기반을 둔다.

[1] 물리의 법칙은 어느 관성계(정지 & 운동)에서나 동일하다.

[2] 어느 관성계에서든 광속 c는 동일하다. 빛이 정지계에서 발사되거나 운동 중인 계에서 발사되거나 무관하다.

B는 총을 쏘지 않고 그냥 v의 속도로 x축으로 움직이는 계(x', y', z', t')에 몸을 실었다. 시간 t = t' = 0에 공통 점(x = x'=0)에 둘 다 있었고, 그 순간 빛신호가 번쩍 하고 터졌다.

t시간이 지나 빛신호가 구형spherical으로 퍼져간 지점은

$$x^2 + y^2 + z^2 = c^2t^2 \qquad (1)$$

이다. 한편 위 두 가정에 의하여 운동하는 계에서는

$$x'^2 + y'^2 + z'^2 = c^2t'^2 \qquad (2)$$

이다.

그런데 (2)식은 (1)식과 동일한 것임을 증명할 수 있다.

$$x' = \gamma(x - vt); \; y' = y; \; z' = z; \; t' = \gamma(t - vx/c^2)$$

즉 위의 좌표변환을 하면 어렵지 않게 증명된다. 여기서

$\gamma = \sqrt[2]{1 - v^2 / c^2}$ 이다.

위의 좌표변환이 바로 로렌츠Lorentz변환공식이다. 로렌츠는 에테르를 수용하면서 이 공식을 조립하였지만, 아인슈타인은 기본원리에서 위두 가설을 바탕으로 공식을 자연스레 유도한 것이 하늘과 땅의 차이이다. 즉 변환공식 자체를 두들겨 맞춘 것이 아니라, 물리적인 의미가 갑자기 확연하게 암흑에서 태양 아래로 솟아나버린 것이다. 물리적의 의미와 수학의 차이이다.

시간의 늘어남과 막대 길이의 수축 공식결과만 적는다(1905년 6월논문).

$t = \gamma t_0$; $l = l_0 / \gamma$

빛의 진동수 변화는 아래처럼 주어진다.

$v' = \gamma v(1 - v \cos \phi / c)$

(ϕ는 v진동수의 단색광 빛살이 x축과 이루는 각도이다.)

위식에서 에너지 공식이 저절로 나온다. ($E = hv$)

$E' = \gamma E(1 - v \cos \phi / c)$

이제 한 물체가 위처럼 단색광 빛살을 위의 각도로, 그리고 대칭인 반대방향으로 내쏜다고 하면, 그 때 에너지를 반반씩(L/2) 소비한다. 그래서

$\Delta E = E_{initial} - E_{final} = L$

운동 중인 계에서는 위식을 참고하면,

$\Delta E' = E'_{initial} - E'_{final} = \gamma L$

위에서

$\Delta E' - \Delta E = L(\gamma - 1)$

$$\approx \frac{1}{2}(\frac{L}{c^2})v^2$$

한편 운동에너지의 결론은

$$K.E. = mc^2(\gamma - 1)$$

위의 두 식의 유사성을 비교하며, 아인슈타인은, '만약 물체가 복사에 너지 형태로 L만큼 에너지를 주면, 그 질량이

$$m = (\frac{L}{c^2})$$ 만큼 줄어든다.

물체가 잃은 에너지만큼 복사에너지가 된다는 것은 별 차이가 없다.'

위처럼 $E = mc^2$ 은 태어났다.

일생의 가장 멋진 생각, 일반상대성 - 아인슈타인 증언 2

일반상대성 이론을 처음 생각한 것은 그 유명한 1905년 논문을 발표한 지 2년 후인 1907년이었다. 아이디어는 갑자기 떠올랐다!

아인슈타인은 원래 특수상대성에 불만은 품고 있었다. 그것은 관성계가 서로 일정한 속도를 가지고 있을 때만 적용된다. 아인슈타인은 특수상대성이 아무렇게나 운동하는 계에 적용할 수 없는 한계를 없애려고 고심했다.

1907년 슈타르크J. Stark가 〈방사능연보〉 학술지에 특수상대성 이론의 특별논문을 써달라고 요청했다. 그는 글을 쓰는 동안 중력이론을 제외한 모든 물리이론을 특수상대성 원리 구도로 논할 수 있음을 깨달았다. 그는 이유를 알려고 했지만 쉽게 알아낼 도리가 없었다. 관성과 에너지는 해결이 되는데, 관성과 무게(중력 에너지) 관계를 명확히 할 수가 없었다.

어느 날 갑자기 길이 나타났다. 베른의 특허청 의자에 앉아 있다가 갑자기 한 생각이 그를 깨닫게 만들었다. 만일 한 사람이 자유롭게 낙하한다면 그는 자신의의 체중을 느끼지 않을 것이다! 이런 단순한 생각실험 thought experiment이 아인슈타인을 깊은 깨달음으로 인도하였다.

'일생의 가장 멋진 생각the happiest thought of my life!'[86]

아인슈타인은 생각을 계속 펼쳐나갔다. 낙하하는 사람은 가속된다. 그 사람이 느끼고 생각하는 것은 가속하는 계系에서 일어나는 것이다. 따라서 가속되고 있다는 것을 모를 것이다.

아인슈타인은 이 생각에 깊이를 더하면 중력의 문제까지 풀 것이라고 느꼈다. 낙하하는 사람이 처한 계가 지구의 중력을 상쇄하는 새로운 중력을 가지게 되고 그는 체중을 느끼지 않게 된다. 즉 가속하는 계에서는 새로운 중력장이 필요하다.

아인슈타인은 당시 이 문제를 풀 수가 없었다. 완벽한 해에 도달하는 데 8년이 걸렸다. 그동안 부분적인 해를 얻기도 했다. 마흐는 서로 가속하는 체계들은 등가적이라는 주장을 했었다. 이런 생각은 유클리드 기하학을 배반하였다. 기하학 그림이 없이 물리적 이론을 기술하는 것은 문자 없이 우리 생각을 적겠다는 거나 마찬가지다.

이 문제는 1912년 가우스K. F. Gauss의 표면좌표론을 만나기까지 진전이 없었다. 그때까지 가우스의 학생이었던 리만Riemann이 한 일도 몰랐다.

프라하에서 취리히로 돌아오자 아인슈타인의 친구 그로스만Marcel Grossman이 기다리고 있었다. 그는 아인슈타인이 특허국 재직 시 수학 참고문헌을 찾는 것을 도왔다. 그는 리치C. G. Ricci의 텐서를 가르치고, 다음 리만(텐서-비유클리드 기하학)을 가르쳤다. 리만에서 선분의 불변성invariance으로 중력장 문제를 풀 수 있는지 논의하던 것은 부정확하지만 1913년 논문도 함께 썼다.

이 연구는 하면 할수록 원하는 결과가 나오지 않았다. 2년 동안 고전을 면치 못하다가 아인슈타인은 계산의 오류를 발견했다. 정확한 답을 얻기 위해 아인슈타인은 다시 불변이론으로 돌아갔다.

그로부터 2주 후 정확한 답이 드디어 모습을 드러냈다. [이때 아인슈타인은 엘자에게 한동안 '나를 찾지 말라' 하고는 2층으로 올라가서 내려

오지 않았다고 한다. 식사만 2층으로 올려주었는데, 2주 후 그가 드디어
모습을 드러냈다.]

1915년 이후 관련, 우주론cosmology만을 언급하겠다. 이 문제는 우주
의 구조와 시간에 대한 것이다. 이 문제의 기본은 일반상대론의 경계조
건과 마흐의 관성론에서 온다. 마흐의 아이디어를 모두 이해하지는 않지
만 그의 영향은 엄청나다. 우주론의 문제는 중력장 방정식 경계조건에
불변조건을 부가하여 풀었다. 그 결과 상호작용하의 물체의 특성에서 관
성이 발현한다. 이런 결론으로 일반상대성이 만족스럽고 올바른 인식을
제공한다고 본다.

[광전효과와 관련된 레나르트는 나중 아인슈타인이 유대인과학을 한
다면서 상대론보다 100여 년 전에 수학자 솔드너Soldner가 태양에 의한
빛의 꺾임을 고전역학으로 이미 예언하였다(1801)고 공격하였다. 위 내
용에서 아인슈타인이 1913-1915년의 2년간 '고전'을 겪었다는 게 이것

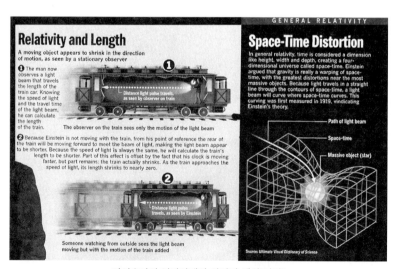

아인슈타인 일반상대성 원리의 해설(영어)

이다. 솔드너 값과 아인슈타인의 상대론 초기 얻었던 값이 같았으니 그 난감과 허탈감이 속에서 끓었을 것이다. 사실 아인슈타인의 최종 해법의 답은 이보다 2배가 된다. 2년 동안 받은 스트레스를 싹 날린 것이다.]

에딩턴에 대하여 필요한 한 마디

에딩턴과 함께(캠브리지, 1930)

에딩턴Arthur S. Eddington(1882-1944)는 결과적으로 아인슈타인을 하루 아침에 세계과학자로 알려지는데 큰 공헌을 한 셈이다. 유능한 수학자로 1차 세계대전 중 적국인 독일의 과학을 경계하며 뉴턴 역학의 우위를 믿었지만 일반상대성이론의 핵심을 파악한다. 1919년 그는 프린시페 섬(서아프리카)에서 개기일식 시 무거운 별 근처를 지나는 빛의 경로가 중력으로 휜다는 아인슈타인의 이론을 최초로 입증하였다.

　에딩턴은 실험 결과에서 뉴턴 쪽에 기운 것을 솎아냈다는 주장이 1980년 나온 적 있지만 대체로 그와 다이슨Frank W. Dyson의 실험 해석은 옳았다고 평한다.[87] 에딩턴의 편견보다 오히려 그가 퀘이커 교도로서 지녔던 반전의 국제 감각이, 국경을 넘은 학문의 자율성을 지키는 데 버팀목이 되어 역사적인 이정표를 세운 것이다. 그는 20세의 가장 훌륭한 과학적 진실을 지켰고, 과학사에서 가장 위대한 양심이었다.

과학 탐구　팽창하는 우주: 프리드만, 허블, 가머프

조지 가머프의 아버지는 러시아어 선생이었고 어머니는 지리역사 선생으로 러시아령[우크라이나]의 오데사에서 태어났다. 오데사 지역 대학을 다니다가 레닌그라드 대학으로 옮겨(1923-29) **프리드만**Alexander Friedmann(1888-1925)이 요절하기까지 그의 지도를 받는다.

허블Edwin P. Hubble(1889-1953: 그는 아마 부인에게 부탁해서, 사망 시 장례와 무덤 없이 유해의 흔적도 남기지 않았다)이 은하의 적색천이 스펙트럼으로 '팽창하는 우주'를 발견하기 수년 전에, 프리드만은 이미 아인슈타인의 일반상대성 장방정식을 완벽히 이해하고 풀면서 우주의 수축과 팽창의 조건을 구분하였다.

가머프는 그곳 이론물리 그룹에서 란다우Lev Landau, 이바넨코Dmitri Ivanenko, 브론슈타인Matvey Bronshtein(그는 소련이 1937년에 구속하여 1938년에 처형함)을 만나 4명이 '3명의 머스킷티어Three Musketeers(머스킷 소총병 - 술친구 동아리로 이름 지은 것. 4가 아니고 3이다)'를 만들어 양자역학 분야에서 획기적인 논문이 나오는 것을 토론 분석하는 모임들을 가졌다. 가머프는 졸업 후 괴팅겐, 그리고 보어 그룹(1928-1931)에 있으며 (당시 러더퍼드가 이끈) 캐번디시 연구소도 방문했다. 그동안 그는 '액체방울liquid drop' 모형을 제안하면서 핵을 연구하고 천체물리도 생각했다. 그는 1931년 소련학술원 멤버가 되었는데 역대 최연소였으며 1932년 유럽 최초의 사이클로트론cyclotron을 설계했다.

원자핵 분열을 설명한 프리쉬가 가머프의 '액체 방울' 모형을 도입한 것인데, 앞의 '원자핵 분열' 에피소드처럼 보어는 가머프가 방문하는 동안 제안한 이것을 무시해버려 후회했다.

아인슈타인의 조선 방문 불발과 민립대학운동

1906년 이후 우리나라 정부가 일본으로부터 국채 1,300만 원圓을 차관하자 일본의 야욕을 우려한 민간에서 국채보상운동이 일어났다. 대구의 서상돈徐相敦, 김광제金光濟 두 사람이 발기하였다. 이에 따라 대한매일신보, 재국신문, 황성신문, 만세보 등 여러 언론기관이 모금에 적극 나섰다. 금연운동이 일어났고, 부녀자들은 비녀와 가락지를 팔아서 이에 호응하였다. 그러나 총독부는 이 운동이 배일운동排日運動이라 하여 탄압하였다. 그 한 예로 그들은 국채보상기성회의 간사를 보상금 횡령이란 오명을 씌워 구속하였다.

1910년 일본에게 병탄당한 후 운동은 자연히 가라앉고 이전에 모은 '국채보상운동' 기금이 갈 곳을 잃었다. 결국 민간에서 경영하는 민립대학을 설립하는 데 쓰기로 하고 민립대학기성회가 조직되었다. 선각자 조만식曺晩植 등이 나섰다. 전국에서 모인 600만 원을 기금으로 하여 데라우찌 총독 때 대학설립 인가신청을 하였다. 그러나 조선총독부는 이를 허가치 않았고, '경성대京城大(서울대 전신)' 설치라는 김 빼기 작전에 돌입했다.

3·1운동 이후 민립대학 설립운동은 한 민족의 간절한 열망으로서 다시 타오르게 되었다. 1920년 사이또 총독 때 두 번째로 대학설립인가를

신청하였으나 사이또의 김 빼기 작전으로 또 철회되었다.

세 번째로 1922년 11월에 '조선민립대학기성회'가 조직되었고, 전국적인 호응을 얻어 활발히 설립운동을 전개해왔는데, 이때의 촉진제가 '아인슈타인의 조선 방문초청'이었고 '조선교육협회'가 전면에 나섰다(이하 동아일보 자료). 1921년 4월 1일 - 5월 30일, 아인슈타인은 차임 바이츠만(러시아 출신 화학자로, 이스라엘의 초대 대통령)과 함께 미국을 방문했다. 예루살렘에 유대인을 위한 대학을 설립하기 위해서였다. 동포를 위해 대학을 설립하겠다는 일념으로 그는 힘든 여정을 참아냈다. 그는 미국 방문에서 모두 75만 달러를 모금했다.

"재능 있는 많은 유대인 자손들이 고등 교육의 기회를 갖지 못하는 것을 지켜보는 일은 무척이나 고통스러웠습니다."

아인슈타인의 그 말은 민립대학기성회가 가슴에 묻고 있던 한 맺힌 이야기이기도 하였다.

아인슈타인이 일본에 올 것이라는 기대가 잔뜩 부풀어 있을 때, 〈동아일보〉는 11월 4일 '아인슈타인 씨 일본 도착'을 보도한다. 이것은 일본의 속임수였다. 실제는 11월 17일-12월 29일이 방일기간이었다. 그런데 11월 9일 아인슈타인의 노벨상 수상이 공표된 것을 일본 방문기간으로 꾸미려고 위처럼 조작한 것이다. 조선의 의도를 안 일본의 또 다른 김 빼기 작전이었을 수도 있다. 조선교육협회는 바빠졌다. 11월 10일자 〈동아일보〉는 '상대성 박사를 초청-조선교육협회 주최로'라는 제목으로 이렇게 보도했다.

'유명한 유대인 학자 아인슈타인 박사가 방금 일본에 온 것을 기회로 조선에 소개하는 것이 우리 학계에 큰 도움이 되리라는 생각으로 오늘 오전 10시 남행열차로 강인택 씨를 파견하여 박사를 청하여 오리라.'

그러나 아인슈타인은 조선에 오지 않았다. 그 이유에 대해 일본 긴키대학의 스기모토 겐지 교수는 "가이조 사는 아인슈타인을 초빙하기 위해 상상할 수 없는 많은 돈을 줬습니다. 하지만 조선에는 그만한 돈이 없었을 것입니다"라고 말했다.

이것은 아인슈타인을 돈으로 먹칠하는 파렴치함과 착취 중인 조선을 다시 돈으로 능욕하며 깔아뭉개는, 후안무치의 이중적 저질 답변이다. 그런 답변을 듣겠다고 머리를 들이댄 건 누군가? 아인슈타인이 정말 어떤 사상의 인물인지 이 책의 앞에서 뒤까지 웅변하고 있다. 민립대 활동을 방해해온 일본의 음흉한 공작의 냄새가 난다. 아래의 결과도 그 증명이다. 안타까운 일이었다. 아인슈타인은 일본의 환대를 받고 그 땅의 평온한 모습을 사랑했다. 3·1운동, 민립대학운동 같이 조선의 몸부림치는 자주독립 운동을 등 뒤에 가려버린 음흉한 일본의 참모습은 철저히 숨겼다. 그들이 능욕하고 착취하는 조선의 암담한 모습을, 양의 가면을 쓴 그들이 나중 진주만을 습격하는 늑대로 돌변할 앞날을 아인슈타인은 몰랐다.

결국 전국 조직을 갖추고 민립대학 설립운동을 펼쳤던 조선교육협회는 점차 유명무실해지더니 1927년 신간회가 생기자 해체되고 말았다. 물론 아인슈타인을 초청해 민립대학 설립 자금을 모으겠다는 계획도 역사 속에 묻혔다.〈홍대길 기자의 '아인슈타인 박사를 모셔라'에서 〉

위처럼 20세기 전반, 일제의 조선 강점으로 우리의 과학은 괴멸상태였다. 같은 기간 항일 독립운동 등으로 정치와 사회의식은 드높았고 문학도 숨통은 죽지 않았으나, 과학발달은 완전부재였다. 이제 해방 후 66년! 우리의 과학이 자기 미션을 다하도록 전사회적 각성이 절실히 요구된다.

5·16 이후 오랜 군사독재 기간 경제발전은 있었으나 사회의 부조리가 만연했다.[88] 하지만 독재기간에 이공계 병역특례제를 수립하고 고수한 것은 위의 역사적 맥락에서나 국가장기발전전략에서 아주 합리적인 선택이었다. 반면에 1990년대 이후 민주정부가 들어서고 '형평의 원칙'이라는 칼날을 이공계 병특제도에 들이대며, '군사정권이 고수한 비군사정책'을 오히려 잘라버리는 어리석은 결정을 했다. 우리나라에 처음 싹이 튼 과학발전 터전의 울타리를 없애버린 것이다. 이공계 기피 사회로 인재가 고갈되어버린 과학기술은 중일의 협공과 국민의 '과학 노벨상' 보채기에 퀭한 눈만 껌벅이며, 새 정권마다 '죽은 시녀의 사회' 노래만 부른다.

과학탐구 CERN과 LHC: 이휘소의 명예회복을 위해

CERN은 영어로는 European Organization for Nuclear Research(EONR)이지만 그렇게 부르지 않고 불어의 약자인 CERN이다. 전 유럽이 노력하여 1954년 만든 전세계 연구소이다. 그 옛날이어서 입자가속기particle accelerator라고 이름이 붙지 않고 핵nuclear란 말이 들어갔을 뿐, 뼛속까지 전유럽 입자연구소이다. 댄 브라운의 베스트셀러 《천사와 악마》 소설에 등장하는 그 연구소이다. 한편 1991년에 CERN 연구원 중의 한 사람인 버너즈-리Tim Berners-Lee 박사가 CERN 내의 자체통신망을 위하여 만든 것이 월드와이드웹www 발명으로, 인터넷 시대를 열어젖힌 효시로 유명해졌다.

Fermi National Accelerator Laboratory(FNAL)—미 국립 페르미 가속기연구소가 한때 최대 가속기연구소였으나 이제 CERN의 LHC가 최대시설이다. 페르미 연구소는 더 이상 대형화 프로젝트는 없이 서서히 역사의 뒤안길로 퇴장할 것이다. 미국은 텍사스에 최대의 가속기를

371

세우려던 SSC계획[SSC=Superconducting Super-Collider]을 15여 년 전 포기하였다. 학계에서 연구비를 삼키는 하마로 인식되어 점증한 반발 때문에, NASA 계획 이후 미국의 대단위 연구투자가 아마 처음으로 포기된 경우일 것이다.

한편 유럽의 수십 년 노력이 위력을 발휘하는 LHC 가속기는 프랑스와 스위스의 국경, 제네바 인근인 CERN 지역에 위치한다. 지하 100m 원둘레 26.66Km의 LHC 계획은 1980년대부터 논의되다가 1994년에 정식 인가되었다. LHC는 양성자를 1초에 11,245번 돌리는데 광속의 99.9999991%까지 가속된다.

우리나라에는 아직 없는 양성자 가속기를 쉽게 이해하려면, 포항의 [전자]가속기와 비교하면 된다. 이 경우 가벼운 전자이니까 3GeV 미만 [GeV=Giga eV=10억 전자볼트]의 에너지로써 가속시킨다고 하자. 그러나 양성자는 전자와 다르다. 내가 1Kg의 아령을 휘두르기는 아주 쉽다. 그러나 1,870Kg의 아령을 들라고? 전자의 1,870배 무게를 가진 양성자를 돌리려면 그만큼 큰 에너지가 필요하다. 대강 2천 배인 6천-7천 GeV의 에너지, 즉 LHC에서 돌아가는 양성자는 7TeV 정도의 에너지가 필요하다(TeV=Terra eV=1,000,000,000,000전자볼트=1조 전자볼트).

그 속에 쏟아지는 양성자들은 초당 6억 번의 충돌을 한다고 한다. 그 수많은 충돌의 궤적을 분석하려면 기본입자 물리학 외에도 엄청난 통계적 지식, 정밀계측장치 및 전자계산이 필요할 것이다. 1년간 축적 데이터는 복층 DVD 10만 장을 필요로 한다.

수많은 충돌들이지만 다른 기체들과의 충돌은 없어야 한다. 그러므로 태양계 공간보다도 10여 배의 초고진공이 되어야 한다. 동시에 양성자가 달리는 진공 튜브 안은 절대온도 1.9K로 우주 공간(약 3K)보다도 낮다. 그러나 튜브 안의 양성자가 다른 무엇과 충돌할 경우 순간온도는 태양 내부 온도의 100,000배로 치솟는단다. 하긴 빅뱅에 가까운 상황을 연구하겠다고 추진한 것이니 헬륨이 작동하는 태양 정도의 온도로는 어림없다.

이휘소의 영혼

여기에 이휘소의 영혼이 서리는 이유를 보자. 아래는 1979년 와인버그에게 노벨상을 안겨준 그의 1967년 〈Phys. Rev. Lett.〉 논문이 역대 최다의 인용(4602회) 기록을 세운 것을 기념한 미 물리학회APS의 2003년 인터뷰 내용이다.

처음 그의 논문은 별로 인용되지 않다가, 네덜란드의 토프트't Hooft (당시 박사과정; 1999년 수상)가 '와인버그의 이론이 재규격renormalization 가능하다'는 논문을 1971년에 씀으로 일약 수많은 인용을 받기 시작하였다('코넬 대학이 금을 쏘고 21C로 가는가?' 챕터 참조).

와인버그에게 왜 공동연구를 거의 하지 않느냐는 APS 담당자의 질문에 대한 그의 대답이다.

"난 공동연구를 잘 못한다. 논문을 까다롭게 쓰는 습관 때문에 남의 구애를 받지 않고 보통 혼자 논문을 쓴다. 단지 한 사람과는 잘하는데, 바로 벤자민 리(이휘소)이다. 그는 비극적으로 1977년 자동차 사고로 죽었다."

위처럼 와인버그가 인터뷰에서 이휘소를 회고하는 언급을 보고 내 마음도 그 당시로 돌아갔다. 1970년대 중반 이휘소와 와인버그의 마지막 공동논문은 77년 5월 13일 〈피지컬 리뷰 레터즈Phys. Rev. Lett.〉에 제출되고 2개월여 후인 7월 25일에 게재된 논문이다.

당시 미 라이스 대학 박사과정이었던 나는 경악했다. 이 논문의 제1저자는 '벤자민 리'인데 이름 끝에 (a)라고 위첨자가 있고, 논문 끝에 (a)=deceased라고, 저자가 죽었음을 명기한 것이었다. 지금과는 달리 1970-80년대 당시 〈Phys. Rev. Lett.〉에서 한국인 이름을 본다는 것은 극히 드물었기에, 그의 이름을 보는 것만으로도 잔잔한 기쁨이었다. 이 마지막 논문 후 몇 년간 한국인 저자를 보기 힘들었다.

한 번 본 적이 있는 그, 소립자물리학자로 연구 활동이 눈부시던 그의 급서는 믿기지 않는 큰 상실이었다. 1977년 그는 분명 세계적인 정점으로 오르고 있었다. 과연 그의 논문은 근래 점점 관심이 높아지는 암흑물질의 질량에 '리-와인버그 한계Lee-Weinberg bound'라는 기준을 제공하는 논문으로 아직도 주목의 대상이다(|과탐| 케플러 법칙과 암흑물질).

또한 페르미연구소(FNAL) 이론물리 디렉터로서 분주하던 그해 3월에 히그스 보존Higgs Boson에 관하여 발표한 50쪽의 긴 연구소논문은, 1,199회 인용으로 그가 남긴 논문 중 가장 많이 인용되고 있다.[89] 그의 학문적 크레딧은 아직 빛을 발하고 있다. 이 두 가지만으로도 그의 1977년 학문 활동이 얼마나 왕성하며 상승일로였는지 알 수 있다.

그런 반면, 어느 소설적 허구를 따르자면, 이휘소는 연구에 몰두하며 50쪽의 논문을 쓰던 1977년 3월 18일에 박 대통령의 편지를 받고 잠을 못 자며 고민을 한다. 나아가서 와인버그와 그 중요한 〈Phys. Rev. Lett.〉 논문을 마무리하느라고 정신이 없을 4월 8일에 또다시 박 대통령의 제2신을 받고, 연구를 중단하고 애국심의 깊은 고민에 빠지는데, 그래도 50쪽의 논문을 4월 25일에 뚝딱 해치우고, 수술을 하고 동경을 가고 서울을 다닌다.

그 당시도 지금도 아직 밝혀지지 않고 있는 힉스 보존Higgs Boson 문제이다. 전유럽 입자연구소 CERN[90]에서 그걸 찾으려고 80년대부터의 토론과 94년 이후 10여 년의 집중설계로 LHC[91]를 건설하였다. 그것을 탐구하는 이휘소의 노력을 뚝딱 해치운 논문으로 여겨도 되는가? 이휘소는 와인버그와 공동제출한 〈Phys. Rev. Lett.〉 논문도 마침내 그해 5월 13일 완성하여 제출하였다. 당시는 이메일도, 인터넷, PC도 없던 시절이었다. 오타가 나면 지운다고 오두방정을 떨거나 새 종이에 다시 타자를 치며 우웅! 하고 한숨을 내쉬던 때였다. 미국에서 혼자 좋은 논문을 한편 제출하려면 해산하는 여자의 산고 같은 것이 따른다.

이휘소의 한국인 제자로서 수년 전 고대에서 은퇴한 강주상 교수의 증언에 의하여, 이휘소의 핵개발 및 미 음모설의 허구가 (위키피디아처럼) 외국에도 알려져 있다. 이휘소는 한국의 유신 독재를 오히려 반대하였고, 그 혐오 때문에 한국 학생들을 위한 소립자 교육계획을 위한 모든 프로그램들까지 오히려 취소했다.[92] 핵외교로 희생될 아무런 이유가 없으며 핵전문가가 전혀 아니다.

KBS 1TV는 2010년 4월 말 〈무궁화 꽃은 피지 못했다〉를 방영하였다. 이휘소(벤자민 리)의 여러 동료학자들과 가족을 인터뷰하며 공석하의 주장들을 반박하였다. 김진명의 소설은 '허구'이지만, '사실'과의 경계가 애매하여서 깊은 흥미를 자아내었다. 그러나 '허구'는 알찬 희망이 되지 못한다.

1990년대 이 박사의 유가족은 황당한 왜곡에 반발하여 소송을 제기했으나 이기지 못하고, 이후 한국과 연락을 끊었다. KBS가 밝힌 당시 부인의 녹취록이다.

"당시 남편은 한국에 돌아가고 싶다고 말한 적이 없고 이곳에서 행복하게 지냈습니다."

"그의 이름이 동포로부터 이해할 수 없는 방식으로 모욕당하고 있어요. 제 생각에 한국인들은 이보다 더 똑똑해서 이런 사람들의 이야기를 믿을 리가 없어요. 이런 그에 대한 말도 안 되는 쓰레기 같은 이야기를 만드는 것은 정당하지 않아요."

이상이 마지막으로 남긴 심만청(故 이휘소 박사의 부인-중국계)의 호소이다. 2010년 KBS가 7,316명에게 설문조사를 실시했다.

이휘소 박사를 알고 있다(51.8%).

우리의 핵개발을 도왔던 핵물리학자이다(70.7%).

밀리언셀러 소설이 가상을 사실처럼 바꾸는 힘은 실로 대단하다. 안타깝게도 한국인 70% 이상이 '쓰레기 같은 이야기'를 믿고 있다. 이런 경우 이휘소의 명예를 회복하려는 작가의 노력이 가시적이어야 하지 않을까?

머나먼 외국에서 당시 우리는 전혀 이해하지도 못하던 최첨단 물리의 세계적인 학자로 불철주야 발돋움하던 이휘소를, 유신체제에 반대하여 국내 물리학도들의 교육계획까지 취소한 그를, 오히려 박정희의 철저한 심복학자로 둔갑시키고 핵외교의 희생양으로 왜곡시키면, 그의 인격까지 온통 말살한 것과 같다. 재판에서 유가족을 또 다른 슬픔으로 몰아넣은 판결을 한 사법부의 법리판단은 옳은가? 좌절한 이휘소 박사 부인이 위처럼 실망감을 토로한 것에 동정하지 않을 수 없다.

이휘소의 혼이 지금 LHC에서 맴도는 듯하다. 그가 페르미 가속기 연구소에서 심혈을 기울여서 1977년 3월에 발표한 50쪽의 연구소논문은, 지금 LHC 연구에서 최대의 기대를 모으고 있는, 그러나 여태껏 세상에 모습을 드러내지 않은 아름답고 부끄러운 숫처녀 같은 힉스 보존Higgs Boson, '신의 입자'를 찾아 나선 것이니까.

그가 살아 있었더라면….

제8부

아인슈타인의
삶과 종교

알베르트가 걸음마를 시작했을 즈음

유아기 알베르트 아인슈타인Albert Einstein의 가정은 종교적인 환경이 아니었다. 알베르트의 아버지는 헤르만 아인슈타인Hermann Einstein이다. 아인슈타인은 결혼(어머니: Pauline Koch) 3년 후에 남부 독일의 울음Ulm에서 1879년 3월 14일에 태어났다. 이듬해 가족은 뮌헨으로 이사했다.

뮌헨은 인구 100만이 넘는 베를린, 함부르크에 이어 독일에서 세 번째로 큰 남동부 상공업 중심지였다. 제2차 세계대전 중 뮌헨 대학에서는 반나치 비밀 저항운동으로 한스 및 소피 숄 등 6명의 대학생 결사체에 의하여 백장미White Rose 활동이 전개되었다. 정의에 불타는 젊은 학생들은 게슈타포에 체포되어 형장의 이슬로 사라졌지만, 오늘날 독일 젊은 세대의 영원한 자유정신으로 부활하였다.

독일 북부의 슈바빙 지구는 학생-예술가들로 붐비며 유행에 앞서는 '작은 파리'였다. 10월 축제가 열리는 남쪽에 독일 최대의 뮌헨 대학(1472년 창립)이 있다.

뮌헨으로 이사 후, 1881년 11월 8일에 알베르트의 유일한 피붙이인 마리아(항상 애칭 마야Maja로 불림)가 태어났다. 부모가 모두 유대인이었지만 알베르트와 마리아 이름은 유대교의 전통을 따라 선조의 이름을 따르지 않았다. 그의 부모는 교조적 종교관이 없었고 오히려 유대관습을 외면하고 살았는데, 그것은 당시 독일계 유대인들에게는 드문 일이 아니었다.

알베르트가 태어날 때 뒤통수가 너무 크게 나와서 할머니는 이렇게 말했다고 한다.

"너무 무거워! 무거워!"

그의 어머니는 그런 그의 모습을 보고 처음에는 장애아인가 걱정을 했다고 한다. 그 특이한 두상은 어른이 되어도 변치 않았다.

두세 살이 되어 늦게 말이 터졌을 때 알베르트는 완전한 문장만을 말하려고 애썼다. 가끔 입속말로 먼저 연습한 후에 큰소리로 말하곤 했다. [알베르트의 어린 시절에 관한 원자료는 동생 마야가 남긴 자전적 에세이에서 많이 찾을 수 있다.]

알베르트는 조용했고 혼자 보내는 시간이 많았다. 가끔 분통을 터트리기도 했는데, 그 기질은 외할아버지에게서 물려받은 것이라고 했다. 그의 얼굴이 노래지고 코끝이 하얗게 변하면 막무가내가 되어버렸다. 어느 여선생이 방문하여 다섯 살의 알베르트를 처음 가르쳤는데 알베르트는 여선생에게 의자를 던진 적이 있었다. 여선생은 화들짝 놀라 도망가버리고 다시 오지 않았다. 또 커다란 볼링공을 동생 마야의 머리에 던지기도 했다. 한번은 장난감 호미로 동생의 머리에 상처를 내기도 했는데, 학교에 다니기 시작한 일곱 살쯤에 그 버릇이 사라졌다.

알베르트의 어머니는 개성이 강하였고 아버지는 수동적 성격으로 주위 사람들이 좋아했으며 가정은 화목했다. 어머니는 훌륭한 피아니스트로 마야에게 피아노를 가르쳤고, 알베르트는 여섯 살 이후 6-7년간 바이올린을 배워 어머니의 피아노 반주에 모차르트와 베토벤을 연주하였는데 모계의 음악성을 이어받았다.

아버지는 문학파로 가족에게 쉴러와 하이네를 낭송해주곤 했다. 장인의 돈까지 투자받은 아버지 헤르만은 영업담당, 엔지니어인 동생 야콥 Jacob은 실무책임으로 함께 사업을 하며 한집에서 살았다. 1880년에 뮌헨으로 옮겼던 초기에는 '전기기구 제작 J. Einstein & Co.' 회사를 확장하여 시작이 좋았다.

어린 알베르트와 마야는 큰 나무들과 정원이 있는 집을 좋아하였고 가정은 사랑으로 아늑하였다. 알베르트가 다섯 살 때 아버지가 나침반을 보여주자 너무 흥분하여 '몸을 떨다가 굳어질' 정도였다. 보이지 않는 장 field(또는 힘)에 의해 바늘이 끌리며 항상 북쪽을 향한 것이 신기했던 것이다.

'무엇인가 나침반 뒤에 깊숙이 숨어 있는 게 틀림없어.'

알베르트는 그렇게 생각했다. 이처럼 그는 어릴 적부터 주위 사물 현상에 흥미가 많았다.

"난 기적을 경험한 셈이었지요. 인간 사유세계의 발전이란 어떤 의미에서 신기한 것들 가운데서 하나가 갑자기 튀어 오르는 것이죠The development of (our) world of thought is in a sense a flight away from the miraculous."

이러한 개인적인 경험들은 정규 학교교육보다 훨씬 더 많이 알베르트의 성장에 영향을 미쳤다.

초등학생 알베르트와 성경공부

가끔 입속말로 먼저 연습한 후에 큰소리로 말하는 알베르트의 버릇은 학교에서도 계속되었다. 이 버릇 때문에 대답이 한 박자 늦는 그를 선생은 대수롭게 여기지 않고 지능이 조금 약한 평범한 아이로 취급했다. 어려운 글자 문제들은 잘 풀었는데, 반면 계산 문제들은 곧잘 틀리곤 했다.

"어제 알베르트가 성적을 받았는데, 다시 또 일등이군요! 성적표가 아주 멋져요…."

어머니가 1886년, 일곱 살의 초등학년 때 알베르트의 성적을 친척 파니Fanny Einstein에게 자랑하던 대화이다. 성적은 우수한데도 선생들은 알베르트를 좋아하지 않았다. 그의 유년기 성적이 좋지 않았다고 흔히들 알고 있는 것은 근거가 없다.

집에서는 항상 숙제를 마친 뒤에 논다는 규칙을 철저히 지켰다. 놀 때는 곧잘 퍼즐놀이를 하거나, '앙케르'라는 요즘의 레고 같은 것으로 복잡한 구조들을 만들었다. 제일 좋아한 놀이는 카드로 높은 집을 짓는 거였다. 보통 3-4층의 카드 집을 지어내는 것도 해본 사람은 큰 인내심과 정밀성이 요구됨을 안다. 열 살도 안 된 알베르트는 놀랍게도 14층까지 지어낸 적도 있었다,

끈기와 불굴의 집요함이 어린 알베르트의 마음속에 이미 자리 잡고 있었다. 아주 지겹고 복잡한 무늬의 뜨개질을 지치지 않고 계속하던 어머니의 특징이 알베르트의 놀이에, 그리고 후에 학문 연구에 유전으로 내린 모습이다. 많은 사람들이 멋지고 독창적인 생각을 하지만 대개 사라지고 마는 것과는 달리, 모호한 것들이 모두 없어지고 모든 어려운 문제들이 풀릴 때까지 끈질기게 추구하여 이상을 실현하는 천재가 세상에 모습을 드러낸다.

어린 알베르트, 성경을 배우다

알베르트가 여섯 살에 입학한 뮌헨 공립초등학교는 가톨릭계였다. 유대 관습을 무시하던 부모도 조금 걱정이 되었던지, 알베르트에게 먼 친척(이름 미상)을 붙이고 유대교 신앙도 함께 배우도록 했다. 동생 마야의 얘기로는, 이 친척이 어린 알베르트로 하여금 강렬한 종교적 감성을 갖는데 일조하였다. 알베르트는 신의 뜻, 신을 기쁘게 하는 삶 등을 배웠다.

학교는 특별히 교조적인 신앙관을 강요하거나 가르치지는 않았다. 그런데도 그는 스스로 신앙이 깊어지면서 종교적 계율을 엄밀히 지켰다. 일례로 그는 돼지고기를 입에 대지 않았다. 가족이 그런 모범을 보여서 따라한 것이 아니라 스스로의 양심으로 실천한 것이다.

여러 해 동안 그는 스스로 선택한 생활에 충실하였다. 종교적 신념은 이후 그의 철학으로 연결되고, 철저하게 양심에 따르는 충직함은 그의 삶 전체의 등불이었다. 그가 어른이 되면서 시온주의Zionism를 옹호하거나 조용히 도와준 행위들의 뿌리는 이때 싹이 텄다.

한편 모스코프스키A. Moszkowsky는 아인슈타인과 대화를 가진 후

1920년에 그의 전기를 쓰면서 어린 알베르트의 종교적 열성을 달리 설명하였다. 그의 전기에서 알베르트의 아버지는 목표가 흐린 낙천주의자로 묘사되었다. 뮌헨으로 이사한 집의 전원적 환경에 젖은 알베르트는 도시에서 맛볼 수 없는 순수한 자연 속에서 행복한 상상 속에 지냈다. 그 이유로 집안은 전통을 무시했지만 유대교와 가톨릭 간의 공통점들을 강화하는 신앙을 갖게 되었다고 썼다.

한편 모스코프스키는 음악이 아인슈타인의 종교적 감성에 지대한 영향을 끼쳤다고 지적했다. 음악, 자연, 신이 삼위일체가 되어 알베르트의 복잡한 감성으로 엉켜들었다고 지적한 것이다.

음악과 신이 아인슈타인의 마음속에서 연관되는 에피소드가 있다. 1930년 4월 베를린 필하모닉 오케스트라의 콘서트가 있었다. 브루노 월터가 지휘하였고 예후디 메뉴인이 솔로 바이올린 연주자로 나서 바흐, 베토벤, 브람스를 황홀하게 연주하였다. 연주회가 끝나자 아인슈타인은 달려가서 소리쳤다.

"이제 하늘에 신이 계심을 알겠어!"

아인슈타인은 어린 메뉴인을 덥석 안아주었다. 1999년 사망한 바이올린의 거장 메뉴인이 13세 신동 시절이었다.

모스코프스키의 책은 원래 아인슈타인과 대화한 것을 기록하는 형식이기에 그가 젊었을 때의 종교적인 성향이 기록과 완전히 합치되는 것이 당연하다. 유년기의 알베르트에 한정한다면 그의 기록이 맞지만 청소년기의 알베르트는 전환기를 맞아(특히 '마야가 짚어낸 탈마이의 철학적 영향' - 나중에 요약) 큰 변화를 겪는다. 그가 성장하면서 확고하게 정립한 종교관은 제도적 신앙을 뛰어넘은 후 새로운 차원에서 형성된 것이다.

벽을 넘어 자신을 찾던 알베르트의 열정

뮌헨 시기, 가톨릭계 공립초등학교인 베드로 학교Peterschule와 루이폴트 김나지움의 종교 교과과정 내용을 살피면, 7세에 신약을, 8세에 구약을 배웠다. 9세엔 성찬, 침례, 최후의 만찬까지 배웠다. 알베르트는 반에서 유일한 유대인 소년이었지만 의식할 것 없이 자랐다. 단지 하나의 사건만 제외하고! 한 신부가 강의시간에 대못을 가지고 들어왔다.

"유대인들이 이것으로 그리스도를 십자가에 못 박았다."

아인슈타인과 교신했던 한 전기 작가의 말로는, 그 선생은 유대인에 대한 반감을 일으키려고 하였고, 교실의 모든 눈이 알베르트에게로 쏠렸다. 아인슈타인은 몸 둘 바를 몰라 쩔쩔맸다고 한다.

알베르트가 8세 반에 입학한 김나지움은 과학보다는 라틴어, 그리스어 등의 인문계 교육에 중점을 두었다. 라틴어처럼 논리가 분명한 문법은 그런대로 적응하였지만, 그리스어나 다른 현대 언어는 적응이 어려웠다. 알베르트의 그리스어 선생은 그의 형편없는 숙제를 보고는 화가 치밀어서 화를 냈다.

"이놈, 이래 가지고 도대체 앞으로 뭐가 되겠어?"

결국 알베르트는 그리스어를 제대로 습득하지 못했다. 학교가 싫었던 알베르트는 훗날 베드로 학교 선생들은 육군상사 같고, 김나지움 선생들은 초급장교들 같았다고 회고했다. 그 당시 학교들은 독재적인 프러시아 체제하에서 군대처럼 경직되어 있었다.[93]

김나지움에서 13세가 되면 기하와 대수를 배운다. 알베르트는 이때 이미 응용산수의 어려운 문제들을 풀어내는 데 마니아가 됐을 정도였다. 다만 그의 계산이 정확하질 않아서 그 특별한 재능이 선생들의 눈에 띄지 않았을 뿐이다.

알베르트는 이 분야에서 더 수준이 높은 공부로 자기를 시험해보고 싶어서 어느 방학 때 아버지에게 책을 사달라고 했다. 그러고는 놀이와 친구들은 다 잊어버리고 책의 정리들을 풀기 시작했다. 책에 있는 해답 풀이대로 하려 하지 않고 자기 힘으로 풀려고 시도하였다. 여러 날 동안 쉬지 않고 혼자 앉아, 문제풀이에 빠져들어 답을 얻을 때까지 포기하지 않았다. 가끔 그가 얻은 풀이는 해답과 달랐다. 이렇게 보낸 2-3개월의 방학기간에 알베르트는 김나지움의 관련과목들 전부를 혼자 소화했다.

야콥 삼촌은 대학의 수학 과정을 전부 이수한 엔지니어였다. 그는 알베르트에게 가끔 어려운 문제들을 주고 알베르트가 더 열중하도록 자극했다. 그럴 때마다 알베르트는 언제나 정확한 증명을 해냈고, 심지어 피타고라스정리를 완전히 새롭게 증명하기도 했다. 알베르트가 그런 해답에 이르면 야콥은 큰 행복감에 젖어들곤 하였다.

어느 날 선생이 자기 교실에 알베르트가 없으면 행복하겠다고 말했다. 알베르트는 잘못한 것이 없다고 대답했다. 선생은 대꾸했다.

"그건 맞아. 그런데 네가 저 뒤에 앉아서 미소를 짓고 있지. 선생은 교실에서 존경의 감정을 느껴야만 하는데 네 태도는 그걸 무산시킨다."

마야가 회상한 알베르트와 관련된 에피소드로 볼 때, 소문과는 달리 수학 부문에서 알베르트의 성적은 아주 우수하였다. 마야에 따르면 알베르트의 공부 습관은 유별났다. 사람들이 여럿이 떠들고 있는 곳에서도 그는 소파에 파묻혀, 팔걸이에 위험스레 잉크병을 얹어놓고, 종이를 손에 들고 펜으로 쓰곤 했다. 그렇게 한 문제에 푹 빠져들면, 주위 여러 사람들의 대화는 그를 방해하기보다 오히려 그를 더 자극하는 것처럼 보였다. [루이폴트 김나지움은 2차 세계대전 중 폭격으로 완파되고 훗날 딴 곳에 신축하여 '알베르트 아인슈타인 김나지움'으로 명명되었다.]

마야가 짚어낸 탈마이의 철학적 영향

종교에 무심하던 그의 부모가 유대 전통에 따라, 가난한 폴란드계의 유대인 의과대학생을 식탁에 초대했다. 이름이 탈마이Talmey(원 이름은 막스 탈무드)인 그 학생은 열 살이나 위였지만 알베르트를 동등한 친구처럼 대하였다. 그는 여러 가지 지식에 목말라하던 알베르트가 묻는 것이면 뭣이든 함께 논하였다. 또 《물리학의 포플러 북스》(A. 번스타인 저), 《힘과 물질》(L. 뷰이크너 저), 《순수이성비판》(I. 칸트)을 읽도록 추천했다.

이때 알베르트 영혼의 불이 종교에서 철학으로 옮아 붙는다. 손님을 초대하는 유대 전통을 따른 것이 오히려 화근이 되어, 알베르트는 12세가 되어 치러야 할 유대인 성년식인 '바르 미츠바bar mitzvah'도 빠지고 갑자기 종교 행위를 중단하였다. 그 이유를 아인슈타인은 후일에 다음처럼 말했다.

"《물리학의 포플러 북스》를 읽으면서 성경의 얘기들은 허구라는 생각이 들었다. 국가가 거짓말로 부단히 젊은이들을 속인다는 지울 수 없는 인상 및 그에 따른 자유사상의 긍정적 열광을 갖게 되었다. 이것은 태산 같은 충격이었다. 세상의 모든 제도적 권위에 대한 불신이 이때 물밀듯

밀려들었다. 사회적 특정 조직 내에 살아 움직이는 신조들에 대한 회의적인 태도는 항상 나를 떠나지 않았다. 만년에 그런 것들의 인과적 연계를 더 깊이 통찰하면서 처음 가졌던 독성은 좀 사라졌겠지만."

"종교적 낙원을 찾던 젊은 시절은 분명 나 스스로를 '개인화(종교)'에서 해방시키려는 첫 몸부림이었다.It is clear to me that (this) religious paradise of youth was a first attempt to liberate myself from the 'only personal'."

아인슈타인은 종교적 관심이 높던 젊은 시절을 그렇게 규정했다. 그 노력은 그의 전 생애에 한결같이 계속되었다. 60대에 이르러 그는 이렇게 말했다.

"과학에 그의 몸과 혼을 이미 팔았으며, 동시에 '나'와 '우리'에서 '그것'으로 비상하였다고." [브로흐H. Broch에게 1942년 9월 2일 편지에서]

그렇다고 다른 사람들과 일부러 거리를 두려고 하지는 않았다. 그것은 내면적인 거리였고, 그렇게 그는 사유의 숲속에서 평생을 보냈다.

388

알베르트 삶의 좌표 변환(스위스)

출발이 좋았던 아버지의 사업이 부진하게 되었다. 이태리인의 제안에 삼촌 야콥이 찬성하며 이태리로 이전하기로 하였다. 뮌헨의 사업체는 1894년 6월 접었다. 이태리로 사업을 옮기면서 가족들도 1895년경 이주하였다.

알베르트는 공부가 중단되는 걸 막고 이태리어도 통하지 않았기에 혼자 친척집에 남게 되었다. 알베르트는 가족이 그립고 학교는 싫었다. 16세라는 나이가 또 고민이었다. 당시 독일 시민법에 의하면 남자는 16세가 넘으면 타국으로 이민갈 수 없었다. 그런 남자가 병역에 응하지 않으면 '도망자deserter'로 낙인이 찍혔다.

그는 갑자기 이민수속을 일사천리로 실행하였다. 알베르트를 못마땅하게 본 그리스어 선생이 또 괴롭히는 일이 생기면서, 그는 집에 물어보지도 않고 이민을 결심한 것이다. 가족주치의에게서 신경쇠약 진단을 얻어 제출하면서 김나지움을 자퇴하고 1895년 봄 가족이 있는 이태리로 가버렸다. (아주 어렸을 때 알베르트는 군대 퍼레이드가 자기 의지는 전혀 없이 한 묶음으로 행진하는 모습을 보고 기겁을 하였는데, 그의 아버지는 알베르트에게 절대로 군인이 되지 않게 할 것이라고 약속해야만 했다.)

아들의 강경한 태도에 부모는 난감했다. 알베르트는 절대로 뮌헨으로 돌아가지 않겠다고 어깃장을 놓으며, 대신 취리히 공과대학(ETH)의 입학 시험을 혼자 준비할 것이며 자신의 장래를 잘 풀어갈 것이라고 안심시켰다. 독일 시민증도 포기할 것을 밝혔다.

부모는 16세 아들의 꽤 당찬 결심을 심히 걱정하면서도 아들의 꿈을 이루도록 할 수 있는 대로 도울 수밖에 없었다(ETH는 노벨리스트를 20여 명 배출한 명문이다). 요즘 우리 사회의 불법체류 이주 노동자와 비슷하게 그는 무국적자로 몇 년을 버티면서 부모에게 약속한 것을 실행하였다.

조용하고 꿈이 많던 알베르트는 새롭고 자유로운 생활 가운데 쾌활하고 말도 잘하는 젊은이로 바뀌어갔다. 처음엔 밀라노와 파비아 지역에만 익숙하였지만, 제한적인 삶 가운데서도 이태리의 생활방식, 풍경, 예술이 그에게 깊은 인상을 남겼다.

그해 가을 16세의 알베르트는 ETH 대학 입시에서 수학과 과학에서 최고 성적을 받았지만 언어와 역사가 부족하여 낙방하였다. 그의 잠재력을 본 ETH는 알베르트가 스위스 고교 3학년 졸업 후 (무시험) 진학할 길을 열어주었다(나중 악연이 되는 베버 교수가 그를 잘 보았다). 그 졸업장[마투라 Matura]을 따러 알베르트는 아라우Aarau 군립고등학교로 갔다. 문학과 역사 담당이던 빈텔러Winteler 선생 집에 기거하며 한 가족처럼 지냈다(빈텔러 선생의 딸과 가까웠던 적이 있었고, 나중 그의 아들 파울은 마야와 결혼한다). 아라우의 고등학교에서 처음 학교생활을 만끽하였던 것에 대해, 알베르트는 타계하기 전에 이렇게 기록했다.

"이 학교는 내게 깊은 인상을 남겼다. 교풍이 자유스러웠고 스스럼없이 대하는 선생들은 사려 깊었으며, 어떤 외부의 간섭도 받지 않았다."

아라우 앨범의 명함판 사진의 알베르트는 지나간 시간 동안 보여주었던 겁먹은 흔적이 전혀 없는, 자신감이 넘치는 모습이다. 당시 그의 동급

ETH 캠퍼스 아래 타운 골목(옛날)

ETH 캠퍼스 아래 타운(지금)

ETH 캠퍼스 물리과 건물(옛날)

ETH 캠퍼스 물리과 건물(지금)

생은 "당돌할 때든 안 할 때든 알베르트는 자기 의견을 주저 없이 표현"하며, 약간의 냉소적 웃음기를 머금고 활기 있게 또 당당하게 전진하였다고 기억했다. 그런 아라우 생활 중 처음 쓴 그의 짧은 글에는 당시 알베르트의 자신감이 드러난다. 글은 그가 수학과 물리를 전공하여 선생이 될 꿈을 그리고 있다. 이후 1896년 ETH는 알베르트를 국적 없는 대학생으로 받는다.

아래는 아라우의 고교시절 알베르트의 에세이이다.

391

장래 계획 - 아라우 지방고등학교 자료

행복한 사람은 미래를 많이 생각하기보다는 현재에 더욱 만족한다. 그렇지만 젊은이들은 대담한 야망들을 가슴 속에 품는다. 나아가서 진정한 젊은이는 당연히 자기가 동경하는 목표를 더욱더 구체화한 이상을 품는다. 만일 내가 다행히 대학 시험에 합격한다면 나는 (ETH가 있는) 취리히로 가게 될 것이다. 나는 그곳에서 4년을 머물며 수학과 물리를 공부할 것이다. 그 가운데 이론적 파트를 선택하여, 그런 자연과학 분야에 선생이 될 것을 상상한다.

이러한 계획에 이르게 된 이유들은 다음과 같다. 무엇보다도 추상적이고 수학적인 생각을 하는 것이 내 개성에 맞다. 나는 실제적 응용력이나 상상은 부족하다. 내부로부터의 갈망도 이러한 결심을 불러일으킨다. 이건 아주 자연스런 것이고, 사람은 능력이 있는 쪽의 일을 하고 싶어 한다. 그리고 자연과학 직업에는 어느 정도의 독립성도 있다. 이것을 나는 매우 중요시한다.

청소년기 종교성과 마야에게 보낸 편지

아인슈타인의 1949년 기록으로, 청소년기 종교성과 대학시절 삶에 대한
성찰을 보여주는 자료이므로 여기에서 정리한다.

'나는 젊어서 꽤 조심성이 많았는데, 모든 사람이 살아가는 동안 쉬지
않고 쫓아가는 희망과 노력들의 허망함이 나를 무척 괴롭혔다. 나는 그
런 삶의 달음박질이 잔혹함을 곧 깨달았지만, 지금보다는 더욱 현란한
미사여구와 위선들이 젊었던 그 시절 내 속에 숨어 있었다. 배를 채워야
하기 때문에 모든 사람은 다람쥐 쳇바퀴 돌듯 하는 삶의 굴레에 갇힌다.
그런 운명적 굴레에 올라타면 허기진 배는 채우지만, 느끼고 생각하는
인간적 삶은 아니었다. 그런 삶의 첫 탈출구로 종교가 있었는데, 보통은
전통적 종교교육 체계가 아이들에게 심어주었던 것이다. 전혀 비종교적
인 유대인 부모의 아들이었지만 나는 종교에 심취하였다.'

아인슈타인은 위의 회고에서 그의 종교성을 자연 사랑이나 음악 사
랑에 빗대지 않았다. 경쟁사회에서 인간이 지닌 라이벌 의식의 허망함과
그에 따른 좌절 및 절망감 가운데 종교가 위안을 주었다고 밝혔다.

'(혹자의 평은 이렇다.) 생에 대한 이런 태도가 청소년 마음속에 자리 잡기는 비현실적이며, 그가 성숙한 장년의 생각을 젊은 시절에 투영한 것으로 보인다.'

위처럼 아인슈타인과 다르게 해석한 것은 아인슈타인의 삶의 구체성을 가볍게 추정한 잘못에 기인한 듯하다. 변화가 많고 시련도 많았던 아인슈타인의 젊은 시절 삶의 무게가 결코 가볍지 않았다고 생각하는 것이 옳을 것이다.

알베르트의 집안은 기울어갔다. 삼촌과의 합작은 망하고, 아버지 헤르만은 단독 벤처로 재기하려했다. 알베르트는 아버지의 단독 벤처에 반대하였으나 무위에 그쳤다. 2년 후에야 아버지는 벤처사업을 접었다. [94]

마야에게 – 1898년 취리히에서

'우리 집안 소원대로 이뤄졌다면 아빠는 2년 전에 이미 취직자리를 찾았을 텐데, 그리고 우린 최악의 상황은 모면하였을 텐데. 물론 나를 가장 우울케 하는 것은 불운하게도 몇 년간이나 행복한 순간을 한 번도 맛보지 못한 불쌍한 부모님이다. 내 마음을 더욱 뼈아프게 하는 것은 우리 가족의 무거운 짐을, 이제 성인이 된 내가 구경만 하고 있다는 사실이다. 결국 나는 내 가족에 짐만 될 뿐 아무것도 아니야. 내가 아예 살아 있지 않았더라면 차라리 낫겠어. 별 볼일 없는 나이지만 능력껏 할 일은 뭐든지 다해왔다고는 생각해. 그래도 나를 지탱해주고 가끔 절망으로부터 나를 보호해주는 것, 공부에 힘내는 이것만이, 즐거운 일탈을 한 번도 가져볼 여유 없이 해가 가고 달이 가는 이 삭막함 가운데 유일한 낙이구나.'

이 시기는 1896년 여름 아인슈타인이 아라우의 고교를 졸업하고 가을에 취리히의 ETH에 입학한 지 3년째 되던 때다. 그가 특수상대성 이론 관련 생각을 하기 시작한 것이 ETH에 입학할 즈음이었는데, 그는 혼자 공부에 매달려 지낸 듯하다. 항상 암울하기만 한 것은 아니었다. 어렵던 몇 년 후 다행히 아버지가 전기사업소 시설작업에 취직하였다. 이미 물리 이론의 길을 결심한 그는 시적인 표현으로 이렇게 적었다.

'열정적인 공부와 신성에 대한 묵상은 나의 천사—아우르고, 북돋아 주고, 그러나 혹독하게, 나를 삶의 가시밭길로 인도할 것이다.'

격동기 대학생활과 백수 알베르트

아인슈타인의 또 하나 특징은 학문연구에 나타나는 '격리성'이다. '독립성' 강조, 혹은 이제부터 살펴볼 대학생활에서도 그런 특징들로 점철되어 있다. 상대성 이론들이 태어나는 과정이나 양자역학에 관한 그의 깊은 거부감 등이 그런 예가 아닌가 싶다.

1896년 가을 알베르트는 ETH 대학생이 된다. 대학생활에 필요한 경비는 집에서 부쳐준 것으로 충당하였는데 초기에는 부족함을 느끼지 않고 지냈다. 알베르트는 주로 물리실험실에서 공부하며, 배운 것들을 직접 확인하는 실험에 매료되었다. 하지만 실험담당 하인리히 베버Heinrich R. Weber 교수는 알베르트의 실험에 별 흥미를 보이지 않았다. 베버 교수는 에테르 매질 속에서 움직이는 지구에 관한 실험을 허락하지 않았다. 이런 일이 두세 번 반복되면서 알베르트의 타오르던 실험의욕이 꺾여 갔다. 알베르트가 기존 실험과제들을 무시하여 무거운 경고를 받은 기록이 남아 있다.

알베르트는 A. 후르비츠와 H. 민코스키를 우수한 수학 교수라고 훗날 평하였다. 하지만 베버가 물리이론 과목에서 가르친 맥스웰 전자기론은 새롭게 배울 것이 없어 실망하였다. 알베르트는 대체로 강의에 충실히 출석하지 않았다. 그보다는 독학을 주로 하고, 키르히호프, 헤르츠, 헬름홀츠, 맥스웰 등의 저술들을 혼자 독파하였다. 마흐의 역학 책을 탐독하고 로렌츠와 볼츠만의 논문들을 읽었다.

아인슈타인은 1931년 E. F. 마그닌에게 쓴 편지에서 이렇게 말하고 있다.

"통틀어서 시험이 두 번밖에 없었지. 나머지 시간을 자기가 하고 싶은 거 뭐든지 할 수 있어. 난 그 자유를 최대한 만끽했지. 시험 시즌이 오기 2-3개월 전까지 그랬어."

시험 2, 3개월 전에 알베르트에게는 구원자가 있었다. 마르셀 그로스만이 강의노트를 빌려주었다. 강의 내용을 정성들여 받아 쓴 친구의 노트는 흠잡을 데 없이 완벽했다. 그렇지만 이 기간 남의 강요에 묶여서 공부한다는 것—선생들의 강의 내용만을 따분하게 공부해서 시험을 치르는 것—은 알베르트에게 큰 고역이었다. 실제로 졸업시험을 치른 후 알베르트가 물리학을 자기만의 방식으로 연구하기까지는 1년이나 걸렸다.

1900년 8월 알베르트는 드디어 다른 3명과 함께 전공교사(Fachlehrer) 자격과정을 합격하였다. 다른 3명은 금방 ETH의 조교자리들을 얻었다. 알베르트의 여자친구 밀레바 마리치Mileva Marić(or Marity)는 합격하지 못하였다(밀레바는 이듬해인 1901년 7월 재도전했으나 또 실패하였다). 알베르트는 합격했으나 막상 조교자리를 얻지 못해 '백수' 신세가 되어 실망이 컸다.

알베르트는 조교자리를 감춘 베버Weber 교수를 용서 못 할 사람으로 여겼다. (1912년 베버 교수가 죽었을 때 아인슈타인은 평소의 그와는 전혀 다른 사람처럼 한 친구에게 '베버의 죽음은 ETH를 위해 좋은 일'이라고 편지를 썼다.) 한 달 후 9월에 후르비츠 교수에게 자기를 조교로 쓰지 않겠는지 문의했다. 다시 2-3일 지난 뒤 알베르트는 이렇게 썼다.

'그 조교자리를 얻을 것 같은 희망과 기쁨에 부풀어 있다.'

그렇지만 그 해가 다가도록 알베르트는 백수였다. 그래도 약간의 만족감이 찾아왔다. 1900년 12월 알베르트는 분자 간의 힘을 논하는 첫 논문을 완성하여 〈물리학연보AdP〉에 제출했다. 그리고 1901년 2월 21일 마침내 스위스 시민권이 나왔다. 나중에 미국 시민권이 추가되었지만 그는 일생 동안 스위스 시민이었다. 아인슈타인은 이렇게 말했다.

"내가 아는 한, 지구상 가장 아름다운 곳."

우스꽝스럽게도 그는 평발 및 정맥류 진단으로 '군 입대 부적격' 판정을 받았다. 1901년 초에 알베르트는 다시 대학 조교자리를 찾아보았다.

'[이탈리아 밀라노] 집에 돌아와 3주간 머물면서 이곳에서 혹시 대학 조교자리가 있나 찾았다. 만일 베버가 날 부정직하게 대우하지 않았으면 오래 전에 조교자리를 찾았을 텐데.'

1901년 3월 알베르트는 그의 첫 논문 별쇄본을 라이프치히의 오스트발트Friedrich Wilhelm Ostwald(1853-1932)에게 보냈다. [그는 질산 제조법, 촉매 관련 업적이 있으며, 반트호프, 아레니우스와 함께 물리화학을 수립한 학자로 평가된다. 앞에 기술하였던 것과 같이 반원자론으로 볼츠만을 공격하였으나 후에 아인슈타인 논문과 페랭의 실험결과에 설득되었다. 1909년 노벨 화학상을 받았다.]

그는 오스트발트에게 동봉한 편지에 물었다.

'절대 측정법에도 밝은 수리물리학자가 혹시 필요하시지 않으신지'.

4월에는 라이덴의 오네스H. K. Onnes에게도 편지를 보냈다. 아마 답장을 전혀 받지 못한 것으로 보아 그의 구직 노력들이 실패한 것이 확실했다. 그의 아버지가 오스트발트에게 보낸 편지로 봐서 매우 절망한 걸 알수 있다.

'내 아들이 지금 직업을 찾지 못해 아주 불행합니다. 그의 커리어가 잘 못된 길로 갔다는 생각이 날이 갈수록 더 심해집니다. 아무것도 없이 지 내는 우리 가족에게 짐만 되고 있다는 자괴감이 그를 내리누르는군요.'

오스트발트에 보낸 편지에서 아버지는 아들의 논문에 대해 용기를 주 는 한두 마디만이라도 써주기를 애원했다. 그로부터 9년 후 아인슈타인 과 오스트발트는 제네바에서 함께 명예박사를 받았다. 다시 1년 후 오스 트발트는 아인슈타인을 노벨상에 처음으로 추천한 인물이 된다.

알베르트의 보따리장사와 햇볕 보기

알베르트가 마침내 임시직을 구했다. 1901년 5월 빈테르투르의 고등학교에서 두 달 동안 대리교사가 되었다. 아인슈타인은 가르치면서 느끼는 즐거움이 그렇게 클 줄을 몰랐다고 빈텔러 씨에게 썼다.

'아침에 5-6시간 가르치고 나서도 저는 쌩쌩해서, 오후에는 도서관에서 전공서적들을 읽거나 집에서 흥미 있는 문제들을 풀지요. 전 대학에 가서 일하겠다는 야망을 버렸습니다. 현재의 이런 생활 중에도 제가 과학적 연구를 하는 의욕과 힘을 유지하는 데에 별 어려움이 없거든요.'

친구 그로스만에게는 그가 현재 기체운동론에 관해 연구하고 있으며, 에테르 속에서 물체 이동의 상대성을 숙고 중이라고 썼다.

빈테르투르 다음에 또 다른 임시직이 생겼다. 9월부터 샤프하우젠의 사립학교에서 1년간 고용하였다. 아인슈타인은 12월에 이런 기록을 남겼다.

'9월 15일부터 두 달간 기체운동론을 주제로 박사학위논문을 썼다. 한 달 전 취리히 대학에 논문을 제출하였다.'

당시 ETH에는 박사학위 과정이 없었기에 제출한 것으로, 우리나라와는 달리 타 대학 학위과정도 개방된 제도였다. 하지만 이 논문은 통과되지 못했다. 이 실패가 알베르트의 경력에서 마지막 좌절이었다. 그동안 생지옥같이 컴컴한 삶의 터널 끝을 벗어나는 순간이다. 샤프하우젠을 떠나 베른으로 옮기면서 몇 년간 그가 가장 독창적인 학문 활동을 하게 된다.

베른으로의 이주는 사실 이미 1900년부터 시작되었다. 친구 마르셀 그로스만이 자기 가족들과 알베르트가 겪고 있는 구직난을 상의하였다. 그의 아버지가 이를 듣고 알베르트를 베른의 특허청장이던 프리드리히 할러Haller에게 추천하였다.

알베르트는 이 추천 소식을 알고 마르셀에게 1901년 4월 편지에서 깊이 감사하였다. 알베르트 건은 특허청에 계류 중이다가 12월 11일 빈자리가 생겼다는 공고가 났다. 알베르트는 즉시 지원서를 제출하였다. 할러 청장이 그를 인터뷰했다. 이때 알베르트는 아마 고용될 것이라는 약속을 받은 듯하다. 아직 아무것도 이뤄진 것은 없는데도 그는 샤프하우젠의 임시직을 그만두고 1902년 2월 베른에 정착하였다.

베른에 정착하던 초기에는 집에서 생활비를 좀 받았다. 수학과 물리 튜터 생활로도 생활비를 충당하였다. 그가 가르친 어느 학생은 이렇게 썼다.

'키는 약 5피트 10인치, 어깨는 넓고, 약간 새우등, 엷은 브라운색 피부, 관능적인 입, 검은 수염, 약간 매부리코, 갈색의 빛나는 눈, 유쾌한 음성, 정확하지만 억양이 있는 불어 실력.'

알베르트는 이즈음에 물리를 배우러 온 모리스 솔로빈Maurice Solovine을 만났고 평생 친구가 된다. 콘라트 하비히트Konrad Habicht라는 친구도 생겨서, 셋은 정기적으로 만남을 갖고 물리학 외에도 플라톤에서 디킨스까지 철학 및 문학도 논하였다. 셋은 '올림피아 아카데미Akademie Olympia' 창립 발기 멤버가 되었다(이 책의 서두에 소개).[95]

알베르트의 집안 우환과 결혼

아인슈타인은 베른에 정착하기 전 ETH에서 사귄 네 살 연상의 밀레바 마리치와 결혼할 계획이었다. 마리치는 그리스정교회를 믿는 헝가리 남부 출신으로, 아인슈타인의 부모는 결혼을 극구 반대하였다. 이 때문에 아인슈타인과 한동안 마찰을 빚기도 한 어머니는 마리치를 싫어했고 나중에도 변하지 않았다. 1902년은 어머니 파울린Pauline에게 악운의 해였다. 남편의 일들이 계속 풀릴 기미가 없는 가운데 건강도 나빠졌다. 순간 이지만 치명적 심장마비가 그를 쓰러뜨리고 말았다.

아인슈타인이 급히 밀라노로 와서 아버지 옆을 지켰다. 아버지는 임종의 자리에서 아들의 결혼을 허가하였다. 죽음이 가까워오자 아버지 헤르만Hermann은 가족 모두를 내보내며 홀로 죽음을 맞겠다고 하였다. 아들은 이 순간을 회상할 때마다 죄책감에서 벗어나지 못하였다(아인슈타인의 마지막 비서 헬렌 두카스Helen Dukas가 전하는 말). 아버지는 10월 10일 운명하고 밀라노에 묻혔다.

아인슈타인과 마리치는 1903년 1월 6일 유대교 전통 혼례를 따르지 않고 결혼했다. 1904년 5월 첫아들 한스 알베르트가 태어났고, 그 핏줄이 오늘까지 아인슈타인의 가계를 잇고 있다.

스위스 특허국에서 쏘아올린 공

1902년 6월 16일 마침내 아인슈타인은 스위스 특허청으로 발령을 받았다. 연봉 3,500스위스프랑(SF)을 받는 3급 기술사 임시직 자리를 얻었다. 그가 대학 4년을 다니는 동안 집에서 매달 100프랑을 받았던 것[그중 20프랑을 매달

스위스, 베른 특허청(1900년대 초)

떼서 스위스 시민권 획득 비용으로 저축]을 생각하면 꽤 안도할 정도의 보수가 되는 셈이다.

그는 특허청 일을 열심히 하고 흥미도 느꼈다. 물론 특허청에서도 항상 스스로 물리를 공부할 충분한 시간과 에너지를 가질 수 있었다. 그는 1903년 및 1904년에 통계물리의 기초에 관하여 논문들을 발표하였다. 1904년 9월 16일에는 임시직 고용에서 영구직으로 바뀌었다. 더 이상의 승진은 그의 기계공학기술이 완벽할 때까지 기다려야 한다는 것이 할러 청장의 단서였다.

그 시기, 1905년부터 현대과학의 혁명을 알리는 아인슈타인 논문들이 봉화처럼 오르기 시작했다. 20세기 말 〈타임〉지는 아인슈타인을 'Man of 20 century'로 선정했다.

특허청 스탠드의 아인슈타인　　　현재의 특허청 스탠드(저자, 2011)

알베르트의 고향 울음 130년 후

알베르트가 태어난 남부 독일의 '울
음Ulm' — (현지 발음이 '울름'이 아니고 '울'
이후 '음'은 짧게 따라가는 것 같은 '울음'이었
다) — 에서 2004년 아인슈타인 탄생
125주년 축제가 열렸다. 세기의 천
재와 한 고향에서 태어난 시민들은
물론 자랑스럽다. 그가 태어나 15달
을 보낸 고향집은 1944년 2차 세계
대전 중 폭격으로 사라졌다.

울음 시가지

이전까지 울음의 가장 유명한 역
사적 인물은 데카르트이다. 1619년 11월 10일 데카르트가 꾼 '울음의 꿈'
이 그를 자연현상을 탐구하는 과학자의 길로 내몰아서, 오늘날 수리물리
발달의 초석이 되었다고 한다. 세기의 천재 아인슈타인이 울음의 천재
배출 전통이라고 말할 수 있을까?

1922년 노벨 물리학상이 그에게 수여되니 울음 시의회는 샛길 하나
를 아인슈타인 거리Einsteinstrasse로 명명하였다. 이를 전해들은 아인슈

405

울음 대학 아인슈타인 거리

타인은 나중 울음시에 보낸 편지에 한 마디를 붙이며 정중히 감사했다.

'우리가 있다는 것의 일부분은 고향이 있기 때문이지요. 울음이 세련된 예술적 전통과 건전한 성향을 가진 고향이라는 사실에 나는 감사하고 있답니다.' [〈울음 이브닝 포스트〉 1929년 3월 18일 기사]

4년 후 나치정권이 독일을 장악하였다. 당시 아인슈타인은 매년 미국 프린스턴 대학에 가서 3개월씩 강의를 하던 중이었는데, 이때 위험해진 독일에 돌아가기를 포기하였다. 대신 그는 1933년 3월 다음과 같은 선언문을 보냈다.

"그럴 수만 있다면 나는 정치의 자유가 보장되고, 관용tolerance이 있고 법 앞에서 만인이 평등한 나라에서 살 것입니다. 사람이 자기의 의견을 말로나 글로 표현할 수 있는 것이 정치적 자유입니다. 개인의 의견이 무엇이든 존중되는 것이 관용입니다. 현재 독일에는 이런 환경이 사라졌습니다. 국제관계 개선에 많이 공헌한 사람들, 세계적 예술인들까지 박해하고 위협합니다. 개인과 마찬가지로 사회라는 유기체도 그런 심리적인 병으로 앓게 됩니다. 이런 상태가 악화하여 여러 나라들 모두가 그런 고난의 행군을 경험케 됩니다. 독일이 곧 건강을 회복하길 바랍니다. 그래서 칸트와 괴테 같은 큰 인물들이 가끔 기념할 대상만 되고 마는 것이 아니고 그들이 가르친 원칙이 공공의 삶과 양심 속에 살아 있기를 빕니다."

이에 대한 독일의 반응은 즉각적이었다. '아인슈타인 거리' 이름이 즉

시 폐기되었다. 유대인 박해는 울음에서 더했다. 바로 그해 봄부터 유대인 상점들에 대한 불매운동이 시작됐다. 1년 후 아인슈타인의 독일 시민권도 박탈했다.

울음의 '알프레드 무스'는 아인슈타인의 먼 조카이다. 그의 요청에 미국이민 스폰서가 되어주었다. 많은 친척들에 스폰서가 되다보니 얼마 후 그의 스폰서 역할이 더 이상 먹히지 않게 되었다.

나치가 몰락한 후 곧 아인슈타인 거리의 이름도 복원되었다. 1949년 3월 울음 시의회가 아인슈타인의 70세에 즈음하여 명예시민증을 제의했을 때 그는 거절하였다. 독일 나치에 의하여 유대인들이 당한 엄청난 박해를 덮고 그것을 받을 수 없었다. 그러나 자기가 거절한 사실을 외부에 알리지는 않았다. 다만 그는 울음 시장 파이저Pfizer가 생일축하기념식 안내장을 보냈을 때 감사 표시를 해주었다.

"우리는 비극적이고 혼란한 시대를 살고 있습니다. 그렇기에 인간적인 친절함을 만날 때 더욱 배가된 행복을 느낍니다."

[뮌헨에서 아우토반을 내달려 1-2시간 거리의 울음 시는 인구가 적은 타운이었다. 물어서 찾은 거리가 위처럼 복원되었다는 '아인슈타인 거리'인지 모르지만, 주위는 한산하고 거리 이름이 붙어 있지는 않았다. 울음 대학교의 캠퍼스에 가면 중심을 지나는 긴 'Albert Einstein' 거리가 구글 지도에는 있어도 거리표지판에서는 찾지 못했다. 과묵한 성격의 독일인이라 표현하기보다는 맘에 간직하는 건지, 성격의 이중성인지 금방 파악할 수는 없었다.]

울음 대학 아인슈타인 거리 구글 지도

아인슈타인의 영과 신인초공간

아이들과 함께

[1] 아인슈타인이 칼텍 방문교수로서 두 번째 미국을 방문할 즈음 뉴욕 타임즈 매거진의 요청으로 종교와 과학에 관한 장문의 글을 게재하였다. 그 발췌 내용 일부를 보자.(1930. 11. 9):

[중략] 원시인들은 굶주림과 맹수와 병고의 두려움 등에 기인한 '두려움의 종교'에 매달렸다. 유대 성서 내용들이 증거하는바, 유대인들은 거기에서 '도덕 종교'를 다시 발전시켰으며, 신약성서도 이를 연장 발전시켰다. 문명사적인 모든 종교, 특히 동양사회에서, '도덕 종교'가 크게 발전하였다.

그런데 누구에게나 공통적인 종교적 경험의 제3단계가 있다 하겠는데, 순수한 경험으로는 드문 일이지만, '우주적 종교 감성'이라고 할 만한 것이다. 이러한 감성을 깨닫고 그 감수성 활동이 보존되도록 함이 인문과 과학

408

분야의 가장 중요한 기능이라고 믿는다. [후략]

[2] 아인슈타인이 프린스턴 신학대학에서 1939년 5월 19일 행한 초청강연['Out of My Later Years(1950)'에 수록] 발췌.

[중략] 그러나 똑같이 명료한 사실은, '무엇인가(과학)'에 관한 지식은 항상 '무엇이어야 한다(종교)'는 지혜로 이르는 길이 되진 않는다는 것이다. [중략]

(종교와 과학) 둘 사이에는 긴밀한 상관성과 상호의존성이 존재한다. 진리에 대한 열망과 깊은 이해. 이러한 감성들은 분명 종교 영역에서 피어 난다. 그러한 깊은 신앙심이 없이 순수한 과학자가 되는 것은 상상할 수가 없다. 그 경우를 다음과 같이 비유할 수 있을 것이다. '종교 없는 과학은 절름발이요 과학 없는 종교는 무지몽매한 것이다Science without religion is lame, religion without science is blind.' [중략]

생각해보건대, 과학은 신의 의인화anthropomorphism(=개인화)에 매달리는 조잡한 종교적 충동을 막아주고, 동시에 생명의 뿌리에 닿는 종교적 영성화 과정spiritualization에 이바지하게 될 것이다. [후략]

위처럼 아인슈타인은 종교의 의인화 행태를 종교로 취급하지도 않았으며 혐오하였다. 그보다는 격상된 제3단계의 '우주신cosmic God'을 수용하고, 과학자들에게도 개인화 종교는 사절하고 '순수한 영성화'를 추천하였다.[96]

이 '우주신'은 교조적 경직성과 형식적 구체성에 빠지지 않고 자연의 특성 그대로를 받아들인다. 만일 사람과 신이 전혀 서로 작용하지 않는다면 상호작용의 초공간을 처음부터 상정할 필요가 없게 된다. 이렇다면 우리의 우주는 인간들의 것일 뿐이며 신은 아예 존재할 근거마저 사라지는 무신론 세계로, '우주신'조차 생각할 이유도 없게 된다. 그러므로 우리가 아인슈타인의 '우주신'을 상정한다면, 우리의 영은 '신인초공간'을 이루는 것이고, 이것이야말로 뒤에 설명하는 화이트헤드 과정철학의 '영원한 대상(EO)'이며 텐서 공간이 될 것이다.

30년 된 나의 숙제와 세 할아버지

나는 망설였다. 아무리 그렇지만 이 나이에….

그러나 다른 길이 보이지 않았다. 나는 마감시간을 두 시간가량 남겨 놓고 서울대에 성적증명서를 떼러갔다. 직원이 내심 놀란 눈치다. 어인 중늙은이가 주제 파악도 없이 아직도 어딜 취직하겠다고 성적증명을 떼러 왔어?! 카운터 앞에 있던 학생들도 조금은 그렇게 의식하는 듯했다.

나는 신경 쓰지 않고 서류를 받아들자 부리나케 전철역으로 향했다. 6시 마감 전에 가야 했다. 이대 앞 전철역에서 내려 잰걸음으로 신학대학원 사무실을 찾아갔다.

"입학서류를 접수하려고 합니다."

"따님 서류인가 보죠?"

"아뇨 내 것입니다."

"모르시는지? 우리 대학은 남성의 입학을 받지 않는데요."

"일단 접수는 해주시지요. 불합격하더라도."

며칠 후 연락이 왔다. 신학대학원(=신대원) 원장 측의 의견 전달이다. 입학은 허락되지 않는다. 단 담당교수의 허락을 받을 경우 배우기 위한 청강은 가능하다고 했다. 나는 신대원장께 마음속으로 감사했다.

411

여러 과목들이 개설되지만 나에게 선택의 여지는 그다지 없었다. 이대 신대원은 야간대학원임을 H목사로부터 듣고 용기를 냈던 것인데, 그나마 내가 청강할 수 있는 시간은 금요일 저녁 외에 별로 없었다. 고려대 P교수 등의 소개가 있어 방문교수로 봉사할 때였다.

이경숙 교수(당시 신대원장)의 구약사를 들으면서 청강생활이 시작됐다. 일이 겹치면 빼먹을 수밖에 없었지만 내 딴에는 열심히 다녔다. 이 교수께서는 나를 '청일점'이라고 소개하며 포용하여주었기에 '홍화가 만발한 꽃밭'에서 황혼의 청일점은 행복한 공부를 했다. 2번째 학기부터 1년간 안식년 연구 기간이 왔다. L교수와 K교수의 도움으로 서울공대 전기공학부에서 강의를 했다. 물리학과 A교수 학생들도 열심히 참여하여 좋은 공부가 되었다. 저녁에는 신대원에 가서 강의들을 꾸준히 들었다. 기독교학과의 C교수 강의도 틈틈이 청강했다.

거의 40년 전이다. ROTC 전역 후 도미, 휴스턴 라이스Rice 대학 유학 기간에 수학과에 가서 텐서이론도 공부했다(아인슈타인 상대론에서 언급한 리만텐서 같은 것인데, 나는 고체물리 및 분자의 대칭성 군론에 관련된 텐서를 알려고 했다).

한편 1년 전 친구 C가 결혼한 미국교회에서 얻은 영어 성경을 조금씩 보면서, '-el'이란 접미사가 여기저기 많이 눈에 띄어서 우리말의 '알'개념과 비교분석했다. 그 바탕에서 사도 바울이 고린도교회에 보낸 편지에서 갈파한 'spirit' 철학의 핵심이 내가 당시 공부하는 '텐서' 개념에 겹쳤다.

'스피릿은 텐서이다!'

그해 여름방학 틈틈이 나는 이것에 몰입했다. 연구실 책상에 앉기만 하면 이것의 의미를 묵상했다. 그때 기업체 연수 중이던 기독교인 K씨가 내 숙소에 안내되어 서너 달 다락 층에 살았다. 그가 두 달가량 워싱턴으로 연수를 떠났다. 떠나기 전 안 믿는다던 내가 돌아오니 믿는다고 하니,

그는 신기해했다.

그 후 코넬 대학에 가서 두 해쯤 연구에만 골몰했다. 휴스턴 한인교회 시절 내부다툼이 싫어서, 한인교회를 회피한 이타카에서는 시내 미국인 교회들을 전전했다. 나중에 한인학생교회를 누가 소개했다. 처음 들은 한인(고 백영흠) 목사 할아버지 설교에 메시지가 있었다. 유학 대학원생과 학부생들 전부인 20-30명이 대학의 종교관인 '애너벨 테일러 홀' 건물 한 방을 빌려 예배를 드렸다.

다음 주일 또 갔다. 다음 달부터는 할아버지 아파트에 드나들었다. 내가 성경공부를 해야 한다고 하셨기에. 가끔 나 혼자였다. 나는 할아버지와 성경 내용을 시비했다. 할아버지는 허허 웃으시며 이말 저말을 따지지 말고 성경 속을 흐르는 맥을 깨치라고 하셨다. 그해 겨울 12·12사건이 터지자 할아버지는 대학원생 두어 명과 교회를 계속 이끌어야 한다고 다짐을 받으시며 홀연 귀국했다.

평신도의 학생교회는 그렇게 꾸려갔다. 약 3년 후 떠날 때 30여 명 교인들과 작별하며 난 희망 속에 떠난다고 했다. 예수를 도로 찾은 희망으로, 이제 봉급도 꽤 많아지니 무엇인가 하려는 희망으로 떠났다.

토론토의 김재준 둘째할아버지를 뵈러 갔다. 유학생 및 기독청년 동인들이 만드는 계간지를 하려 한다고 말씀드렸다. 둘째할아버지는 뜻을 가상히 생각하셨는지 꼼꼼히 이것저것 물으셨다.

"잡지 이름이 무엇이냐?"

"한을몸이라 하렵니다."

"무슨 뜻인가?"

이러저러 하다고 설명을 올렸다. 얼마 후 둘째할아버지가 편지를 보내주셨다. 옥고가 담겨 있었다. '학생들에게 기대한다'라는 창간을 축하하고

413

독려하는 말씀이었다. 그렇게 1982년 늦가을 창간호가 나왔다. 이 바닥에 무경험자인 나의 용기를 북돋아주신 그 옥고가 힘이 된 것은, 미국에서 목회를 하는 한국신학대 제자들의 도움이 답지하며 나중 알게 되었다.

오대호 지역에 깊은 가을날 눈발이 날리기 시작하면 눈이 싫증나는 몇 달 동안의 음산한 겨울이 온다. 그렇게 우울한 가을날 함석헌 할아버지가 미국 대도시에서 강연을 한다는 소식이 보도되기 시작했다. 저질러 놓은 일이다. 잡지가 문을 닫더라도 저 셋째할아버지의 미주순방 강연특집만은 기어코 내겠다. 그 특집 내용이 할아버지의 책에 전재되어 있는 것을 나중 1986년 귀국 후 알게 되었다[《함석헌 전집》(한길사, 1985) 제12권: 317쪽, 323쪽, 330쪽, 393쪽].

1986년 여름 고 김호길 총장의 대학 설립을 돕기로 하고 영구 귀국하였다. 첫째할아버지가 계신 광주 망월동을 찾았다. 둘째, 셋째할아버지를 뵈러 갔다. 1986년 겨울 교육부는 대학에서 나만을 추방하려 하였다. 나의 잡지활동을 아는 총장은 내 경위서로 방어하였다. 그해 성탄절 둘째할아버지는 카드를 보내주시고 한 달 후 돌아가셨다. 셋째할아버지가 추도사를 하였다. 쌍문동의 셋째할아버지를 뵐 때마다 팔다리를 주물러드리는 일이 내 습관이었다. 미국서 처음 뵙던 때부터 한 일이었다.

1987년 6월 여름, 포항에서도 처음으로 시위가 있었다. 나는 긴장된 마음을 조금씩 풀기 시작하였다. 셋째할아버지의 팔다리가 점점 쇠약해 갔다. 내가 인사시켜 드린 사람과의 결혼은 김용준 교수께 맡겨졌다. 쇠약한 몸으로 노태우의 88올림픽을 축하한 할아버지는 비난도 받았다. 병원에 더 자주 입원하였다. 나중에 나는 피골이 상접한 팔다리를 주물러야 했다. 1989년 초 셋째할아버지가 가셨다. 매년 연초에 김용준 교수를 뵈면 나는 할아버지를 다시 생각했다.

414

오늘의 종교 상황과 아인슈타인의 시각

약 20년을 교육/연구로 포항에 파묻혔다가 이화여대 신대원 청강생이된 이유는 무엇인가? 유학시절 생각하다가 약 30여 년을 파묻어두었던'을'문제의 해답을 이제 신학의 차원에서 찾아야겠다는 생각에 이르렀기때문이다. 이 문제를 쉽게 해석하지 못하는 것은 나의 신학적 지식 부족에 있을 것이라고 보았다.

현재 종교적 측면에서 우리 사회가 심하게 방황하는 것도 나를 신학으로 이끌었다. 그렇게 많은 종교집단들이 있는데 왜 사람들이 이리도시끄럽게 방황하며 빠져나가는가? 앞에 본 할아버지들이 생존하던 시대는 비록 정치사회적 문제들이 많았지만, 종교 때문에 이렇게 혼란스럽지는 않았다. 무엇이 문제인가? 그렇게 많은 종교집단들이 이 사회의 안정에는 전혀 아무런 쓸모가 없는 폐기물인가?

지금 우리 사회는 중심이 사라진 껍데기만 존재하는 듯하다. 기독교라는 종교를 생각해본다. 언제부터인가 '개독교'란 경악할 욕까지 먹는집단이 되었는데도 아무런 진실의 곡소리가 없다. 이건 이상하다. 예수는 힘없는 거지, 가난한 과부, 아이들에게 욕하지 않았다. 길거리에 나서서 '불신지옥', 안 믿으면 지옥 간다고 저주하지는 않았다. 오히려 예수는

415

바리새인들 제사장들에게 '회칠한 무덤' 같다느니, '뱀들아 독사의 새끼들아'('개새끼들'이란 말과 같다)라고 아주 심한 욕을 퍼부었다. 그래서 그들의 높으신 심기를 불편하게 한, 주제파악이 부족한 '겁 없는 놈'으로 찍혀서 십자가에 못 박혔다. (과연 예수를 따른다면, 길거리의 '불신지옥' 그룹은 어디를 향해서 소리를 질러야 하는 것인가?)

"화 있을진저 외식하는 서기관들과 바리새인들이여 잔과 대접의 겉은 깨끗이 하되 그 안에는 탐욕과 방탕으로 가득하게 하는도다."

부지깽이 하나 없는 예수가 거대한 종교집단에 겁도 없이 이처럼 욕을 해댔으니, 매를 스스로 번 것이다.

그렇다면 결론이 나온다. 그 많은 소위 '기독교' 집단은 '기독'이 없는 껍데기 집단이 맞다. 그들은 예수처럼 욕쟁이가 아니니까. 역사가 얘기한다. 제정일치의 원시시대 이후 제사(종교)와 정치가 갈라졌다. 그 이후 종교는 흔히 엉덩이에 뿔이 돋는 정치에 욕을 하는 것이 임무였다. 구약의 선지자들이란 다 욕쟁이였다. 예수가 매를 스스로 번 것이라고 앞에 풍자했지만, 진실한 욕이 나올 입을 다문 거상들이 탈을 쓰고 주무르는 대형 종교집단에 아주 큰 매를 들었던 것이다. '강도의 소굴'을 만드는 데 혈안인 소경집단에게

'예루살렘아, 예루살렘아'

하고 예수는 피를 토하듯 예언들을 쏟아내고는, 스스로 그들이 판 함정, 십자가로 걸어갔다. 그들의 세대에 과연 예루살렘은 붕괴하고, 망국의 2,000년이 그들을 기다리고 있었다.

아인슈타인은 앞에 유대인 시온단체의 대학설립을 위하여 모금운동을 하였으나, 스스로 예배에 나간 적이 한 번도 없다. 그런 그가 인터뷰에서 예수에 대해 대답했다(괄호 속은 G. S. Viereck의 물음, 1929).

"(기독교 영향을 얼마나 받았어요?) 어릴 때 난 성경도 공부하고 탈무드도 배웠지요. 난 유대인이지만, 나사렛의 성인에게 홀딱 반했지요. (예수전을 쓴 루드비히E. Ludwig의 책을 읽으셨나요?) 그 책은 좀 가볍지요. 아무리 기교가 넘쳐도 그런 미사여구로 묘사하기에는 예수가 너무 위대합니다. 명언만으로는 그리스도를 묘사할 사람이 아무도 없지요. (당신은 역사 예수를 받아들이나요?) 의심하다니요!Unquestionably! 그 아무도 예수의 임재를 느끼지 않고 복음을 읽을 수가 없을 겁니다. 그의 모든 말마다 인격이 쿵쿵 뛰고 있지요. 그 어떤 신화도 그런 생명력을 가질 수 없지요."

아인슈타인이 1940년 유니온 신학대에서 행한 강연이 〈뉴욕타임즈〉의 신문보도로 미국전역에 퍼진 적이 있었다. 그의 신관[1단계 - 두려움의 신religion of fear; 2단계 - 도덕신moral God; 3단계 - 우주신cosmic God]에 관해 발표한 부분은 10년 전에도 한 것이었다. 10년 전에 아무런 말썽도 없던 그의 신관에 후폭풍이 엄청났다. 죄를 용서해주는 하나님이 없느냐는 질문에서, (미국 시민으로 받아주었는데) 배은망덕한 짓, 네가 왔던 곳으로 돌아가라 등등 수많은 비판과 비난이 쏟아졌다.

"여러 가지 개들이 많이도 짖는다I was barked at by numerous dogs."

공식으로 더 말이 없는 아인슈타인은 위처럼 불평하고 말았다.

"내가 정말 화나는 건 무신론자들이 날 이용하는 거지…."

이렇게 그는 무신론자들이 자기를 동류라고 인용하는 것을 반대했다. 최근 도킨스가 자기 책에서

아인슈타인의 미국 첫방문 퍼레이드(뉴욕, 1921)

417

바로 그런 주장을 했는데, 이미 옛날부터 그를 이용하던 짓이다. 폴 틸리히 및 한스 큉은 신학적 해석을 내면서 당시 아인슈타인을 두둔한 학자들이다. 우리나라였다면 어땠을까?

이제 막스 보른의 서한집에서 서너 개를 소개하는 것으로 아인슈타인의 삶과 종교성을 직접 느껴보자.[97]

[1] 사랑하는 보른에게

[날짜 미상undated] … [중략]

난 아주 잘 지내고 있지요.[냉소적?] 나는 곰이야. 굴속에서 동면하는 곰이지. 이 버릇은 내 짝이 죽으니 더 심해지는 듯해. 짝은 나보다는 인간에게 좀 더 친밀했거든. (아인슈타인은 엘자가 1936년 12월 20일 죽은 것을 갑자기 이렇게 알리면서 쓴 편지이다. 그의 곤고한 삶이 엿보인다.)

[2] 사랑하는 보른에게

[1944. 9. 7.] … [중략]

무엇이 되어야 하거나 안 되어야 하는 것은 나무 같아서 자라기도 하고 죽기도 하지. 비료라는 것도 별로 크게 도움은 안 된다. 개인이 할 수 있는 일이란 좋은 예를 보이는 것뿐, 그리고 사회에서 비웃더라도 도덕적 신조를 엄격히 지키려는 용기를 갖는 것이다. 오랜 기간 나는 나 스스로 이렇게 하려고 노력해봤어. 항상 성공하는가는 시시로 다르네.

당신이 '아 너무 늙었구나' 어쩌구 하는데, 너무 심각한 거 아니겠지. 그 느낌 나도 잘 알지. 때때로[점점 더 자주] 그 느낌이 죽 오르다가는 다시 또 잔잔해지거든. 우리를 슬슬 먼지로 삭아지게 하는 자연에 결국 그걸 내맡겨두는 거지. 자연이 더 급살 맞게 하지만 않는다면 말일세.

보른의 처 헤디가 아인슈타인과 서로 성실하게 주고받은 편지도 많다. 그중 하나를 여기에 소개한다. 아인슈타인의 깊은 종교성을 나타낸다. 이는 혼자 베를린에 갔던 초기, 그가 사경을 헤매며 사촌 엘자의 간호를 받던 때 헤디가 문병을 갔었던 듯하다.

[3] 사랑하는 친구 아인슈타인에게

[1944. 10. 9.] 에든버러 - 헤디가 씀(나치가 보른을 괴팅겐 대학에서 내쫓아서 그들은 급히 영국으로 피신하여 에든버러에 임시직으로 피난 중이었다. 헤디는 퀘이커 봉사단을 도와 난민들을 도우며 분주했다.)

당신Du Sein.

막스가 받은 당신의 편지를 읽고 또 읽었지요. 다시 또 한번, 전시하에 나누었던 얘기에서 샘솟던 해방감을 만끽하였어요. 에베레스트 산꼭대기의 수정같이 투명한 공기 속에 선 듯해요. 지나간 2-3년간 당신이 한때 말해준 두 가지를 거듭거듭 생각하였지요. 당신은 죽음에 대한 두려움이 있는지 내가 물었지요. 당신은 말했지요.

"세상의 모든 산 생명들과 하나 됨의 느낌이 깊어서, 개개의 생명들이 시작하고 끝나는 것에 의미를 둔다는 게 부질없잖아요."

그리고 당신은 또 이렇게 말했지요.

타고르와 함께(베를린, 1930)

"세상에는 순간의 찰나에 내가 포기해버리면 안 될 것은 없어요."

내 생각엔 당신이 한 이 두 가지 말은 20세기를 바로 관통할 '종교적인' 경구입니다. 내가 이렇게 말하는 것이 당신 맘에 걸리지 않기를 바랍니다.

419

아인슈타인과 화이트헤드

이화여대 신대원은 깨어 있는 곳이었다. 이 사회가 안고 있는 문제들을 인식하고 있었다. 그런데 나는 나의 숙제를 하려고 뇌에 쥐가 났다. 내가 붙들고 싶은 실마리가 좀처럼 나타나주지 않았다. 한참이 그렇게 지나간 어느 날 나는 화이트헤드 책을 읽게 되었다. 그는 보통의 기독교인은 아니었다. 그러나 나의 '올' 숙제를 도울 철학자이고 그의 제자들이 '과정신학'이란 20세기 신학도 발전시켰다. 일반 독자들과는 거리가 있어 잠깐 소개하면, 화이트헤드Alfred North Whitehead(1861-1947)는 1885년부터 캠브리지 대학, 런던 대학에서 수학강의, 1924년까지 10여 년은 런던 대학 수학교수를 지냈는데, 미국 하버드 대학 초빙으로 1936년까지 철학교수로 재직 후 하버드에서 은퇴했다. 그런 화이트헤드의《과정과 실재Process and Reality》라는 과정철학(=유기체철학) 책의 내용이 잠자던 나의 사고를 뒤흔들었다.

화이트헤드가 아인슈타인의 학문을 접한 내용은 다음처럼 시작했다. 《과학과 근대세계》에서 화이트헤드는 1919년 에딩턴Eddington이 일반상대성을 확인한 일식 관측 보고서를 런던왕립협회에서 발표하던 것을 기록하였다. 화이트헤드는 이렇게 관심을 갖고 상대론을 깊이 천착한다. 그

420

화이트헤드

스스로 수학자로서 아인슈타인의 장 방정식을 유도하고 비판할 정도였다. 두 사람은 영국에서 만난 적이 있는데, 아인슈타인은 그의 주장을 이해 못 하겠다고 했다. 아마 화이트헤드는 수학을, 아인슈타인은 물리를 얘기하니 어긋남이 있었을 듯하다. 아무튼 화이트헤드의 유기체철학은 상대론과 양자론이라는 현대물리의 중심사상에 깊은 뿌리를 내리고 있다.[98]

그 책에는 특히 양자론 챕터가 실려 있다.

'빛은 전자장에서 진동하는 파동으로 이루어진다.'

'그런데 분자는 여기excite될 때 일정한 진동수로 진동한다….'

이렇게 원자적 양자는 '현실적 존재actual entity(AE)'의 바탕이 된다. AE는 화이트헤드의 과정철학의 씨앗개념 둘 중 하나이다.[99]

AE의 일반특성들은 바깥세상으로 나타나는데, 그런 의미로 벡터 특성을 갖는다고 할 수 있으며, 감성, 목표, 평가, 원인 등을 포함한다.[100] 여기서 화이트헤드 스스로 '벡터 특성vector character'이란 말을 하는 것이 경이롭다. 벡터는 외성적이다. 한편 앞에 나온 내성적인 '신인초공간은 텐서'로 화이트헤드의 '영원한 대상eternal objects(EO)'이 될 것이다. EO가 그의 나머지 하나의 핵심개념이며, 이는 AE가 되는 과정으로 '진입ingression'하기 위한 잠재성의 형태로만 기술될 수 있다.[101] 현실세계는 한 과정이며, 그 과정은 현실적 존재AE들의 '됨'이다. 화이트헤드는 강하게 주장하기를, 현실세계에는 '있음'은 없고 '됨으로'만 있다.[102]

텐서를 모르는 일반 독자들은 위의 이해가 용이치 않다. 이 책에서는 충분한 설명을 넣기가 불가능하다. 단 간단한 비교를 하나 달아보자. 벡터는 길 위를 다니는 노선버스 승객 같아서 어디로 얼마나 멀리 갔는지 항공사진을 찍어서 다 나타난다. 하지만 텐서는 지하철 같아서 승객이 어딜 얼마나 멀리 가는지 항공사진으로 전혀 알 도리가 없다. 단 지하철에서 나온 승객이 위로 올라왔을 때에 비로소 최종 결과만 알게 된다. 중간에 어떤 전환이 있었는지는 모른다. 텐서는 지하에 숨었기에 전혀 예측이 불가능한 상태이다. 어떤 다른 이와 상호작용이 있었거나 지하철을 바꿔 탄 경우 밖에서는 알 자료가 못 된다. 그러나 그 드러나지 않은 텐서가 작용에 의하여 일부분이 벡터로 모습을 보일 수 있다. 자세한 과정이 발표된 논문은 있으나, 지금은 이 정도에서 요약을 진행하겠다.[103]

화이트헤드는 1920년대까지의 양자론 일부를 도입하고 과정이론을 전개하였다. 하지만 현대 양자론은 '진동' 에너지 외에 '대칭성'이 하는 주요 역할을 빠트릴 수가 없도록 발전하였다. 그러므로 위와 같은 화이트헤드 과정이론의 바탕에는 '진동' 외에 '대칭성'을 추가로 보강하는 논리가 필요하다.

이를 위하여 아인슈타인이 1917년 발표한 유도방출 논문을 주목한다.[104] 유도방출 과정에서 생성되어 복사하는 광파계들은 모두 결맞음(=정합: coherence)을 공유하게 된다. 이는 무질서하게 생성되는 자발과정 광자(포톤)들에 비하여, 주변의 평균전기장효과mean field effect에 따라 유도과정 광자들이 질서계로 상전이phase transition한 것으로 해석한다.

즉 레이저가 생성되는 유도과정이 시작되려면 이 과정에 참여하는 광자들 파동이 '랜덤' 대칭에서 '깨어진' 대칭으로 변환되는 것이며 혼돈계에서 질서계로 상전이한 것이기도 하다.[105] 바로 이 혼돈계에서 질서계로 전이한 것은, 앞에 도입한 화이트헤드의 EO에서 AE로, 즉 드러나지 않은 텐서 공간(혼돈)에서 가시적인 벡터 공간(질서)으로 전이한 것이다. EO공간이 텐서 공간이란 결론에 이른다.

앞에서 소개한 아인슈타인의 믿음, 즉 스피릿을 알아야겠다는 전망을 냈던 것에 하나의 답을 제공할 수 있는 바탕이 텐서 개념이며, 이 방향으로의 화이트헤드의 과정철학 노력이 '영원한 대상'이라 볼 수 있다.[106] 그러면 영적 신인초공간의 의미가 드러난다. 그것은 원형적 EO차원인데, 현실적 존재AE인 감성, 목표, 평가, 원인 등의 모습으로 드러나는 원인관계이다. 현실은 여기서 발원하지만 그 원천 그대로를 파헤쳐 보일 수는 없으며, 우리는 AE만을 드러낸다.

예를 짧게 요약한다. 인간의 자유는 가끔 부재한 것을 희구한다. 그 자유의 노력이 신인초공간에 연결되는 것에서 AE와 EO의 접점이 작동한다.

물질의 상전이 현상은 창발(=발현)현상의 대표적 본보기이다.

(아인슈타인의 박사학위논문 및 임계단백광 참조) 액체-기체 상전이 현상은 임계점 영역을 지날 경우 무한대의 민감도, 무한대의 신축성, 그리고 거시적인 요동들이 갑자기 발현한다. 원래 분자 크기의 미시적 상관길이가 무한대로 향하는 발산점으로 진입한다. 인간의 상전이 현상은 사회의 변동성 즉 창발성에서 찾을 수 있다. 수많은 인간 집합의 영적 교감활동이 하나로 통일되는 신인초공간의 발현을 고찰해야 한다. (생략)

동력학적 관점을 요약함으로 잠정적 매듭을 짓는다. 랜덤 대칭성이 깨어지며 발생한 질서는 카오스-코스모스와 유관할 수 있는데, 프리고진에 의하면, 결정론적 범위를 벗어난 무질서계가 에너지를 어떤 문턱 값보다 조금만 더 받으면 카오스의 행태를 보이는 것이 뉴턴 역학이 멎어야하는 종착역이다. 이렇게 비가역적 시간의 화살이 나타나고 카오스 현상을 거치며 바로 새로운 안정계로 옮겨간다는 것은, 20세기 초 푸앵카레가 지적한바 악기의 공명처럼 울림현상의 개입에 기인한다. 푸앵카레 울림현상이 실은 카오스 동력학의 중추이며 진화하는 생명의 질서와 결맞음, 그리고 우주 현상까지도 설명한다.

1. 《Einstein: A Centenary Volume》, A. P. French (Ed.) (Harvard Univ. Pr., Cambridge, Mass, 1979).

2. 《Universe in a Nutshell》, Stephen Hawking (Bantam Books, 2001).

3. 《Path of the Pole》, Charles Hapgood (1958년 초판, 1970년 재판, Adventures Unlimited Press).

4. 《Fingerprints of Gods》, Graham Hancock (Mandarin, 1995).

5. 《The Lost Continent of Mu》, J. Churchward (BE Books, 1931).

6. 《Cosmos》, Carl Sagan (Ballantine, 1980).

7. 《Fermat's Enigma》, S. Singh (Walker, 1997).

8. 《Out of My Later Years》, A. Einstein (플랑크에 조사弔詞, 1948), pp. 229-230 (Wings Books, 1956).

9. 《From Alchemy To Quarks》, S. L. Glashow (Brooks/Cole, 1994).

10. 《Ideas and Opinions》, A. Einstein (Crown Pub., 1982).

11. 《Subtle is the Lord》, A. Pais (Oxford University Press, 1982).

12. 《Einstein-The Life and Times》, R. W. Clark (Avon, 1972).

13. 《No Time to Be Brief: A Scientific Biography of Wolfgang Pauli》, C. P. Enz (Oxford U. P., 2002).

14. 《QED》, R. P. Feynman (Princeton U. P., 1985). 우리에게 "매쉬MASH" 연속극으로 낯익은 배우 알란 알다Alan Alda가 파인만 역을 하는 일인극 "QED"로, 엘에이에서 10여년 전 장기공연 히트를 쳤다.

15. Richard Feynman/Spec. Issue, 〈Phys. Today〉(1989).

16. 《Niels Bohr, A Century Volume》, A. French and P. Kennedy(ed.), (Harvard U. P.,

1985).

17. 《The Correspondence between Albert Einstein and Max and Hedwig Born (1916-1955)》, Max Born, trans. by Irene Born, (Walker & Co., New York, 1971).

18. 《The Collected Papers of A. Einstein(Vol. 1)》, Anna Beck(Tr.) (Princeton U. P., 1987).

19. "Religion and Science", A. Einstein, 〈New York Times Magazine〉(Nov. 9, 1930).

20. 'Einstein's address at Princeton Theological Seminary' (May 19, 1939).

21. 《Einstein in Love》, D. Overbye, (Penguin Books, 2000). 《젊은 아인슈타인의 초상》, D. 오버바이 저/김한영, 김희봉 역 (사이언스북스, 2006).

22. 《How the Laser Happened》, C. H. Townes, (Oxford U. P.,1999).

23. 《Not Even Wrong》, Peter Woit (Basic Books, New York, 2006).

24. 《Progress in Statistical Physics》, W. Sung et al.,(ed) (World Sci. Publ., 1998).

25. 《Einstein, Bohr and the Quantum Dilemma》, A. Whitaker (Cambridge U. P., 2006).

26. 《Quantum Optics》, M. O. Scully and M. S. Zubairy (Cambridge Univ. Pr.,1997).

27. 《Albert Einstein》, A M Hentschel and G. Graβhoff (Staempfli Publ., 2005).

28. 《Einstein and Religion》, M. Jammer (Princeton U. P., 2002).

29. 《Quantum Physics and Theology》, J. Polkinghorne (Yale U. P., 2007).

30. 《Men Who Made a New Physics》, B. L. Cline (Univ. of Chicago Pr.,1987).

31. 《Quantum Physics of Consciousness》, R. Penrose, Ed. V14 (CSPubl.,Cambridge, 2011); 《The Emperor's New Mind》, R. Penrose (Oxford, 1989).

32. Wikipedia sites.

33. 《사람의 과학》, 김용준 (통나무, 1994).

34. 《과학과 메타과학》, 장회익 (지식산업사, 1990).

35. 《양자역학》, 송희성 (교학연구사, 2001).

36. 《과학사신론》, 김영식/임경순 (다산출판사, 1999).

37. 《마이스터 엑카르트의 영성사상》, 길희성 (분도출판사, 2003).

38. 《예수없는 예수교회》, 한완상 (김영사, 2008).

39. 《이휘소 평전》, 강주상 (럭스미디어, 2007).

40. 《나는 믿나이다》, 윌리엄 코핀 저/최순님 역 (한국기독교연구소, 2007).

41. 《프리먼 다이슨, 20세기를 말하다》, 김희봉 역 (사이언스북스, 2009).

42. 《Process and Reality》, A. N. Whitehead (Free Press, 1978). (화이트헤드가 쓴 원서의 머리말은 1929년 하버드 대에서 낸 것이다.); 《과정과 실재》, 오영환 역 (민음사 2판, 2003).

43. 《과학과 근대세계》, A. N. 화이트헤드 저/오영환 역 (개정판, 서광사, 2008).

44. 《화이트헤드 과정철학의 이해》, 문창옥 저 (통나무, 1999).

|주|

1) 《Einstein: A Centenary Volume》, A. P. French (Ed.) (Harvard Univ. Pr., Cambridge, Mass, 1979)

2) 일생 동안 그와 나눈 아인슈타인의 편지들이 1956년 파리에서 Gauthier-Villars에 의하여 《Lettres à Maurice Solovine, Albert Einstein》이란 책으로 출판되었다.

3) 톨레미(Claudius Ptolemy, ~90-168): 톨레미=프톨레마이오스(Ptolemaeus)와 같음.

4) 달보다 아래의 가까운 지역(sub-lunary sphere)이라고 부르는 것들만 부침의 변화가 있을 뿐이다.

5) De Revolutionibus Orbium Celestium (On the Revolutions of the Celestial Spheres).

6) 주전원(epicycle): 지구가 태양을 크게 공전하는 원주를 따라, 지구 주위를 작은 원주궤도로 공전하는 달은 실제 느슨한 나선형 모양으로 움직이는데, 이것이 달의 '주전원'이 된다. 놀이공원에서 사람들이 올라가 흔들리며 도는 큰 원판을 생각해보자. 큰 원판 위에는 작은 원판들이 몇 세트 있는데 작은 원판 내부에는 의자들 몇 쌍이 붙박이로 있고 이 작은 원판이 큰 원판둘레와 톱니바퀴로 접하여 맞물려서 빙글빙글 돌아간다. 그럼 작은 원판의 한 의자에 앉아 빙글빙글 따라 도는 사람의 궤적이 주전원이 된다.

7) "Dennis Rawlins", The International Journal of Scientific History. http://www.dioi.org/cot.htm#mjpg. (Retrieved 2009-10-07).

8) 영화 〈2012〉는 NASA가 어처구니없는 SF영화로 선정할 정도로 황당한 과학개념이다. 중성미립자(neutrino) 축적이 지구중심의 에너지를 활성화하여서 2012년 12월 21일에 마야 달력이 예언한 것처럼 땅이 뒤집어진다고 주장하는데, 여기에 햅굿의 지각회전이론을 비빔밥으로 섞은 것이다. NASA는 〈아마겟돈〉 영화도 그렇게 선정한 적이 있다.

9) 패럴랙스(parallax)=시차라고도 한다. 멀리서 함께 서있는 두 사람 A와 B가 있다고 하자. 나와 그들 사이 중앙에 C가 서 있다. 그럼 내가 오른쪽 눈만으로 보면 C는 A쪽에, 왼쪽 눈만으로 보면 C는 B쪽에 보일 것이다. 이런 경우 사잇각 측정으로 거리를 잴 수도 있다. 한편, 걸으면서 관찰하면 달이 나와 함께 가는 듯이 보인다. 세밀하게 관찰하면 부동의 먼 별자리 배경과 다르게 가까운 달은 내가 걸음에 따라 더 빠르게 이동한다. 시차현상은 차를 타고 가며 멀고 가까운 물체들을 비교하여 보아도 나타난다. 그런데 티코가 발견한 초신성은 달처럼 시차현상을 보이지 않는다. 그러므로 달보다 먼 곳에 위치한다고 판단한다.

10) D. W. Olson, M. S. Olson and R. L. Doescher (Sky & Telescope magazine, 1998).

11) Epitome astronomia Copernicanae (Epitome of Copernican Astronomy) (1617; 1620; 1621).

12) The Harmony of World(=Harmonices Mundi)(1619).

13) A New Year's Gift of Hexagonal Snow(=Strena Seu de Nive Sexangula).

14) R. J. Haeuy (Paris, 1784). 결정을 결을 따라 쪼개는 것을 클리빙(cleaving)이라고 한다. 현대 연구실에서 지금도 이 방법으로 반도체를 분리한다.

15) La Cena de le ceneri = 'The Ash Wednesday Supper'로 보통 'Supper'라고 부른다. 브루노의, 가장 중요한 저서이다.

16) 원래의 성은 미상인데 '클로비스'는 별명으로 그리 붙여져서 불렸다. 열쇠(key)의(독일어는 schleussel 이지만) 뜻으로 라틴어의 'clavis'에서 유래한다고 함. 율리우스력은 1년을 365.25일로 했으며, 0.25일의 오차를 바로잡기 위해 4년마다 윤년이었다. 이것이 원 태양공전과 맞지 않아 오래 되니 10여일이나 춘분날이 틀려졌다. 그레고리력은 1년을 365.2425일로 삼아서 위를 수정한 것인데 400년마다 3일씩 빼는 식으로 재조정된다.

17) 밀물과 썰물 즉 간조만조 이론을 중시하여서 그는 책《Dialogue on the Two Chief World Systems》을 《Dialogue on the Ebb and Flow of the Sea》로 바꿀 생각도 했었다.

18) Cardinal Bellarmine personally admonished Galileo not to hold or defend the Corernican doctrine that the earth moves. (Sci. Amer. V255, #5, pp.116-123, 1986).

19) "The Copernican Myths", M. Singham, Phys. Today (2007).

20) John Philoponus, Jean B. uridan이 이미 관성을 생각했다. Galileo's Principle of Inertia: "A body moving on a level surface will continue in the same direction at constant speed unless disturbed."

21) 니덤(1900-1995)은 25살에 캠브리지 대학에서 석박사학위를 한 생화학자로 1939년에 하버드 대학에서 발생학 관련 연구를 하다가 중국과학자들과의 인연으로 중국과학에 관심을 갖고 중국어를 배운 후, 중국-영국 과학협의체장 직분을 받아 1942년 전쟁 중의 중국에 들어가 1946년 돌아온다. 그 기간 중 만리장성 끝자락의 돈황을 방문하고, 금강경 별쇄본을 처음 발견하며 혁명군의 주은래도 만나는 등 체재 중 많은 사료들을 모아 영국으로 보낸다. 이 자료들을 정리하며 캠브리지 대학 출판사와 시작한 것이 여러 권의 중국과학 자료집들이다. 초기 1948-1958년 기간 중국의 역사학자 왕링(王玲)과 공동작업으로 시작하였다. 한편 왕링은 그를 도우면서 박사학위를 트리니티 칼리지에서 한 후 20-30여 년간 호주 대학에서 중국사를 가르치다가 1992년 중국으로 돌아가 1994년 죽었다.

22)《묵자墨子》(하), 송정희 역서 (명지대 출판부, 1977)

23)《Cosmos》, Carl Sagan (Ballantine, 1980)

24) '뉴턴: 모든 인간을 능가한 천재NEWTON Qui genus humanum ingenio superavit(Who surpassed all men in genius)'라고 새겨져 있다. 시인 워즈워드는 "(침묵 속에) 전인미답 사유의 바다를 끝없이 홀로 항해한 영혼. a mind for ever voyaging through strange seas of Thought, alone"이라고 적었다. [시저(BC 100-44) 때의 달력은 누적된 시간지연으로 춘분날이 크게 어긋났기에 그레고리 8세 때 달력에서 10일을 앞당기는 등 1년 주기 산정에 새 조치를 단행하매, 뉴턴의 탄생일을 가끔 1643.1.4일로 조정하기도 함.]

25) the poet as the agent of political and moral change. This was a subject Shelley wrote a great deal about, especially around 1819, with this strongest version of it articulated the last famous lines of his "Defence of Poetry": "Poets are the hierophants of an unapprehended inspiration; the mirrors

of the gigantic shadows which futurity casts upon the present; the words which express what they understand not; the trumpets which sing to battle, and feel not what they inspire; the influence which is moved not, but moves. Poets are the unacknowledged legislators of the world."

26) 《Fermat's Enigma》 by S. Singh (Walker, 1997)

27) 《나는 믿나이다》, 윌리엄 코핀 지음/최순님 옮김 (한국기독교연구소, 2007)

28) "Experiment and mathematics in Newton's theory of color", by A. E. Shapiro, Physics Today, pp.34-42 (9/1984). '가설이 아니라 가장 엄밀한 결론이며 그냥 짐작으로 한 추측이 아닌not an hypothesis but most rigid consequence, not conjectured by barely inferring'이라고 주장했다. 사람들은 뉴턴의 광학연구를 1690년에 만들고 1704년에 출판한 책 《Opticks》으로만 접하여서 20여 년 전의 논문은 알지 못한다.

29) "Exploratory Experimentation: Goethe, Land and Color theory", by N. Ribe and F. Steinle, Physics Today, pp.43-49 (7/2002).

30) 강석기, 동아사이언스 (7/2010)

31) Nature and nature's laws lay hid in night; God said "Let Newton be" and all was light.

32) I do not know what I may appear to the world, but to myself I seem to have been only like a boy playing on the sea-shore, and diverting myself in now and then finding a smoother pebble or a prettier shell than ordinary, whilst the great ocean of truth lay all undiscovered before me.

33) Philosophical Transactions of the Royal Society of London, vol. 74, p.35 (1783).

34) An Experimental Enquiry Concerning the Source of the Heat which is Excited by Friction (1798).

35) (No process is possible whose sole result is the transfer of heat from a body of lower temperature to a body of higher temperature.) 켈빈 경(Lord Kelvin)이 표현한 내용도 아래처럼 핵심은 거의 같다. (No process is possible in which the sole result is the absorption of heat from a reservoir and its complete conversion into work.)

36) J. Loschmidt, Chemische Studien I, Carl Gerold's Sohn, Vienna (1861), Aldrich Chimica Acta 22, 17-19 (1989) by W. J. Wiswesser; Reprint (1989).

37) "Joseph Loschmidt, Physicist and Chemist", Physics Today, pp.45-50 (2001).

38) "A German Professor's Trip to El Dorado", Physics Today, pp.44-51 (1992).

39) which is the more remarkable fact about America: that millionaires are idealists, or that idealists become millionaires. What a fortunate land ! . . .

40) "Ludwig E. Boltzmann - Man, Physicist, Philosopher, Biologist", by E. Broda, Rheologica Acta 21, 357 (1982)

41) "Heinrich Hertz and the Development of Physics", Joseph Mulligan, Physics Today, pp.50-57 (March 1989). 플랑크도 위 두 학자에게서 배웠다.

42) [이 부분은 영어 그대로 참고자료로 남긴다.] Julius Adams Stratton (1901-1994) attended the University of Washington for one year; transferred to MIT(BS, 1923; MS 1926); followed graduate studies in Europe and the Technische Hochschule of Zurich (ETH Zurich), Switzerland (DSCI,

1927); wrote 'Electromagnetic Theory' in 1941. He served as the president of MIT between 1959 and 1966, (after provost in 1949, vice president in 1951, and chancellor in 1956). John David Jackson (1925-) is well-known for his graduate text on classical electromagnetism; attended the University of Western Ontario(BS, 1946); MIT PhD(under Victor Frederick Weisskopf, 1949); academic appointments: McGill University(1950-1957); University of Illinois at Urbana-Champaign (1957-1967); and finally the University of California, Berkeley (1967-), and at the Lawrence Berkeley National Laboratory(LBNL). Also served European Organization for Nuclear Research (French: Organisation Européenne pour la Recherche Nucléaire), known as CERN(1963-1964). J. D. Jackson's PhD advisor is better-known Victor Frederick Weisskopf(1908-2002). Weisskopf's other doctoral students are also well known: Kerson Huang [statistical physics], Murray Gell-Mann [particle physics; quarks; novelist], Robert H. Dicke [particle physics]. Weisskopf was an Austrian born Jewish American theoretical physicist. After PhD(under Max Born at Goettingen), did postdoctoral work with Werner Heisenberg, Erwin Schrödinger, Wolfgang Pauli and Niels Bohr; During World War II he worked at Los Alamos on the Manhattan Project; later campaigned against the proliferation of nuclear weapons. In the 1930s 'Viki', as everyone called him, made major contributions to the development of quantum theory, especially in the area of Quantum Electrodynamics[QED]. One of his few regrets- his insecurity about his mathematics cost him a Nobel prize when he did not publish results (which turned out to be correct) about what is now known as the Lamb shift.After World War II, Weisskopf joined the physics faculty at MIT, ultimately becoming head of the department. He was a co-founder and board member of the Union of Concerned Scientists. He served as director-general of CERN from 1961-1966, was awarded the Max Planck medal in 1956, the National Medal of Science (1980), the Wolf Prize (1981) and the Public Welfare Medal from the National Academy of Sciences (1991). He was president of the American Physical Society (1960-61) and the American Academy of Arts and Sciences (1976-1979). He was appointed by Pope Paul VI to the 70-member Pontifical Academy of Sciences in 1975, and in 1981 he led a team of four scientists sent by Pope John Paul II to talk to President Ronald Reagan about the need to prohibit the use of nuclear weapons. Quotes "Human existence is based upon two pillars: Compassion and knowledge. Compassion without knowledge is ineffective; knowledge without compassion is inhuman." "Every great and deep difficulty bears in itself its own solution."

43) German Association for the Advancement of Natural Science and Medicine.

44) K Braun, G. Marconi, O. Lodge, Lee de Forest 등이 전보, 무선통신 등의 기술을 이룩하였다.

45) 할박스, 엘스터(J. Elster)와 가이텔(H. Geitel), 레나르트(Philipp Lenard), 밀리컨(Robert Millikan) 등이 후속으로 광전효과를 완성한다.

46) "Are there really electrons? Experiment and Reality" by Allan Franklin, Physics Today, pp.26-33 (1997).

47) 호주의 서더랜드(W. Sutherland)도 동일한 공식을 유도하여 1905년 3월 발표한 일이 겹치었으니, 서더랜드-아인슈타인(Sutheland -Einstein) 공식이라 부름이 마땅하다.

48) R. J. Baxter, Phys. Rev. Lett. 94, 130602 (2005).

49) M. R. von Smolan_Smoluchowski, Annalen der Physik 25, 205 (1908).

50) A. Einstein, Nature 5, 737 (1917).

51) "Max Planck", Helge Krage, Physics World (2000); 《Men Who Made a New Physics》, B. L. Cline (Univ. of Chicago Pr., 1965/1987).

52) 김형근, 사이언스 타임즈, 3/2010; "Max Planck", Helge Krage, Physics World (2000).

53) 《Out of My Later Years》, A. Einstein (플랑크에 조사弔詞, 1948), pp.229-230 (Wings Books, 1956).

54) On a heuristic point of view concerning the generation and conversion of light'이었다. 여기서 'heuristic'이란 'providing aid and direction in the solution of a problem but otherwise unjustified or incapable of justification'이라고 웹스터 사전이 말해준다.

55) A. Einstein, "Die Quanten Theorie der Strahlung", Phys. Leit. 18, 121, 1917.

56) T. Maiman, Nature 187, 493 (1960).

57) 노벨리스트는 아니지만 박사 출신으로 하이틀러(Walter Heitler), 파이얼즈(Rudolf Peierls), 에발트 (P. P. Ewald), 프렐리히(Herbert Fröhlich), 렌츠(Wilhelm Lenz), 마이스너(Karl Meissner), 란데(Alfred Landé) 등이 있다. Einstein told Sommerfeld: "What I especially admire about you is that you have, as it were, pounded out of the soil such a large number of young talents." M. Born believed Sommerfeld's abilities included the "discovery and development of talents."

58) 'Niels Bohr Centennial' Physics Today Special Issue (1985 Oct.)

59) "La theorie du rayonnement et des quanta", P. Langevin & M. de Broglie(Eds.) [Gauthier-Villars, Paris (1912)]. 여기서 M. de Broglie는 파동-입자 이중성의 노벨리스트인 드브로이의 형이다.

60) "The man behind Bose statistics", K. Wali, Phys. Today (2006).

61) A. Pais, "Subtle is the Lord", Oxford University Press, 1982.

62) 'Letter to P. Ehrenfest' A. Einstein (1924. 11. 29.)

63) B. Kahn and G. E. Uhlenbeck, Physica 4, 399 (1938).

64) F. London, Nature 141, 643 (1938).

65) APS 자료 (2005)

66) "No Time to Be Brief: A Scientific Biography of Wolfgang Pauli", C. P. Enz (Oxford U. P., 2002).

67) "Not Even Wrong", Peter Woit (Basic Books, New York, 2006)

68) "George Uhlenbeck and the Discovery of Electron Spin", A. Pais, Phys. Today (1989)

69) 《Progress in Statistical Physics》, W. Sung et al.,(ed) (World Sci. Publ., 1998).

70) APS Source [Werner Heisenberg].

71) 'Einstein, Bohr and the Quantum Dilemma', A. Whitaker (Cambridge U. P., 2006)

72) 《양자역학》, 송희성 (교학연구사, 2001)

73) "Paul Dirac, a man apart", G. Farmelo, Physics Today (2009).

74) P. A. M. Dirac, Proc. R. Soc. London, Ser. A 109, 642 (1925); 117, 610 (1928); 133, 60 (1931).

75) 《프리먼 다이슨, 20세기를 말하다》, 김희봉 역 (사이언스 북스, 2009).

76) 《Niels Bohr, A Century Volume》, A. French and P. Kennedy (ed.) (Harvard U. P., 1985).

77) "Meitner and the Prize",(A Nobel Tale of Postwar Injustice), Elizabeth Crawford et al., Phys. Today (1997).

78) 'Bringing the news of fission to America', R. H. Steuwer, Phys. Today (1985).

79) 'The Correspondence between Albert Einstein and Max and Hedwig Born(1916-1955)', Max Born (trans. by Irene Born, Walker & Co., New York, 1971).

80) Einstein rejected this interpretation. In a 1926 letter to Max Born, Einstein wrote: "I, at any rate, am convinced that He [God] does not throw dice."

81) 《How the Laser Happened》, C. H. Townes (Oxford U. P., 1999). 나중 레이저 공진기 논문을 Phys. Rev.에 발표(1958)하고 노벨리스트가 된다.

82) A. Einstein, B. Podolsky, and N. Rosen, Phys. Rev. 47, 777 (1935).

83) 《과학과 메타과학》, 장회익 (지식산업사, 1990).

84) "Quantum Optics", M. O. Scully and M. S. Zubairy (Cambridge Univ. Pr.,1997).

85) Sacha Kocsis et al., Science 332, 1170 (2011).

86) "Subtle is the Lord…", A. Pais (Oxford U. P.,1982)

87) "Testing relativity form 1919 eclipse - a question of bias", D. Kennefick, Physcis Today(2009).

88) 《사람의 과학》, 김용준 (통나무, 1994).

89) Weak Interactions at Very High Energies: the Role of the Higgs Boson Mass. FERMILAB-Pub-77/30-THY (3/1977).

90) CERN(Conseil Europeen pour la Recherche Nucleaire) - 유럽 입자물리연구소.

91) LHC(Large Hadron Collider - '강입자 [충돌]가속기'라고 편의상 강입자를 강조하여 부른다.)

92) 《이휘소 평전》, 강주상 (2007)'

93) 《Einstein in Love》, D. Overbye (Penguin Books, 2000).

94) "The Collected Papers of A. Einstein"(Vol. 1), Anna Beck (Tr.) (Princeton U. P., 1987).

95) 《Einstein, A Century Volume》, A. French (ed.) (Harvard U. P., 1979).

96) A. Einstein, "Religion and Science", New York Times Magazine (Nov. 9, 1930); Einstein's address at Princeton Theological Seminary (May 19, 1939).

97) '막스 보른의 확률해석과 아인슈타인의 거부' 챕터의 참고문헌이 원저서이다. 그 번역서로 박인순(범양사)의 《아인슈타인 - 보른 서한집》이 있다. 비과학자의 번역한계가 흠이다.

98) 《과학과 근대세계》, A. N. 화이트헤드/오영환 역 (개정판, 서광사, 2008). 화이트헤드는 상대론의 시공간 개념 및 그 상호작용 체계를 《Process and Reality》, A. N. Whitehead (Free Press, 1978)에서 도입한다. (화이트헤드가 쓴 원서의 머리말은 1929년 하버드 대에서 낸 것이다.)

99) PR 23(= Process and Reality 책의 페이지 23이란 의미).

100) PR 19.

101) PR 23.

102) 《과정과 실재》, 오영환 역(민음사 2판, 2003): 위의 PR(Process and Reality)을 번역한 책을 이용할 수도 있다.

103) 영의 텐서 이론 전개는 논문으로 발표되었다(화이트헤드 연구 제21집 pp.167-195, 권오대).

104) A. Einstein, "Die Quanten Theorie der Strahlung", Phys. Leit. 18, 121, 1917.

105) T. H. Maiman, "Stimulated Optical Radiation in Ruby Lasers", Nature 187, 493, 1960; M. O. Scully and M. S. Zubairy, 《Quantum Optics》 (Cambridge Univ. Press,Cambridge, 1997).

106) 《화이트헤드 과정철학의 이해》, 문창옥 저 (통나무, 1999). 저자는 오영환 교수 번역서들을 대부분 담당하였는데, 자신의 박사학위 논문이 정리된 저서로 태어났다. 이를 화이트헤드 입문의 필독서로 극구 추천하는 도올 김용옥의 머리말이 있다.

아인슈타인 하우스

2014년 10월 10일 초판 1쇄 인쇄
2014년 10월 17일 초판 1쇄 발행

지은이 | 권오대
펴낸이 | 김영호
펴낸곳 | 도서출판 동연
편 집 | 조영균 디자인 | 이선희 관 리 | 이영주

등 록 | 제1-1383호(1992. 6. 12)
주 소 | (우 121-826) 서울시 마포구 월드컵로 163-3
전 화 | (02) 335-2630
팩 스 | (02) 335-2640
이메일 | yh4321@gmail.com

ISBN 978-89-6447-255-2 03400